黑木耳制种与栽培技术

徐洪海　编著

科　学　出　版　社
北　京

内 容 简 介

本书全面系统地对黑木耳制种与栽培技术进行了阐述。全书共 7 章，第 1 章~第 3 章主要对黑木耳的分类地位与分布，黑木耳营养价值、药用价值和生态价值，黑木耳驯化栽培史与发展，黑木耳形态结构与生活史，黑木耳生长发育条件，黑木耳生产环境与设施设备等进行了归纳总结和论述，第 4 章讲述了黑木耳菌种培育与制种技术，第 5 章着重介绍了当前黑木耳高效栽培模式和技术，第 6 章围绕黑木耳制种和栽培过程中易发生的病虫害及防治技术进行了讲述，第 7 章提供了黑木耳的标准化生产和安全生产的有关标准及规程。作者在编写过程中，尽可能参阅国内外黑木耳前沿研究文献，力求覆盖全面、阐述明晰、技术新颖，同时兼顾应用性、实用性和可操作性。

本书内容丰富，技术先进实用，文字通俗易懂，图表生动显现，可供广大黑木耳生产者、大专院校师生和科研推广单位科技工作者，在进行黑木耳育种、繁种、生产栽培、推广、指导及制定黑木耳系列标准时参考应用，也可作为农业职业院校进行黑木耳教学和各类农民教育培训的教材。

图书在版编目（CIP）数据

黑木耳制种与栽培技术 / 徐洪海编著. —北京：科学出版社, 2014.10
ISBN 978-7-03-042046-6

Ⅰ.①黑… Ⅱ.①徐… Ⅲ. ①木耳–制种②木耳–栽培技术 Ⅳ.①S646.6

中国版本图书馆 CIP 数据核字(2014)第 225318 号

责任编辑：张海洋 王 好 / 责任校对：张怡君
责任印制：赵 博 / 封面设计：耕者设计工作室

科学出版社出版
北京东黄城根北街 16 号
邮政编码：100717
http://www.sciencep.com
北京厚诚则铭印刷科技有限公司印刷
科学出版社发行 各地新华书店经销
*
2014 年 10 月第 一 版 开本：B5（720 × 1000）
2025 年 1 月第四次印刷 印张：15 3/4
字数：318 000

定价：75.00 元

（如有印装质量问题，我社负责调换）

目　录

第一章　黑木耳概述

一、黑木耳分类地位与分布

(一)黑木耳分类地位

黑木耳(*Auricularia auriculal*)，相对毛木耳而言也叫光木耳，又名木耳、云耳、细木耳、黑菜、木蛾、丝耳子等，是温带常见的木腐菌。黑木耳在分类上属于菌物界(Mycota)，真菌门(Eumycota)担子菌亚门(Basidiomycota)层菌纲(Hymenomyees)木耳目(Auricularales)木耳科(Auriculariaceae)木耳属(*Auricularia*)。

木耳属有 15~20 个种，已报道的种有黑木耳、毛木耳、皱木耳、角质木耳、盾形木耳、琥珀木耳、毡盖木耳、肠膜木耳和大毛木耳等。

木耳属子实体的某些外部特征，如大小、色泽、质地和形状等容易受环境变化影响而有所改变。1951 年 B.Lowy 提出以木耳属子实体内部结构为主，并参照外部形态特征进行分类，他根据子实体横截面成层现象把木耳属分成两组：一组有明显的髓层，另一组则没有髓层而具有中间层。另外，根据毛的长度、宽度和着生情况，以及各层的形态特征和宽度等作为鉴定依据。

木耳属分种检索表

(李玉，2001)

1. 担子果平伏而反卷，具非胶质盖、子实层胶质。
   2. 表面近白色……………………………… 毡盖木耳 *A. mesentrica*
   2. 表面红褐色……………………………… 褐毡木耳 *A. rugosissima*
1. 担子果基部狭窄，全部胶质
   3. 子实体白色
      4. 子实层明显褶皱……………………… 象牙白木耳 *A. ebrnea*
      4. 子实层面平滑……………………… 银白木耳 *A. polytricha* var. *argentea*
   3. 子实体非白色，褐色至红褐色等
      5. 子实体盘状，碗状或浅杯状
         6. 背面毛明显，长于 180μm ……………… 角质木耳 *A. cornea*
         6. 背面毛不明显，短于 180μm……………… 盾形木耳 *A. peltata*
      5. 子实体非盘状或碗状，耳片状或莲座状

7. 子实体脆骨质，子实层面成网络状

8. 表面白色至污白色..皱木耳 *A. delicata*

8. 表面暗紫色或紫褐色.. 黑皱木耳 *A. moellerii*

7. 子实体胶质，表面光滑或稍有皱纹

9. 背面有明显的网，单方面突起.............................. 网脉木耳 *A. reticulata*

9. 背面无网状突起

10. 耳片薄，仅 1mm 左右.................................. 琥珀木耳 *A. fuscosuccina*

10. 耳片较厚，至少在 1mm 以上

11. 背面毛同心环状排列，表面有两叉状脉突 ..... 美丽木耳 *A. ornata*

11. 无上述特征组合

12. 背面毛不明显，长不超过 150μm.................. 黑木耳 *A. auricula*

12. 背面毛明显，长于 400μm........................... 毛木耳 *A. polutricha*

(二)黑木耳野生资源分布

黑木耳是世界上著名的食用菌之一。世界上野生木耳主要分布在北半球温带地区的东北亚，多生长在桑、槐、榆、柳等朽木上。如中国、菲律宾等以生产黑木耳为主，也有少量毛木耳，泰国、日本等以生产毛木耳为主。南半球、北美与澳洲温带等地区很少见，仅在澳洲东南发现，欧洲温带黑木耳较罕见。寒带没有黑木耳，热带和亚热带(除高山地带)也少有黑木耳，只有其近缘的毛木耳、盾型木耳等高温品种。

我国是世界上黑木耳资源最丰富的国家之一，其木耳属有 15 个种。黑木耳在我国野生资源自然分布广泛，北起黑龙江、吉林，南到海南岛，西自陕西、甘肃，东至福建、台湾，遍及 20 多个省(市、区)。但主要分布于黑龙江、吉林、辽宁、河南、河北、湖南、湖北、四川、云南、广西、贵州等地，尤其以中国北方地区居多，而黑龙江、吉林是我国黑木耳栽培的主产区。

二、黑木耳的价值

现代医学和食品营养学研究表明，黑木耳具有高蛋白、低脂肪、低热量的特点，是人类重要的营养源，具有重要的食用、药用价值。以黑木耳为节点的农业生产，建立起植物—动物—微生物“三维”结构农业生态系统，成为发展现代生态农业循环经济的良好模式，具有独特的生态学价值。

(一)食用价值

黑木耳是一种营养丰富、质地鲜脆、口感酥滑的胶质类食用菌，被誉为“素中之荤”，已成为盛大宴会中的盘中珍馐，也是家常烹饪中的美味佳肴。黑木耳不仅风味独特，而且营养丰富，是调节和改善人类食物结构、维持人体营养平衡的有益食品。黑木耳含有蛋白质、碳水化合物、脂肪、维生素、纤维素和矿物质等营养素(表 1-1)，另外还富含胡萝卜素、硫胺素等多种对人体有益的有机成分。

表1-1　黑木耳的营养成分(100g干品含量)

(中国医学科学院卫生研究所，1980)

成分	水分/g	蛋白质/g	脂肪/g	碳水化合物/g	热量/kJ	粗纤维/g	灰分/g
含量	10.9	10.6	0.2	65.5	1279	7.0	5.8
成分	钙/mg	磷/mg	铁/mg	胡萝卜素/mg	硫胺素/mg	核黄素/mg	尼克酸/mg
含量	357	201	185	0.03	0.15	0.55	2.7

黑木耳蛋白质含量高，堪比肉类，在黑木耳中蛋白质的氨基酸种类多达 18 种，人体必需的 8 种氨基酸，黑木耳全部含有，其中胱氨酸和赖氨酸的含量特别丰富，可平衡膳食中人体对必需氨基酸的需求。

黑木耳脂肪含量低，所含脂肪不同于动物脂肪，多为不饱和脂肪酸。其不饱和脂肪酸占 70%以上，其中 85%以上的是人体必需的油酸和亚油酸，利于心脑血管健康。黑木耳不含胆固醇，含有丰富的甾醇，可以降低血液中胆固醇的含量。经常食用黑木耳，既能满足人体对不饱和脂肪酸的需要，又能避免过多饱和脂肪酸造成的危害。

黑木耳重要组成成分碳水化合物含量占干重的 65.5%。其中不仅含有与植物相同的单糖、双糖和多糖，而且还有一些植物所少有的糖类，如氨基糖、糖醇、多糖蛋白等，具有一定的生理功能。

黑木耳的纤维含量较多，含有大量的纤维素酶，长期食用能消除胃肠中的杂物。同时，高纤维素膳食可以减少糖尿病人对胰岛素的需要量，并稳定患者的血糖浓度。

黑木耳含有钙、磷、铁、硫等多种人体所必需的矿质元素，灰分含量高。其灰分比一般米、面、大白菜及肉类高 4~10 倍；含钙量是稻米的 60~80 倍，是肉类的 30~70 倍，在软骨病多发地区，经常食用黑木耳，可对人体骨骼健壮有积极作用；所含铁在食用菌家族中名列前茅，比动物食品含铁量最高的猪肝高近 7 倍，比蔬菜中含铁量最高的芹菜高 20 倍，比肉类高 100 多倍，被誉为“含铁食品之冠”，是贫血患者的首选食品，可较好地防治贫血症；黑木耳中还含有相当数量的磷和硫，它们是构成人体细胞原生质的主要成分。

黑木耳中还富含多种维生素。如维生素 B_2 的含量是一般米面和大白菜的 10 倍，比猪肉、牛肉、羊肉高 3~5 倍，维生素 B_2 含量高的黑木耳，可有效地促进脂肪代谢，预防和治疗角膜炎、口角炎、脂溢性皮炎等。

(二)药用价值

1. 治病解毒作用

我国历代医药学家都充分肯定黑木耳的药用价值。早在第一部药典《神农本草经》中就有记载：桑者黑者，主女子漏下赤白汁，血病症瘕积聚。桑、槐、楮、榆、柳树上生长的木耳统称为“五木耳”，有“益气不饥，轻身强志”的功效。据李时珍《本草纲目》记载：木耳“性平、味甘”，“木耳主治益气不饥、轻身强志、断谷治痔”，有补养益智、润肺补脑、活血补血等功效。对“崩中漏下，血痢下血、痔疮、高血压、贫血、肠风下痢，痣瘘便血、产后瘀血、女子经血过量、尿血及外伤出血”等病症均有较好的辅助疗效。《食疗本草》云：木耳有“利五脏、排毒气”之功。

2. 抗肿瘤和预防血栓形成作用

1980年，美国明尼苏达大学Hamamer Schmiat博士研究证明：黑木耳提取物能抑制血小板聚集和阻止激活的血小板释放因子，有助于降低动脉粥样硬化症的发病率；美国乔治·华盛顿大学研究也表明：黑木耳多糖类物质对癌细胞有明显抑制作用，黑木耳腺苷等能抑制血小板聚集。黑木耳所含的多糖是酸性异葡聚糖类物质，其主要成分为木糖、葡萄糖醛酸、甘露糖及少量的葡萄糖。这种多糖对肿瘤有一定的抑制作用，也具有疏通血管、清除血管中胆固醇的作用。经常食用黑木耳能减少人体的血液凝块，软化血管，缓和冠状动脉硬化，有效防止血栓形成。所以，黑木耳可以降血糖、降血脂、防止血栓形成，预防脑血管疾病发生。

3. 抗衰老保健作用

现代医学证明：黑木耳能使小鼠的心肌组织褐脂质含量下降，能明显地增加小鼠脑与肝组织中超氧化物歧化酶的比活力，延缓衰老。黑木耳中的多糖能延长小鼠在常压缺氧实验中的生存时间，有改善心肌缺氧的功效。研究还发现，脂质过氧化与衰老有密切关系，黑木耳中的磷脂质对人体脑细胞有营养作用，能够抗脂质过氧化；而黑木耳中的多糖能提高人体的免疫力，具有补脑和抗衰老功效。因此，使用黑木耳烹调菜肴，不仅菜式多样，具有香嫩爽滑、引人食欲之特点，而且有益于人体健康，是一种理想保健食品，可使人延年益寿。

4. 健肺润胃作用

黑木耳中含多量发酵素，有帮助消化纤维类物质功能。它对纤维植物等异物能起到催化剂的作用，可使进入人体内被吸收的纤维、粉尘等有害物质在短期内被融化掉或分解掉。而黑木耳子实体所含的胶质物质有很强的吸附能力，可将积聚在体内和肺部的纤维、粉尘等，经胶质吸附后排出体外，可减少或排除有害物质对人体的毒害。所以，黑木耳被称为呼吸道和胃肠系统的“清洁工”，是矿山、棉麻、纺织工人的良好保健食品。此外，黑木耳所含的植物碱能润滑消化管道，洁滑消化系统，清除肠胃中积败食物，还有助于胆结石、肾结石等内源性异物化解，使结石慢慢消失。

(三)生态价值

在自然界的物质循环中，植物是生产者，动物是消费者，真菌和细菌等微生物属于分解者。黑木耳属于木腐性真菌，能直接利用和降解农林副产品中的主要成分——木质素、纤维素和半纤维素，在自然界生物学物质循环和能量传递中扮演着重要角色。传统农业的资源结构是由植物和动物的“二维”生产要素构成，产业模式为“作物生产+动物生产”，是一种不平衡的消耗性不可持续的产业模式。而在原有的二维生产要素中引入黑木耳生产，增加了黑木耳作为自然界中的还原者生产要素，构建起生产者和消费者之间物质和能量循环的纽带，使得黑木耳自身分泌的酶类降解木质素和纤维素物质，获得能量，完成其生育过程。通过“农业生产(粮食和其他作物)—秸秆利用—食用菌—食用菌栽培基料—有机肥—还田进行农业再生产”产业链，形成了“作物生产+动物生产+食用菌生产”的“三维”生产要素构成的现代农业循环经济(表 1-2)。

表1-2　以黑木耳为节点的生态循环模式

对接产业	黑木耳生态循环模式
粮油	耳稻轮作，黑木耳菌糠还田
蚕桑	蚕室作黑木耳发菌室，桑枝条发展黑木耳，桑园套种黑木耳
林业	杨树、核桃等与黑木耳立体栽培、仿野生栽培，树枝条发展黑木耳，黑木耳菌糠还田

农业循环经济是指农业生产、流通和消费等过程中进行的减量化、再利用、资源化活动的总称。循环功能是黑木耳产业发展的灵魂，快速发展的黑木耳产业同样离不开资源的支持。黑木耳循环经济主要体现在两个方面：一是承担着产业间循环的载体作用，将农作物秸秆、桑果枝条、棉籽壳、玉米芯等农林牧副产品分解并转化为人类的健康食品——微生物菌物蛋白，增加了产品的种类，提高了整个生态系统的生产能力；通过黑木耳栽培的多次反复循环利用，产出高营养子实体的同时，实现栽培肥料——菌糠或菌渣的多层次综合利用，使之再次用于生产食用菌、牲畜饲料、沼气、燃料、有机肥，减少农业面源污染，节约成本、提高农业综合效益。二是集约利用时间、空间、设施设备和土地资源，创新农作制度，发展黑木耳与农林作物间套轮作及设施立体栽培，发展高效生态农业。黑木耳是稳固自然循环链中不可缺少的一部分，是循环经济实现的前提条件。以黑木

耳为节点的食用菌生产，有助于形成一个多物种共生、多层次搭配、多环节相扣、多层次增值和多效益统一的物质和能量体系，有助于构成农业生态系统的良性循环，促进生态环境的可持续性和协调发展。

黑木耳栽培是一项投资少、见效快、周期短、效益高的致富项目。各地的调查显示，黑木耳栽培的经济效益远高于其他农作物和一般蔬菜，是粮食和蔬菜的几倍甚至几十倍。黑木耳栽培已成为农业增效、农民增收的优势产业。通过发展黑木耳生产，可以大量利用作物秸秆为原料，生产出营养丰富的蛋白质食品，具有明显的经济效益和社会效益。

黑木耳的生态学习性可与作物互相促进、互相补充，对改善作物生长具有重要意义。黑木耳生长对光要求不高，在农业生产中可安排合理种植模式，实现光能高效利用；黑木耳生长发育过程中释放出的二氧化碳，可与植物生长实现互补。黑木耳与桑树或杨树套作、与水稻轮作时，黑木耳的代谢物可通过灌水、施肥等措施促进植物根部营养物质吸收；而作物施肥残留的氮、磷、钾等营养元素，又可补充黑木耳养分的需求。

三、黑木耳人工栽培史

我国人民认识、采食黑木耳的历史悠久。远在周、秦之前，我国的祖先就懂得采食黑木耳，早在2100年前的《周礼》记载：国宴功臣美食中就有“芝”、“栭”，“栭”即木耳。《礼记》中称：“木栭……皆人群燕食所加庶馐也”。北魏贾思勰《齐民要术》中有“木耳菹：取枣槐、榆、柳树边生，犹软湿者，干即不中用，柞木耳亦得”的黑木耳烹饪方法的记述。

野生黑木耳驯化，大约在公元600年起源于我国，是世界上人工栽培的第一个食用菌品种，距今已有1400多年历史。唐朝苏恭的《唐本草注》记载：桑槐楮榆柳。此为五木耳……煮浆粥安诸木上，以草覆之，即生蕈尔。这是世界上最早的食用菌栽培方法的记载。明代李时珍《本草纲目》亦称“木耳生于朽木之上，无枝叶，乃湿热余气所生。曰耳曰蛾，象形也，曰鸡，因味似也”。对黑木耳的栽培基质、生存环境，色、形、味等都作了描述。由此看来，我国劳动人民很早就形成了一套黑木耳生产程序，对场地、树种、砍花、管理等积累了一定的经验。

我国历史上人工栽培黑木耳，采取在砍伐的树木上“砍花”，让自然界的野生黑木耳孢子随风飘落入砍花之中，靠大自然的“恩赐”接种，从而“木朽耳生”，这种方法叫“砍花”栽培。这实际上是半人工栽培，只给黑木耳生长耳木，而不会主动播种。四川的川北大巴山、米仓山、龙门山一带的山民，在唐朝就掌握了这种“原木砍花”的黑木耳栽培技术。直到清朝，大巴山东段发展成为木耳最主要产区，并由此逐渐传到我国南北各地，使我国东北长白山也开始大量砍花栽培黑木耳。这种人工伐树砍花栽培方式，实际上是黑木耳孢子自然接种法，基本上靠天收耳，产量低、不稳定。

新中国成立后，科研工作者在总结原有经验的基础上，采取将浸木耳的担孢子液浇在砍下的木段上接种方法，黑木耳接种获得成功，使黑木耳生产由自然接种发展到半人工半自然接种阶段。但这种接种方法仍不稳定，远远不能满足人们日益增长的需要。

20 世纪 60 年代到 70 年代初，我国一些科研单位，用孢子分离及组织分离获得了黑木耳的固体纯菌种，并创造了段木打孔接种法，即把树干截成短段，在上面打孔，将菌丝体菌种塞入孔内。用这种“段木栽培”法，在改自然接种为人工接种的同时，栽培管理技术也进行了一系列的改革。例如，段木由长杆改为短杆；刀截改为锯截；阴坡耳场改为阳坡耳场；分散存放改为集中存放；靠天收耳改为人工喷灌；开展防杂菌治虫害等。“段木栽培法”的应用，与“砍花”法相比，黑木耳单产提高了 1~5 倍，黑木耳生产完全进入了人工栽培阶段。随着纯菌丝体菌种的应用及栽培技术的不断改革，缩短了黑木耳的生产周期，实现了当年砍树、当年接种、当年采耳，而且产量和质量都获得了显著的提高。这个方法，很快在全国得到推广，20 世纪八九十年代得到迅速发展。但是随着国家“封山育林”政策的出台，段木栽培受到很大限制，也使我国黑木耳的产量于 20 世纪 90 年代中期降到最低水平。目前，仅被部分林区耳农延续应用。

20 世纪 70 年代中期到 80 年代后期，上海市农业科学院和湖北、湖南、江苏、浙江、河北、黑龙江、福建、山东等地科研部门及一些耳农，开始用木屑、棉籽壳、玉米芯、稻糠等进行黑木耳栽培研究，并仿照耳类栽培的成功经验，尝试用瓶栽、块栽、床栽、袋栽等不同模式。采用室内、室外栽培；稻田、露地排栽；果林间挂袋；玉米、蔬菜、蔗田套种及野外层架栽培等不同方式，取得了良好的效益。

20 世纪 90 年代到 20 世纪末，为了保护林业资源，国家实施了“天然林资源保护工程”，黑木耳段木栽培急剧减少。福建等地成功采用蔗渣等代用培养料栽培毛木耳。此后黑木耳栽培，也采用木屑、棉籽壳、玉米芯、稻糠等农林业废料为主料的栽培方式。例如，20 世纪 90 年代初，辽宁省朝阳市食用菌研究所总结十几年科研实践，形成了一套完整的“塑料袋地栽黑木耳”理论技术体系。以木屑、农作物秸秆为原料，每袋装 0.5kg 干料，产干木耳 40~50g，是木段产量的 7.9 倍，周期仅 2~3 个月，是木段用时的 1/10，效益是木段的 24 倍。这种黑木耳“代料栽培”法，改变了单一依赖木材资源生产木耳的历史，代用原料种类丰富，代用料养分更加全面，栽培模式更加多样化，生产成本低，生长周期短，比段木栽培具有更大的优越性。

进入 21 世纪，随着科学技术的进步，我国黑木耳生产技术不断完善。全国各地广泛采用了新型的栽培方式：大棚栽培、林下栽培、仿野生栽培、露地全光栽培及其他作物间作栽培等多种方式，不断提高栽培管理水平，取得了速生、高产、优质的效果。目前，我国黑木耳代料袋栽全日光间歇喷雾技术已成为黑木耳生产行之有效的新技术，居于世界领先地位。

四、黑木耳生产现状与发展

(一)黑木耳产业现状

1. 黑木耳生产概况

新中国成立以来，随着人们对黑木耳营养食疗价值认识和膳食结构的改善，黑木耳产业得到快速发展，现已成为我国农业结构调整、农民增收致富和发展现代循环农业的特色产业。目前，黑木耳在全世界人工栽培的食用菌产量中位列第七。我国的黑木耳产量和质量都居世界首位，产量占世界总产量的 90%以上。据有关专家估算，2012 年我国黑木耳(干耳)产量已超过 36 万 t，占世界总产量的 90%以上。黑龙江、吉林两省黑木耳总产量为 28 万 t，占我国总产量的 75%以上。黑木耳是我国传统的出口商品，其产品远销日本、泰国、印度尼西亚、菲律宾、西欧和北美国家，以及我国港澳地区，贸易量占全世界的 80%以上，出口换汇率高，出口 1t 黑木耳(干耳)可换汇 1.2 万~1.8 万美元。

黑木耳的产业地位和作用越来越重要，但也应看到黑木耳生产中仍存在一些问题。例如，生产方式较分散，生产效率不高；育种、制种及栽培手段创新不够，管理粗放，科技含量低；在加工流通过程中，包装运输等设施较落后，市场交易和运输方式处于初级状态，易造成产品污染和次生感染；潜藏着产品药物残留及有害物质超标；无论是内在质量品质，还是安全卫生标准和监管力度，都与国际市场的需求存在差距；规避和应对国际贸易中技术壁垒措施，也有待规范和加强。

2. 黑木耳产业模式

黑木耳生产主体模式：主要有分散农户单独生产模式、“公司+农户”(基地)联合模式、专业合作社(行业协会)组织模式、经销商(制种户)带动模式、“菌包集约化生产+分散式出耳管理”模式和工厂化生产模式等。目前，黑木耳生产的主力军依然是分散各地的一家一户栽培户，设施简陋、规模小、季节性强，栽培产量和质量稳定性差，但原料易得，设备投入少，利润空间大，效益较高。以农村一亩[①]地为例，能露地栽培黑木耳 10 000~12 000 袋，产干耳 500~600kg，黑木耳的年产值达 20 000~30 000 元，纯收入 10 000~15 000 元，是种植玉米、大豆效益的 10~20 倍，经济效益十分客观。

① 1 亩≈667m^2，后同。

黑木耳栽培方式：按产品供应时间可分为季节性栽培、周年栽培和反季节栽培；按照栽培季节主要分为春、秋两季栽培(浙江等南方地区分为春、秋冬)；按场地可分为棚室(日光温室、冬暖棚、大拱棚、小拱棚)栽培、林地栽培、露地栽培；按栽培方法可分为瓶栽、袋栽、层架栽培、吊袋栽培；按照设备条件可分为工厂化栽培、农业设施栽培和仿野生栽培；按照栽培原料分为段木栽培和代料栽培，而代料栽培中，依据栽培主料又可分为东北木屑栽培和浙江棉籽壳栽培两种；按照栽培袋可分为东北短袋(17cm×33cm)和浙江长袋(15cm×55cm)栽培等。东北短袋栽培黑木耳模式，每袋装填干料量为 0.5kg；浙江等南方长袋栽培黑木耳模式，每袋装填干料量为 0.4~1.0kg，产出干耳分别为 35~50g 和 70~100g。每亩地摆 10 000~12 000 袋或以上，纯收入达 15 000 以上。

从 20 世纪 70 年代黑木耳纯种培养成功后，东北及南方等森林资源丰富的地区，黑木耳段木栽培成为传统栽培模式。到 80 年代后期成功开展代料栽培，特别是 1998 年南北水患之后，党中央、国务院为保护木材资源和生态环境，国家开始实施“天然林资源保护工程”，黑木耳段木栽培受到极大限制，造成木段栽培黑木耳的终结，并成为代料栽培黑木耳发展的转折点。进入 21 世纪，地栽黑木耳技术向南方地区推广，形成“北耳南移”，并很快在全国各地应用，黑木耳的栽培数量每年以百分之十几的速度在增加。截至 2010 年底，黑木耳(鲜)产量已经达到 120 万吨，成为继平菇、香菇之后的第三大食用菌。

我国工厂化生产食用菌，经历了引进、消化和吸收 3 个阶段，自 20 世纪 90 年代中期开始迅速发展，目前工厂化栽培的主要种类有金针菇、斑玉蕈、杏鲍菇、白灵菇和双孢蘑菇等。黑木耳工厂化栽培尚处试验探索阶段，黑木耳基质的粉碎、拌料、装瓶、灭菌、接种、搔菌等诸多环节均可实现机械化作业，并且随着液体菌种和胶囊菌种技术的应用，已经涌现出大量的菌包专业化生产企业和集约化菌包培养中心主体，但黑木耳工厂化生产的车间温度、湿度、氧气等智能化可控技术，还需进一步探索。

以日光温室、塑料大棚、遮阳网覆盖栽培为代表的黑木耳设施栽培进步明显，生产过程的机械化和自动化程度逐年提高，设施内部温度、湿度、光照强度、二氧化碳浓度等环境因素可控性不断提高。

3. 菌种生产与经营现状

黑木耳菌种的生产与经营多为合并进行，菌种自产自销。菌种生产者，包括大专院校和科研院所、食用菌龙头企业、县级以下食用菌协会、专业菌种场及大量的耳农。黑木耳的分散生产方式导致了多年来菌种的生产分散，管理相对滞后(图 1-1)。2006 年，农业部《食用菌菌种管理办法》颁布实施后，各省做了大量宣传和落实工作，对菌种生产和销售单位进行了资质审查和依法监管，菌种管理的加强使我国黑木耳菌种质量总体上有了一定的提高。

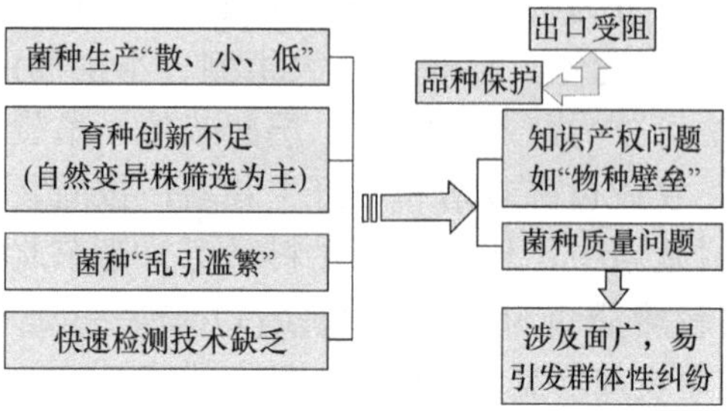

图1-1　菌种现状

4. 产业科研与技术发展现状

(1)黑木耳良种选育成果显著

黑木耳的育种方法主要有选择育种、杂交育种、诱变育种、原生质体融合育种和基因工程育种。基因工程技术定向育种主要包括抗虫、抗病、提高基质利用率、提高产量和质量等方向，虽然目前在食用菌育种中成功的例子不多，但基因工程技术必将在食用菌定向育种中发挥重要作用，带来新的革命。

(2)栽培原料多样性和栽培场所多样化

目前，黑木耳栽培中段木栽培比例日益减少，已从20世纪80年代初的90%下降到10%以下，产业发展对林木资源的依赖性降低，菌林矛盾得到了缓解。露地全日光间歇喷雾栽培黑木耳，主要以农业和林业的副产物为栽培料——代料。所谓"代料"是指代替段木栽培木腐性食用菌的各种有机物。可以作为黑木耳栽培的"代料"很多，如锯木屑、稻草、棉子壳、玉米芯、麦秸、食品工业废渣、甘蔗渣、果树枝条等农、林、果、茶废弃物及不同食用菌栽培后的基质等。各地大多根据本地资源情况选取黑木耳生产代料。例如，黑龙江、吉林等东北地区用木屑为黑木耳栽培主料；山东、江苏、湖南、浙江等产棉区，人们用棉杆、棉壳为原料地栽黑木耳；吕梁山区用玉米芯、果树枝条地栽黑木耳。

黑木耳栽培场所，可在露地、日光温室、大(小)拱棚，也可在低产农田、速生林地及闲置农田上栽培(浙江、福建等地区多为冬闲水田)，菌糠可以直接还田，既生态环保，又可提高地力。另外，各地结合实际，因地制宜，形成了林地木耳、桑耳套作、稻耳轮作、玉米套种、果园木耳等区域化栽培模式，使黑木耳栽培场所呈多样化。

(3)新技术与成果的创新与应用

一是代料栽培技术。段木栽培是黑木耳古老的传统栽培方式，20世纪80年代后期，福建等地成功采用蔗渣等代料栽培毛木耳，后来黑木耳开始采用木屑、秸秆、棉籽壳、玉米芯、稻糠等农林副产品替代段木作为栽培原料，代料栽培成为黑木耳主要生产方式，创新了黑木耳栽培原料，既推进了废物利用资源化，又保护森林资源环境和生态平衡。

二是全日光栽培技术。到20世纪90年代，黑龙江、吉林等地逐渐利用棚室开展大面积的黑木耳代料栽培，后来栽培设施越来越简单，覆盖物越来越少，由温室大棚到小拱棚(草苫、遮阳网)，直至露地全日光间歇喷雾栽培。目前，黑木耳露地全日光间歇喷雾代料栽培已成为我国黑木耳栽培的主要方式，它革新了栽培方法，颠覆了黑木耳必须遮光栽培的传统，成本低，耳片颜色深，厚且致密，韧性强，尤以秋(秋冬)耳质量最佳。但在高温多雨地区，也存在着污染重、耳片薄且易流耳等生产问题。

三是小孔出耳技术。将黑木耳打孔形状，由“大孔(‘V’形孔)”改为“小孔(圆形孔)”。“大孔(‘V’形孔)”出耳为菊花形的蔟生耳片，耳基大，商品性不良，若人工撕片晾晒，耳基多扔掉，且费工费力；“小孔(圆形孔)”出耳多为单片耳，耳片光滑，肉质营养丰富，产品内外在质量好，采摘时节省人力物力。黑木耳打孔技术的改进，极大地提高黑木耳产品质量。

另外，机械化装袋接种技术、集约化菌包生产技术、液体菌种技术、胶囊菌种技术、菌糠生产机制炭、设施栽培技术和林地栽培等生产技术及成果的应用，加快了黑木耳产业发展。

近年来，在人才培养方面，全国各类农业院校，都有教师进行食用菌方面的教学、科研工作，也先后开设了食用菌专业课，有的院校还培养了食用菌硕士。在科研方面，建立了一大批民办和公益性食用菌科研机构。

综合国内的情况来看，我国的黑木耳生产技术已经在生产中取得了明显的经济效益。但是，我国黑木耳生物转化率还比较低，产量不够稳定，生产方式和设备还比较陈旧落后，食用菌工厂化生产和加工技术远不能适应国内外消费者的要求。

(4)产品加工技术明显提高

黑木耳加工技术分为初级加工技术和深度加工技术。初级加工主要包括干制、盐渍、糖渍、罐藏和速冻加工。深度加工是利用分离提取技术，提取其精华和功效成分，目前主要有黑木耳保健品、药品、强化食品等各种深加工产品，汇集营养性、功能性、美味性和安全性，颇具市场开发潜力。

5. 黑木耳发展面临良好的政策机遇

我国是农业大国，随着农业连年丰收，秸秆产量也逐年增加。据调查统计，2010年全国秸秆理论资源量为8.4亿t，可以收集量为7亿t。但秸秆随意抛弃、焚烧现象严重，带来一系列环境问题。发展黑木耳等食用菌对于加快推进秸秆综合利用，对于稳定生态平衡、减轻环境压力具有十分重要的意义。为此，各省(市、区)出台和发布了一些管理办法和规定，如2010年浙江省政府发布《浙江省农业废弃物处理与利用促进办法》，其中规定，政府应当扶持利用农业废弃物生产食用菌等产品，支持以秸秆为原料的食用菌生产，鼓励将食用菌生产中的菌糠、菌渣等废气物作为栽培基质、肥料和燃料等，进行资源化利用，禁止将食用菌菌糠和菌渣等农业废弃物倾倒或弃留在水库、河流、沟渠中。各地在创建现代农业园区中都明确要求合理配置食用菌产业。从具体政策支持来讲，应该说是从无形到有形，从小力度到大力度的过程。财政部“十一五”期间，专门拨付给中国食用菌协会1500万元资金，用于带动食用菌产业发展，以服务新农村建设；科技部在“十一五”期间，专门把食用菌的产业化问题，列入重点扶持科技项目，给予3400万元的科学研究经费；农业部也投入几千万元资金，用于食用菌的科学研究和科技创新。2011年12月，国家发改委、农业部、财政部联合印发了《“十二五”农作物秸秆综合利用实施方案》，实施方案提出到2015年秸秆基料化利用率达到4%的发展目标，要求积极发展以秸秆为基料的食用菌生产，并将其列入“十二五”秸秆综合利用的5个重点领域之一。并指出，做好秸秆栽培食用菌，有利于促进农业生态平衡，推进农业转型升级，转变农业发展方式，要加快建设高效生态的现代农业，继续重点推广企业加农户的经营模式，建设一批秸秆栽培食用菌基地。

在科研支撑方面，国家食用菌产业技术支撑体系和省级食用菌创新团队将为黑木耳产业发展提供技术依托。2012年中央一号文件把农业科技摆上更加突出位置，要求大力推进现代农业产业技术体系建设，完善以产业需求为向导、以农产品为单元、以产业链为主线、以综合试验站为基点的新型农业科技资源组合模式，及时发现和解决生产中的技术难题，充分发挥技术创新、试验示范、辐射带动的积极作用。

(二)黑木耳产业发展优势与态势

1. 黑木耳产业发展的优势

(1)适宜的气候

黑木耳是中温型真菌，在我国适应其生长的气温时间长。除了7~8月炎热的高温季节外，其余月份均可生长。

我国地域辽阔，生态环境丰富多样，由于海拔、植被、土壤、降水量和气温等生态因素多样性，从而形成多层次立体农业的特点。例如，山东山地占全省面积15.5%，丘陵占13.2%，平原占55%，洼地占4.1%，处于暖温大陆季风气候地区，其气候具有明显的过渡性特征。山地和平原有显著差异，全年四季分明，其特点是：冬季寒冷，春季干旱，夏季炎热降雨集中，秋季晴和日照长。全省各地年平均气温11.0~14.2℃，全年无霜期达173~250d，全境年平均降水量为710mm，降水量 60%以上集中在夏季。属大陆型季风气候，农历二十四节气较为准确。这样的气候条件，平原和丘陵除夏季 7~8 月外，秋、春季适合黑木耳生长，冬季可采用日光温室和大拱棚设施栽培。山东黄岛代料春栽黑木耳，冬季 12 月备料，翌年 1~2 月装袋、灭菌、接种、发菌，3~5 月排袋和田间管理，6 月收获。此期气候变化特点与黑木耳生长气候条件相吻合，产品深受国内外客户欢迎。

黑龙江的牡丹江、东宁、林口、海林，吉林黄松甸镇，浙江龙泉及陕南、鄂西北、豫西南等诸多地区，地栽黑木耳产业发展很快，均成为我国黑木耳重要生产基地。

(2)丰富的资源

适于黑木耳生长的阔叶树多达 200 多种，栽培黑木耳优质的树种有桑、槐、楮、榆、柳树、柞木、橡树、麻栎、栓皮栎、茅栗等多种。除采用段木栽培外，其枝丫粉碎后的木屑可用塑料袋栽培黑木耳。

除山区适合黑木耳的阔叶树外，桑枝条、棉柴、玉米芯、苹果树枝、柞蚕槲叶枝等经粉碎后的碎屑均是袋栽黑木耳的优质原料。麸皮是木屑袋栽黑木耳不可缺少的辅料，北方各省生产小麦，有丰富的麸皮副产品。棉籽壳也是栽培黑木耳的好材料，一般用量不超过主料的 50%。北方棉区有丰富的棉籽壳资源，如 2013 年全国棉籽壳总产量达到 266.4 万 t，其中新疆年产量 157.2 万 t，居全国之首；山东年产棉籽壳 24.4 万 t，河北年产棉籽壳 19.6 万 t，湖北年产量达 18.8 万 t。而当年全国玉米芯产量将达到 4300 万 t，仅东北黑龙江、吉林、辽宁三省玉米主产区，年可提供玉米芯 1863 万 t。黑木耳生产原料丰富。

(3)成熟的技术

新中国成立后，我国科技工作者培育出了黑木耳固体纯菌种，创造了段木打孔接种法，这种方法使段木栽培黑木耳产量大大提高，适于森林资源丰富的山区野外或林地栽培。但是两三年才完成一个周期，每根 1m 长、直径为 10~13cm 的优质段木，3 年仅产 100~150g 黑木耳，绝对产量不高。这种方法常因自然灾害的侵扰减产和国家“封山育林”政策的限制，现今已很少被林区耳农延用。

20 世纪 80 年代，科研人员仿照香菇木屑塑料袋栽培的成功模式，采用黑木耳代料栽培方式，取得一定成就。此后，北方诸省结合当地的气候特点创造了许多行之有效的方法和技术。如辽宁省朝阳市食用菌研究所总结十几年科研实践，形成了一套完整的“塑料袋地栽黑木耳”理论技术体系，改变了依靠木材生产木耳的历史，使黑木耳走向了田间大地。黑龙江、吉林等地则采用棚室黑木耳代料栽培，创造“黑木耳吊袋栽培”、“大(小)拱棚地栽黑木耳栽培”、“林地黑木耳栽培”等不同栽培技术。这些技术和方法适合不同地区的气候特点和地形特点，可以因地制宜地采用。目前，黑木耳露地全日光间歇喷雾栽培，技术成熟度高，便于耳农应用，已成为我国黑木耳栽培的主要方式。

(4)劳动力充足

随着我国农业产业化进程的加快和劳动生产率的提高，农村有不少剩余劳动力，这些条件为黑木耳生产提供了充足的劳力资源。在农村、山区及城郊栽培黑木耳，将是扩大就业和培植农业增长点的一条有效途径。因此，伴随着国内外市场对黑木耳需要量的增加，将会有许多黑木耳专业户、专业村、专业场出现，一批农民将会转入黑木耳生产战线，成为富裕的耳农。

2. 黑木耳产业发展的态势

(1)产业快速发展，成为农民增收重要渠道

随着科技进步和人们生活水平提高，黑木耳产品的营养作用和保健功效日益得到认同，全球黑木耳消费受到内生效应和外延效应的影响，对黑木耳产品的需求越来越大，产品消费空间日益得到拓宽。在技术进步、政策扶持和市场需求的共同推动下，将极大地促进我国黑木耳产业的发展。

黑木耳产业是以农林副产物为原料的生态产业，是农业脱困、林业治危、惠及“三农”的优势产业和朝阳产业，兼具劳动密集型、技术密集型、资源密集型的特点，是农民增收致富的“短、平、快”项目和重要渠道。

(2)产品质量安全备受关注，亟须推进标准化生产

随着生产规模的扩大，黑木耳生产原料、生产环境和生产投入品的安全风险正在逐步加大，尤其是病虫害防控和产品加工环节极易受到有害物质污染。因此，黑木耳产品质量安全控制尤为重要。产业管理部门必须加强对农药残留和重金属污染源头的调查研究，加强监督检验和强源头控制，避免突发事件的发生，确保黑木耳产业的持续健康发展。

当前，黑木耳产业正处于由数量效益型向质量效益型转变时期，迫切要求栽培技术的创新和生产方式的规范，通过降低生产成本，提高综合效益。拓宽原料来源，尤其是非木质原料，选育专用菌种，开发配套技术，降低原料成本，缓解菌林矛盾，提高栽培技术的适应性。依靠创新和推广应用新技术设施，不断提高生物转化率和栽培生产的可控性。

(3)循环型生产得到培育，发展动力不断增强

示范推广黑木耳与水稻轮作、蚕桑与黑木耳套作、林地黑木耳、设施黑木耳及菌糠多级利用等一批生态高效的黑木耳循环生产模式，为产业发展注入了新活力和新的发展机遇。同时，随着黑木耳食药研究逐渐深入，黑木耳膳食纤维、多糖和蛋白的纯化及功能研究正在成为热点，黑木耳产业也将进一步细化和延伸。根据不同产区的资源禀赋，调整品种结构，延伸产业链条，原料、生产、加工、经营等各环节将进一步专业化。食用菌流通将完全融入市场经济体制，形成多种经济成分、多种经营方式、多条流通渠道并存的开放式流通体系(图 1-2)。市场开

发的广度和深度进一步提高，将逐步实现国内外市场并举、形成良性互动的内在机制。

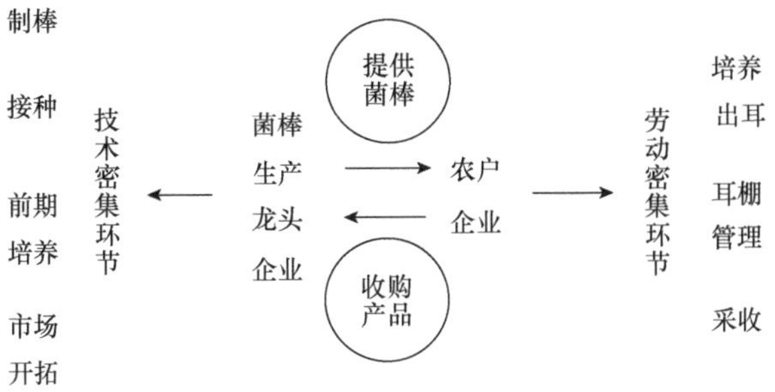

图1-2　菌棒专业化生产示意图

(4)发展方式逐步转型，产业化水平提高

近年来，黑木耳企业和专业合作组织迅速发展，规模化、集约化和工厂化生产起步，“龙头企业或合作社+基地+农户”的模式在主产区推广，黑木耳生产方式开始转型。可以预见的是，今后一段时期，传统的千家万户的分散生产、工商资本介入的工厂化生产和“菌包集约化生产+分散式出耳管理”三种模式将共同发展，将进一步提高专业化程度，形成主要环节完善的专业队伍和设施，促进产业经济增长方式的转变。

总之，黑木耳产业以“优结构、提品质、深加工”为今后发展总目标。为此，紧紧围绕产业转型升级重点，实施菌种产业提升工程，推进集约化生产和循环经济生产模式，提高黑木耳发展质量和效益。着力于技术进步、模式创新和生产设施改善，培育菌包培养中心、推广菌包集约化生产、推进黑木耳工厂化生产水平，加大示范基地建设。保护和开发利用种质资源，加强种源安全、产品质量安全、采后保鲜和深度加工技术研究。宣传黑木耳产品健康理念，扩大市场消费。

第二章　黑木耳及其生活习性

一、黑木耳的形态结构

黑木耳的形态呈浅圆盘状、耳形或不规则形。中文名“黑木耳”是从形态上描述为生长在木头的黑色耳状真菌，日文名“キクラゲ”是从口感上描述其为生长在木头上的像海蜇一样的真菌，而英语名和俄语名与中文名一样都是根据形态命名的。古时候，人们不了解这类真菌的特征，只注意体积较大且外露的子实体，对生长在基质中的菌丝体缺乏认识，认为黑木耳是“湿气熏蒸而成”。实际上黑木耳是由生长在基质中的营养器官和生长在基质上的繁殖器官两部分组成。

黑木耳菌丝体是生长在基质中大量丝状物，是黑木耳的营养器官，亦叫营养体；子实体则是外露在基质上面呈耳状的可食用部分，是黑木耳产生孢子并繁殖后代的繁殖器官，也是黑木耳的果实。

(一)菌丝与菌丝体的形态结构及特征

1. 菌丝形态结构及特征

按照生物学分类，黑木耳属于担子菌类。黑木耳的担孢子在适宜的条件下吸水膨大后，萌发产生芽管，芽管的管状细胞不断地分枝、伸长、发育而形成的管状细丝称为菌丝。

黑木耳的菌丝都是多细胞的，由细胞壁、细胞质、细胞核组成，一般呈管状，无色、透明。黑木耳的真菌菌丝都有横隔膜分成许多间隔，从而形成有隔膜菌丝。黑木耳菌丝内细胞中细胞核数目不一，有单核、双核和多核，其菌丝分别称为单核菌丝、双核菌丝和多核菌丝(图 2-1)。而黑木耳担子菌的菌丝细胞大多数含有两个核，双核菌丝是黑木耳担子菌的基本菌丝形态。

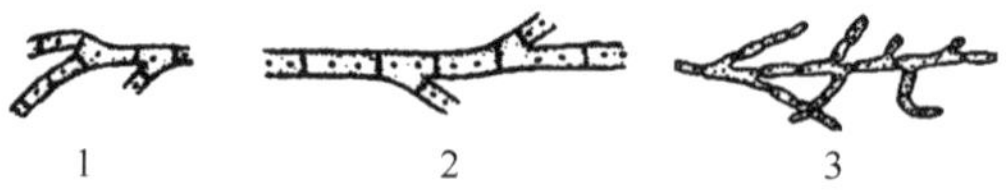

图2-1　黑木耳菌丝形态

1. 有隔单核菌丝；2. 有隔双核菌丝；3. 有隔多核菌丝

黑木耳菌丝体在完成生活史以前，经过 3 个明显的发育阶段，即初生菌丝、次生菌丝和三生菌丝。

(1)初生菌丝(单核菌丝)

刚从孢子萌发形成的菌丝称为初生菌丝。这种菌丝纤细，生长速度较慢，初期为无隔多核，以后产生隔膜，使每个细胞都含有 1 个细胞核，成为单核有隔菌丝。因此，初生菌丝也称为单核菌丝或一次菌丝。绝大多数食用菌的单核菌丝一般不能产生子实体，只有和另一条可亲和的单核菌丝配对、质配之后变成双核菌丝，才有产生子实体的能力。但是也有例外，如黑木耳的单核菌丝体，自身有较强的形成胶质化原基的能力，与可孕的双核菌丝相比，它有很大的差别，单核菌丝体形成原基所需时间长，几乎是双核菌丝体的 2 倍。形成的胶质化原基常长成团状，不容易开片，仅极少能开出小耳片。另外，单核菌丝抗逆性差，易感染杂菌，出耳不整齐。说明黑木耳的单核菌丝虽然能结成子实体，但在生产上无应用价值。

黑木耳担子菌的单核菌丝生活期短且不发达，两条初生菌丝一般很快配合，然后发育成双核化的次生菌丝。由初生菌丝形成的菌丝体称为初生菌丝体，初生菌丝体在担子菌生活史中历时很短。

初生菌丝的形态特征是菌丝纤细及隔膜处无锁状联合。其生理特点是生长缓慢，一般不具结实性，不能用作菌种。

(2)次生菌丝(双核菌丝)

由两条初生菌丝经过质配而形成的菌丝称为次生菌丝或二次菌丝。在形成次生菌丝时，两个初生菌丝进行质配，此时细胞核并没有发生核配融合，因此次生菌丝的每个细胞含有两个异核，延续形成双核菌丝，称为次生菌丝。这种双核菌丝是黑木耳菌丝存在的主要形式。只有双核菌丝才能形成子实体。由两个初生菌丝体的单核细胞经过原生质体融合发育而成的菌丝体叫次生菌丝体。

次生菌丝的形态特征是粗壮、隔膜处常有锁状联合。其生理特点是在基质上生长速度快、粗壮强健、分枝繁茂、具结实性，即可以形成正常的子实体。因此，制作菌种都用次生菌丝。

锁状联合：许多担子菌和部分子囊菌在双核菌丝分隔处的顶端细胞上，常出现一中类似锁臂的菌丝连接，称为锁状联合。这是双核菌丝细胞分裂的一种特殊形式。

锁状联合的形成过程大致如下(图 2-2)：要进行分裂细胞(一般是菌丝顶端细胞)的中部一侧形成一个突起，突起增长并向下变曲，这部分称为锁状细胞，同时细胞中的两个核一个移入锁状细胞中，另一个留在主细胞内，两个核同时进行分裂，形成 4 个核。两个核在菌丝顶端，一个在底部，一个在突起。随后在锁状细胞处先后形成两个隔膜，将细胞一分为三，最后锁状细胞顶部与基细胞的壁融合相连，锁状细胞中的核回到基细胞中形成两个核的基细胞。这样，由原来的一个双核细胞就分裂成两个双核细胞，完成了细胞分裂的全过程。因在两个细胞的隔膜处残留有一个明显的突起，在显微镜下观察时好像一把锁，故称锁状联合。以后新细胞不断重复此过程，完成双核菌丝细胞的分裂生长过程。

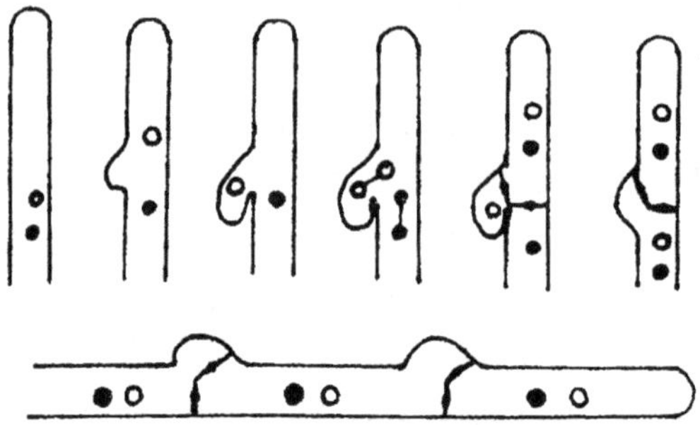

图2-2 黑木耳菌丝锁状联合的形成

锁状联合有效地保证双核并裂产生的姐妹细胞核能分配到两个不同的细胞中。锁状联合也不是在所有食用菌的双核菌丝上都能产生，如双孢蘑菇的双核菌丝上未发现锁状联合。不同的食用菌，锁状联合的形状不完全相同。有的像圆丘形，有的像骨节抱握状。它们的大小不一，相距的远近也不一。在有锁状联合的食用菌中，菌丝上有无锁状联合的形成，是单核菌丝或双核菌丝鉴定的标志。锁状联合的不同形状是判断和鉴别不同菌种的方法之一(图 2-3)。

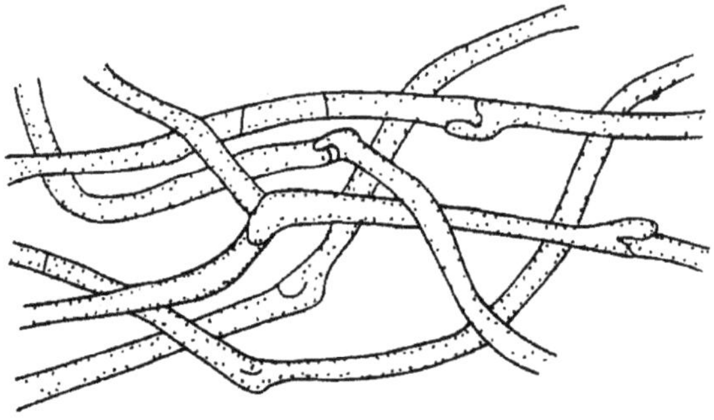

图2-3 黑木耳菌丝锁状联合结构

(3)三生菌丝(组织化的双核菌丝)

由次生菌丝进一步发育而成已组织化的双核菌丝，称为三生菌丝或三次菌丝，又称结实性双核菌丝。如子实体中的菌丝体和菌索、菌根、菌核中的菌丝。

2. 菌丝体形态结构和特征

菌丝前端不断生长、分枝，交织形成了菌丝群。这种交织而成的菌丝群便是菌丝体。黑木耳菌丝体大多数呈白色，因其生长在基质内，且又十分纤细，因此人们很少注意它的存在。如果条件适宜，菌丝体能不断地向四周蔓延扩展，利用基质内的营养，繁衍自己，使菌丝体增殖，当到达生理成熟时，菌丝体就会扭结在一起，形成子实体原基，进而发育成子实体。

黑木耳菌丝体为有隔菌丝，纤细、有分枝、粗细不均，常出现根状分枝，长相弯曲，有锁状联合，典型的锁状联合形态像骨节嵌合状。菌丝生长速度较慢，在培养基上生长均匀密集，前缘整齐，老熟后常分泌褐色的色素。担孢子萌发为单核菌丝，经过质配后形成双核菌丝，在生活史中双核菌丝占据的时间长。

黑木耳菌丝体是黑木耳的营养器官，具有 4 项功能：一是分解、吸收培养基中的营养物质和水分；二是对分解吸收后的营养物质起输送作用；三是对营养物质有贮藏养料及代谢物质作用；四是具有无性繁殖的作用。黑木耳生产中所使用的菌种，实际上就是纯菌丝体。

3. 菌丝的组织体

菌丝体能组成两种组织，一种是组成比较疏松的组织，菌丝体并列在一起，还能看出典型菌丝体的长形细胞，称为疏丝组织；另一种是比较紧密的组织，组织中的细胞不是长形而是椭圆形，或接近圆形或多角形，称为拟薄壁组织。

菌丝体一般都是疏松的，经过菌丝交织形成菌丝体，菌丝体进一步发育形成生殖器官——子实体，即食用菌的“果实”。但有的担子菌在生长过程中遇到不良环境条件或在繁殖的时候，疏丝组织和拟薄壁组织的菌丝相互紧密地缠结在一起，形成具有某些特定功能的器官——组织体。这些菌丝组织体具有休眠、输导、抗逆等功能，不是生殖器官。当环境条件适宜时，靠组织体内菌丝萌发出新的菌丝，交织成菌丝体，然后发育成子实体，释放孢子。常见菌丝的组织体有菌核、子座、菌索、菌丝束和菌膜等。

(1)菌核

菌核是由拟薄壁组织和疏丝组织形成的一种坚硬的休眠体，形状大小不一，如菜籽状、鼠粪状、角状和拳头状组织体。药用菌的茯苓、猪苓、雷丸、麦角等均是菌核。菌核颜色初期常为白色或浅色，成熟以后呈褐色或黑色。菌核既是营养贮藏器官，又是度过不良环境的休眠体。在条件适合时，菌核萌发产生子实体、菌丝和分生孢子等。

(2)子座

子座是拟薄壁组织和疏丝组织形成的，或由菌丝体与部分寄主组织结合形成的一种垫状营养结构。子座有各种形状，它一般紧密地附于基物上。它既产生繁殖体，又有度过不良环境的作用。例如，中药材冬虫夏草寄生在虫体内的菌丝发展为菌核，以后从菌核中长出棒状子座，分别位于柄部和头部，在子座头部周围生有许多子囊壳。冬虫夏草是虫菌结合成一体，即蝙蝠蛾科的幼虫被虫草属的真菌寄生后，昆虫体内虫草属真菌的菌丝先形成菌核，然后从菌核上产生直立有柄的子座，子座棍棒形，具可育的头部。日常所谓的虫草即被寄生了的虫体(菌核)和草(子座)。

(3)菌索

由菌丝体平行组织成长条状的似绳索状物称菌索。它由拟薄壁组织组成深色的皮层和疏丝组织组成的髓部，顶端为生长点。菌索粗细不一，色泽各异，长短各不相同，它具有迅速运送物质和蔓延的功能，在不适宜的条件下呈休眠状态，在条件适宜时又可以从生长点恢复生长及从菌索上生出繁殖体。例如，蜜环菌的菌索及双孢菇的菌丝生长到一定的时候，在菌床的料面上菌丝体组织成菌索，分布在培养料上，不久菌索扭结成菇蕾。

(4)菌丝束

由大量平行菌丝排列在一起形成的肉眼可见的绳状菌丝组织称为菌丝束。其结构简单，粗细不一，一般数厘米长，它与菌锁相似，具有营养输导的功能，但与菌锁不同之处在于它无顶端分生组织。例如，双孢蘑菇子实体基部常生长着一些白色绳锁状的丝状物，就是它的菌丝束。

(5)菌膜

由菌丝紧密交织而成的一层薄膜称为菌膜，如栽培香菇时，后期常见料的表面形成一层褐色被膜。

(二)子实体的形态结构与特征

在真菌学上，人们通常把能产生孢子并繁殖后代的器官称为子实体。黑木耳子实体能产生担子和担孢子，又叫担子果，实际上是一个繁殖器官。黑木耳子实体是可供人们食用的“果实体”，相当于绿色植物的果实。黑木耳子实体生长在木段、代料等营养基质的表面上，单生或丛生(簇生)，单生呈耳状，丛生呈花瓣状。子实体初生时为杯状或豆粒状；逐渐长大成熟后，子实体呈黑褐色波浪式胶质叶片状或耳状，像一个浅圆盘子或耳朵，可以看到它由耳根、耳片两部分组成(图 2-4)。新鲜的子实体薄而富有弹性，胶质，半透明。干燥后急剧收缩成角质，硬而脆。胶质子实体分背、腹两面。

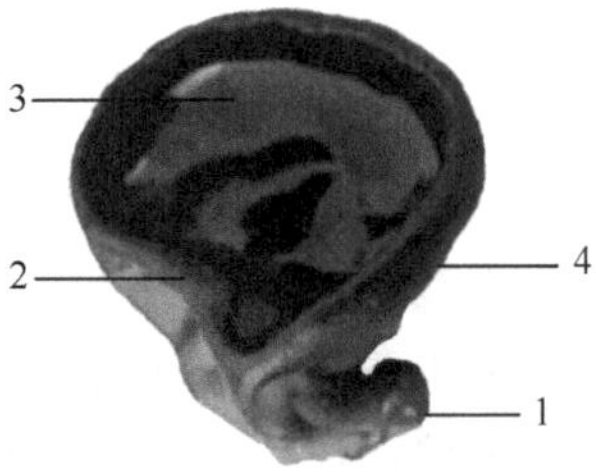

图2-4 黑木耳子实体

1. 耳根；2. 耳片；3. 腹面；4. 背面

1. 耳根

在子实体发育初期，由成熟的菌丝交织扭结形成了扁宽而突然收缩的狭细短柄，这便是黑木耳耳根，直径 0.5~1cm。它生长在耳片的下边，耳根下部和基质内的菌丝体相连，是黑木耳子实体的支持部分及输送养料和水分的器官。耳根下部呈红褐色，坚韧、中实，后期近纤维质。

2. 耳片

随着耳根上部子实体分化生长，发育呈豆粒状或杯状，逐渐变成叶片状或耳状，形成完整的子实体，这便是黑木耳主要果实部分。黑木耳耳片有单生或丛生(簇生)。耳片直径一般 4~10cm，大的可达 12cm 以上，厚 0.8~1.2mm。耳片干后强烈收缩为角质，泡松率 8~22 倍。

3. 菌肉

黑木耳菌肉是耳片腹面与背面表皮之间的疏松的菌丝部分，是黑木耳的食用和药用的主要部分。黑木耳菌肉是由双核菌丝组成的，质地是胶质的，白色。其内部结构属于无髓层而具有中间层的类型，在显微镜下从子实体横切面的背面数起，可分为柔毛层、致密层、亚致密上层、中间层、亚致密下层及子实层等。

4. 腹面

腹面，又称孕面，中凹，光滑或有脉状皱褶，色深，呈黑褐色或茶色，是孕育孢子的表面。

孢子是黑木耳的“种子”，有性别。黑木耳成熟时，在其腹面的子实层上长出成千上万的担孢子。在显微镜下观察，担孢子呈肾形，无色透明，大小为(9~14)μm×(5~6)μm，许多担孢子聚集在一起，形成肉眼可见的一层白色粉末。子实体干燥后，体积强烈收缩，担孢子像一层白霜黏附在它的腹面。当干燥的黑木耳吸水膨胀后，即会恢复其原来新鲜时的舒展状态。

5. 背面

背面，又称不孕面，贴耳木的一面，有凸起，呈暗青灰色，密生许多柔软短纤毛(这种纤毛的特征在木耳分类上非常重要)，这种毛不产生担孢子，有的具有脉状皱褶，颜色浅于腹面(图 2-5)。

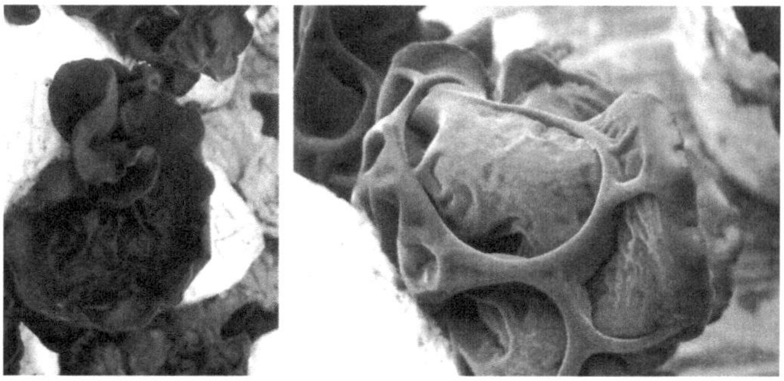

图2-5　黑木耳子实体的腹面(左)、背面(右)形态

二、黑木耳一生

按照 Raper(1954)的生活史类型划分，黑木耳的生活史属于单倍体——双核化型(haploid-dikaryotic)。

黑木耳子实体成熟时，在其腹面上产生棒状的担子，担子上生有担孢子。担孢子萌发长出芽管，芽管伸长为单核菌丝，经过不同性的有亲和力的单核菌丝结合，形成双核菌丝。双核菌丝不断生长，分化发育成子实体。子实体成熟后又产生大量的担孢子。如此周而复始，物种得以延续。黑木耳这种从担孢子萌发开始，经菌丝体生长、子实体分化和生理成熟，再到新的担孢子产生释放等诸过程，称为黑木耳生活史。

黑木耳一生历经：担孢子→担孢子萌发→初生菌丝(单核菌丝)→两条可亲和的初生菌丝融合→次生菌丝(双核菌丝)→子实体原基→子实体→担孢子等过程(图2-6)。

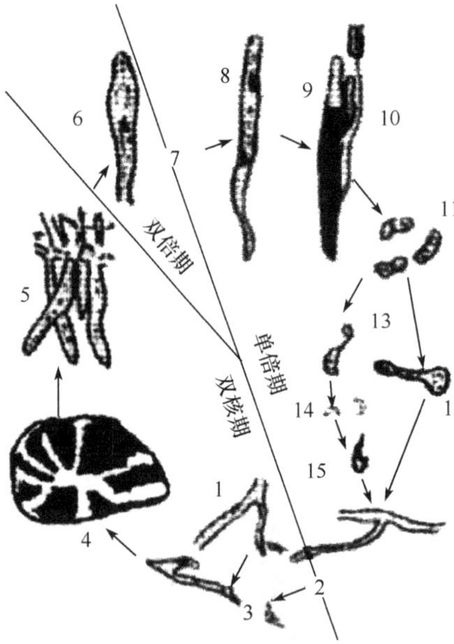

图2-6　黑木耳的一生

1. 单核菌丝；2. 双核化；3. 双核化菌丝及锁状联合；4. 担子果；5. 幼小的双核担子；6. 核配；7. 减数分裂；8. 幼担子；9. 成熟的担子；10. 着生在小梗上的担孢子；11. 担孢子产生横隔膜；12. 担孢子直接萌发为(+)或(–)单核菌丝；13. 担孢子间接萌发产生分生孢子；14. 马蹄形分生孢子；15. 分生孢子直接萌发为(+)或(–)单核菌丝

(一)黑木耳的生长发育

黑木耳的整个生活周期分为营养生长和生殖生长两个阶段。

黑木耳的孢子萌发成单核菌丝，单核菌丝和另外不同性的单核菌丝相结合成为双核菌丝(营养菌丝)，吸收养分而生长成菌丝体，这个过程称为菌丝体营养生长，即黑木耳的菌丝体生长发育时期。

大量繁殖的营养菌丝遇到光线、低温、机械刺激和培养基的生物化学变化等因素的诱导，就形成了子实体原基，原基发育成菌蕾，进而发育成成熟的子实体，这个过程称为生殖生长，即黑木耳的子实体生长发育时期。

1. 孢子萌发

一般来说，黑木耳的生长是从孢子萌发开始的。黑木耳子实体成熟时，在其腹面产生棒状的担子，担子上生有担孢子。担孢子是黑木耳的最初繁殖单位，在不适宜其萌发的条件下，担孢子可以较长时间地存活。有些担孢子从母体上释放后，遇到适当的环境条件就可以立即萌发；而另外一些担孢子则有较长时间的休眠期。担孢子在遇到足够的水分、适宜的温度、营养、酸碱度、孢子浓度和氧气等环境条件下，便开始萌发长出芽管，这就是黑木耳孢子萌发与形成的开始。另外，担孢子本身的成熟度也是影响萌发的因素。

2. 菌丝体生长

黑木耳的生长发育首先是从菌丝体生长开始的，也就是黑木耳的营养生长阶段。在大自然中，孢子萌发后或在黑木耳栽培过程中，当菌种接到培养料上就意味着营养生长阶段的开始。菌丝以接种点为中心，呈辐射状向四周蔓延，向基质内部扩展，分解基质，吸收营养，维持生长，积聚养分。菌丝体生长阶段，对黑木耳的栽培有着十分重要的意义，只有充分满足营养生长所必需的养分和环境条件，才能为子实体的分化、生长发育(子实体丰收)奠定良好的基础，正所谓的“根深叶茂，才能硕果累累”。

(1)菌丝伸展和顶端生长

黑木耳的菌丝呈管状细丝，顶端呈钝圆锥形，钝圆锥形的前端 2~10μm 长的部分是菌丝旺盛生长的部位，称为菌丝生长点。生长点后面较老熟的菌丝可产生分枝，每个分支的顶端也都具有生长点。菌丝的生长实际上是生长点不断延伸，同时形成锁状联合，进行菌丝细胞繁殖的过程。其他部分由于细胞壁坚硬，很难伸展。

菌丝生长是顶端生长，而其中顶端的泡囊对菌丝生长起着重要作用。泡囊是由内质网生长点演变而来的真菌细胞器，具双层膜，含有丰富的多糖、几丁质合成酶、细胞壁溶解酶、酸性和碱性磷酸酯酶及几丁质前体等。菌丝生长时，泡囊在菌丝顶端聚集；生长停止时，泡囊从顶端消失，只有当泡囊在顶端再聚集时，生长才重新开始。

(2)菌丝生长期的划分

菌丝生长可划分为 3 个时期：①生长迟缓期，这个时期上菌种适应新环境的过程，生长速度比较慢，而且不同的菌类生长迟缓期也不同；②快速生长期，菌丝适应了所处的生长条件，便开始快速生长；③生长停止期，菌丝停止生长，老化的菌丝开始自溶，菌丝细胞中的有机物质被分解而释放出氮磷，菌丝干重逐渐减少。

3. 子实体生长发育

双核菌丝不断生长，形成吸收和输送能力强的营养体——菌丝体，为黑木耳生殖生长奠定了物质基础。黑木耳菌丝生长达到一定的生理水平，并在外部环境条件适宜的情况下，菌丝开始扭结，进入生殖生长阶段，形成子实体原基，并进一步发育成子实体，产生有性孢子。子实体是黑木耳的繁殖器官，子实体的发育，标志着黑木耳进入生殖生长阶段，包括子实体分化期和子实体生长期。

子实体分化是指从双核菌丝到形成扭结的子实体原基的过程。子实体分化十分重要，它标志着菌丝体从营养生长阶段到生殖生长阶段的转化，由量变到质变，由营养器官的生长到生殖器官雏形的产生。人们栽培黑木耳的目的就是要获取大量的子实体。为此，尽快地促使子实体分化是人们栽培黑木耳成功的关键。

子实体生长是子实体从分化到成熟的时期。

黑木耳子实体生长发育，历经子实体原基形成、子实体(原基)分化、子实体(耳蕾)生长、子实体(商品耳)成熟和生理成熟(孢子产生)等阶段，可分为五个生育时期(图 2-7)。

原基形成期　大量双核菌丝达到生理成熟后，遇到适宜的外界条件(如光线、低温、温差、机械刺激等)诱导，菌丝体开始不断扭结，在基质表面或距表层较近的基质内形成浅黑色瘤状物原基，这便进入子实体原基形成期。原基是子实体的胚胎组织，是组织化的双核菌丝组成。原基的形成标志着菌丝体已由营养生长阶段进入生殖生长阶段。

子实体分化期　浅黑色瘤状物原基进一步扭结，形成粒状或小环状凸起，展现出黑木耳的“小蕾”，进而发育成子实体，便进入子实体分化期。

子实体生长期　子实体进一步吸收营养，发育成耳状“雏形”。

商品成熟期　也叫子实体成熟期。耳片展开，孢子尚未弹射。表面中凹，边缘上卷，多皱曲，有脉纹，还有光滑的感觉；叶片呈新鲜的胶质状，半透明，有弹性，其颜色一般腹面呈黑褐色或茶褐色，背面呈暗灰色或灰白色，基部有扁宽而突然收缩的狭细短柄，这便进入商品成熟期。商品成熟期收获最佳。

生理成熟期　也叫新孢子产生期。黑木耳采收过晚，耳片变薄、颜色变浅，耳肉体积强烈收缩成角质，腹面向内卷曲，背面显著凸起，硬而脆，颜色漆黑或深褐、红褐。腹面子实层上长出成千上万的担孢子，孢子易萌发弹射，进入新的孢子繁殖生长阶段。黑木耳耳片展开后，应及时采收。采收过晚，生理成熟期耳片质量下降。

图2-7　黑木耳子实体发育时期

1. 原基形成；2. 现蕾；3. 耳状雏形；4. 商品木耳；5. 有担孢子的耳片

(二)黑木耳的繁殖

黑木耳通过营养阶段后，便进入了繁殖阶段。繁殖方式通常分为无性繁殖和有性繁殖。

1. 无性繁殖

无性繁殖分菌丝体断裂、无性孢子的产生及芽殖等方式。黑木耳无性繁殖产生的无性孢子为分生孢子，黑木耳的分生孢子不易萌发，当满足其特殊要求时，萌发生长为菌丝。在黑木耳栽培中子实体分离、菌种转管传代都是利用无性繁殖的特性。

2. 有性繁殖

黑木耳的有性繁殖是以异宗结合的方式进行的，即必须由不同交配型的单核菌丝结合才能完成生活史。据 Barnett 和罗昌信报道，黑木耳属二极性异宗结合的担子菌。不同交配型的单核菌丝经交配，形成双核菌丝。双核菌丝不断地分解和积累大量的营养物质后逐渐达到生理成熟，通过双核菌丝的分化发育，交织扭结，开始形成耳芽，而后逐渐发育成子实体。子实体成熟后，又产生大量的担孢子，这样的一个生长发育过程就是黑木耳的生活史。

三、黑木耳的生长发育条件

黑木耳的生长发育需要一定的条件，在适宜的条件下，黑木耳菌丝生长健壮、现蕾多，子实体发育快、产量高、质量好。为了栽培好黑木耳，在生产过程中必须依据黑木耳的生态特征和生理特性，为黑木耳生长发育创造适宜的生活条件，才能获得理想的结果。

(一)生长基质和营养

黑木耳属于木腐菌，野生的多生长在桑、槐、榆、柳等树的朽木枯桩上，人工栽培的黑木耳生长在段木或木屑和其他适宜的农副产品培养基上。黑木耳菌丝吸收其中的养料和水分，正像农作物生长在土壤上、吸收土壤中的营养一样。所以段木和培养料既是黑木耳菌丝生长的基质，也是菌丝生长的营养源。

黑木耳体内没有叶绿素，不能进行光合作用，只能依靠同化有机物才能生长发育。黑木耳生长发育所需的营养物质包括碳源、氮源、水分、无机盐类、维生素等，还需要一定的pH。

1. 碳源

凡用于构成细胞物质和代谢产物中碳架来源的物质，统称碳源。碳源是构成黑木耳菌丝细胞最重要的营养物质源，也是黑木耳生命活动所需能量来源。

黑木耳在营养类型上属于异养型生物，不能利用二氧化碳、碳酸盐等无机碳化合物，其生长所需要的碳源全部来自有机物。黑木耳碳源主要包括纤维素、半纤维素、木质素、淀粉、果胶、戊聚糖类、有机酸类和醇类等。在常见的碳源中，单糖、双糖、低分子醇类和有机酸等小分子化合物可以直接为黑木耳吸收利用；大分子有机物，如纤维素、半纤维素、木质素、淀粉、果胶、戊聚糖类等，必须通过菌丝细胞产生的胞外酶分解成葡萄糖、果糖、木糖、阿拉伯糖等简单的糖类后，才能被吸收利用。

在黑木耳代料栽培中，除葡萄糖、蔗糖等单糖类外，碳素营养主要来源于自植物性原料，如木屑、棉籽壳、玉米芯、豆秸、麦秸、稻草、甘蔗渣等培养主料。为了促进菌丝的快速生长，人们常在配制培养基时，适当加入一些葡萄糖、蔗糖等容易吸收的碳源，作为菌丝生长初期的辅助碳源，并可诱导胞外酶的产生，加快对木质素等大分子有机物质的分解，但要注意加入糖的浓度不能太高，一般以0.5%~5%为宜，浓度过高反而会抑制菌丝生长，加大生产成本。柠檬酸、琥珀酸、苹果酸等是葡萄糖代谢物的中间产物，容易被黑木耳菌丝细胞利用。据试验：用30ppm的柠檬酸溶液处理黑木耳段木，比清水对照增产10%以上，增产效果明显。

黑木耳吸收碳素，大约有20%左右用于合成细胞物质，80%用于维持生命活动所需能量而被氧化分解，同时碳素也是黑木耳子实体中含量最多的元素，占子实体的50%~60%。因此，碳源是黑木耳生长发育过程中需要量最大的营养物质。

2. 氮源

凡用于构成细胞物质和代谢产物中氮元素来源的营养物质，统称为氮源。氮是黑木耳菌丝体细胞的重要元素。氮源是合成黑木耳细胞蛋白质、核酸、酶类及细胞质的主要原料，对生长发育有着重要作用，一般不提供能量，是除碳源以外最重要的营养源之一。

黑木耳所利用的氮源有有机氮源和无机氮源两类。有机氮源主要有蛋白质、氨基酸、蛋白胨、酵母粉、尿素等；无机氮源主要有氨、铵盐、硝酸盐等。黑木耳生长发育以利用有机氮源为最好，铵态氮源次之，一般不能利用硝态氮和亚硝态氮。黑木耳菌丝体能直接吸收利用氨基酸、尿素和氨等小分子化合物，而蛋白质等大分子有机化合物不能被直接吸收利用，必须经菌丝分泌的胞外酶，将其降解成小分子有机氮后才能被吸收利用。以无机氮为唯一氮源时，菌丝生长缓慢且有不出耳现象。这主要是因为黑木耳菌丝没有充分利用无机氮合成细胞所必需的全部氨基酸的能力，有些氨基酸几乎或全部不能合成。若在合成培养基中加入硫胺素(维生素 B_1)能提高对铵态氮的利用能力，使黑木耳生长良好。

黑木耳在不同的生长阶段对氮的需求量不同。在菌丝体生长阶段对氮的需求量偏高，培养基中含氮量以0.016%~0.064%为宜，若含氮量低于0.016%时，菌丝生长就会受阻；在子实体发育阶段，培养基的适宜含氮量在 0.016%~0.032%，含氮量过高会导致菌丝徒长，抑制子实体的发育和生长，推迟出耳。

在黑木耳生产中，培养料中碳源和氮源的浓度对其生长发育很重要。碳氮比是指细胞或培养料中所含碳元素和氮元素的比率，简称 C/N。即：C/N=培养料总含碳量/培养料总含碳量。

化学分析证明，真菌细胞中的碳氮比为10:1~12:1，即真菌细胞中碳素含量约是氮素含量的10~12倍。一般来说，在黑木耳菌丝营养生长阶段，碳氮比以20:1为宜；进入生殖生长阶段，最合适的碳氮比是30:1~40:1；成熟生长时，也以碳源浓度高的培养基为好，如果氮源过多，营养生长旺盛，子实体反而难以形成。

黑木耳培养料的 C/N 是衡量其质量好坏的重要指标，直接影响着黑木耳的生长发育，尤其子实体的分化和产量。培养料中的碳氮比一般应高于细胞中的碳氮比，因为生物细胞要合成自身物质，需要消耗基质中大量的碳氮营养，特别是碳素营养。若 C/N 太小，菌丝会因富氮徒长，而不易转入生殖生长，难以形成更多的子实体；若 C/N 过大，菌丝生长慢而弱，难以高产。用于栽培黑木耳的天然材料中含碳量较高，如禾本科植物秸秆的C/N为30:1~80:1，木本植物的枝条C/N为

200:1~300:1。因此利用这些材料栽培黑木耳时，常需进行堆制发酵或加些有机物，如麸皮、豆粉等来调节其C/N，以适宜于黑木耳生长。

生产黑木耳使用的有机氮源，除了常用尿素、蛋白胨、酵母粉之外，还可由马铃薯浸液、玉米粉、豆饼、米糠、麸皮、薯类等含氮化合物提供。木屑为主料栽培黑木耳适量补充富含有机氮的物质，如米糠、麸皮等，可促进菌丝生长提高黑木耳产量。尿素经高温处理后易分解，释放出氨和氰氢酸，易使培养料的pH升高和产生氨味而不利于菌丝生长。因此，若栽培时需加尿素，其用量应控制在0.1%~0.2% ，勿用量过大，而且一般不用于熟料栽培。

3. 水分

这里说的水分指黑木耳生长基质中的含水量。水不仅是黑木耳细胞的重要组成部分，也是吸收营养物质的介质，养分输送的工具；水的比热高，又是热的导体，因而能有效地吸收代谢过程中放出的热量，具有调节细胞温度的作用。黑木耳在不同的发育阶段对水分的要求是不同的，黑木耳生长发育所需水分绝大部分来自培养基质。

水分是孢子萌发的必要条件，在适宜的温度(24℃)条件下，新鲜孢子在培养基的萌发率可达80%~100%。在干燥环境下，孢子不能萌发，所以黑木耳孢子不宜在阳光下直射。如果将新鲜的黑木耳孢子在阳光下直射 5h，萌发率只有5%~6%。

培养料的含水量直接影响着黑木耳菌丝体的生长发育。段木栽培黑木耳，耳木含水量在38%~42%，菌丝生长快，杂菌污染少。若低于32%，影响细胞中蛋白质、氨基酸等生命物质合成，成活率不高；含水量低于15%~20%，菌丝停止生长；但高于 55%，菌丝生长速度减慢。人工配制黑木耳培养料适合菌丝生长的含水量以55%~60%为宜。基质含水量过高，基质通透性差，影响呼吸作用，抑制其生长，甚至使菌丝窒息死亡，而且往往使培养料成为杂菌生长的温床。

出耳阶段和菌丝体阶段相比，出耳阶段需要的水分较多。一般说，培养料的含水量以60%(包括原料的生理含水量12%~13%)为最宜。如果培养料中水分过低，黑木耳子实体生长就会停止。培养料含水量低，即使空气相对湿度高，也很难有正常的耳片发生。培养料含水量过高或出耳场地空气相对湿度超过 95%，容易滋生致病菌，也有碍耳片正常的蒸腾作用，往往出现“流耳”现象发生。

培养料含水量是指水分在湿料中的百分含量。在生产实践中，常用手握法测定培养料的含水量：一般用手紧握培养料，若指缝中有水泌出而不易下滴为宜。料水比一般掌握在1:1.3~1:1.2，但培养料的适宜含水量应根据原料、菌株和栽培季节的不同而确定，有的原料吸水性强，如棉籽壳、玉米芯、甘蔗渣等，应加大料水比，反之则减少；高海拔地区、干燥季节和气温略低时，含水量应加大；在

30℃以上的高温期，含水量应减少。

正确掌握含水量，既要注意影响黑木耳培养料含水量的外界因素，如空气相对湿度、温度、通风等；又要兼顾黑木耳自身生理作用引起的含水量变化。在黑木耳生长发育阶段，水分常因蒸发和菌丝体、子实体的吸收而使培养料水分含量下降，影响下潮耳的产量，所以，栽培后期通常采用向培养料注水或喷水等办法补给水分，以增加后期产量。出耳场地经常保持一定的空气相对湿度，也能防止培养料水分的过分蒸发。

4. 无机盐类

在黑木耳生长发育过程中，由各种矿质元素构成的无机盐是不可缺少的物质。它的主要功能是构成菌丝细胞的组成成分；参与酶的组成，维持酶的活性；控制原生质胶态和调节细胞渗透压、pH 等。

矿质元素按其在菌丝中的含量可分为大量元素和微量元素两大类型。

大量元素所需量相对较多，主要有磷、硫、钙、镁、钾等，生产中加入磷酸二氢钾、磷酸氢二钾、硫酸镁、石膏粉(硫酸钙)、过磷酸钙等来提供。其中，尤以磷、钙、镁、钾最为重要，每 1000ml 培养基的添加量一般在 100~500mg 为宜。

磷是细胞合成核酸、核蛋白和生物膜中膦酸酯的重要元素，磷对黑木耳生长及能量代谢起着重要作用。没有磷，碳氮就不能很好利用。

硫是一些酶的激活剂。常用的有硫酸镁、硫酸亚铁、硫酸锰等盐类。

钾是细胞中最重要的阳离子，不能参与细胞结构组成，主要用来调节渗透势，及作为酶的活化剂，对营养物质的吸收及呼吸作用起重要作用。

钙调节培养基的 pH，促进菌丝生长，增强子实体重量。所以，代料栽培黑木耳在培养基中要添加适量石膏、石灰或过磷酸钙等。

除了以上主要元素外，黑木耳生长还需要含量相对较少的微量元素，如铁、铜、锰、锌、钼等，它们是酶活性基的组成成分或酶的激活剂。如铁在菌丝体内是多种酶的激活因子，是细胞色素和血红素的组分之一。铁的缺乏直接影响真菌的生长过程。同时，也影响呼吸作用。微量元素需求量极微，每 1000ml 培养料只需 0.001mg，可以从配制培养基的有机物和天然水中得到供给。

无机元素广泛存在于木屑、棉籽壳、豆秸、麦秸等有机物中，无特殊要求，一般不需另外补充。如有必要，可根据不同的材料酌情补充少量过磷酸钙、石膏粉、草木灰、熟石灰等，即可满足黑木耳的生长发育。

5. 维生素

维生素是黑木耳生长发育必不可少而又用量甚微的一类特殊有机营养物质，不能用简单的碳源或氮源进行合成。主要有维生素、核酸等生长调节物质，又称生长素。维生素主要起辅酶作用，参与酶的组成和菌体代谢。维生素是各种酶的活性基团成分，在细胞中具有催化功能，促使黑木耳菌丝体贮存的营养物质顺利地转移到子实体中，促进子实体形成。如维生素 B_1(硫胺素)、维生素 B_2(核黄素)、维生素 B_3(泛酸)、维生素 B_6(吡哆醇)、维生素 H(生物素)、维生素 PP(烟酸)等。维生素 B_1 是脱羧酶辅基的重要成分，维生素 B_2 是脱氢酶辅基的重要成分，是黑木耳菌丝生长发育所必需的。

当基质中严重缺乏维生素时，黑木耳生长就会停止。如黑木耳自身不能合成硫胺素，培养基中缺少硫胺素，黑木耳生长迟缓，严重缺乏时，生长完全停止，所以硫胺素是黑木耳生长发育必须添加的主要维生素。一般来说，在马铃薯、麦芽、酵母、米糠、麸皮等中含有丰富的多种维生素，因此大规模生产中在培养料中添加酵母、米糠、麸皮等辅料，目的就是提供足够的硫胺素等维生素，解决维生素缺乏问题。由于大多数维生素不耐高温，120℃以上迅速分解破坏。因此，培养基灭菌时要防止温度过高和灭菌时间过长。

此外，还有一些生长刺激素对菌丝体的生长发育也有促进或抑制作用。如核酸、核苷酸、吲哚乙酸、萘乙酸、赤霉素、三十烷醇等，有生育激素的功效。据试验，在培养料中添加腺嘌呤和胞嘧啶可以促进黑木耳菌丝的生长。但在生产上应用这些生长激素时，应严格控制其浓度。一般生长激素使用的适宜浓度，菌丝体阶段为 1~2ppm，子实体分化及生长发育阶段为 2~5ppm，最多不超过 10ppm，否则，浓度过高反而会抑制黑木耳的生长。

6. 酸碱度(pH)

黑木耳培养料的酸碱度即 pH，是影响细胞活性、酶的活性及代谢活动的重要因素。培养基的酸碱度决定溶解液中的金属离子状态，呈碱性时，易形成不溶性盐，不能被菌丝吸收利用。反之，在过酸性的培养基中，又会抑制硫胺素(维生素 B_1)合成酶活性，从而影响菌丝的生长。

黑木耳适宜在微酸性的环境中生长。适合黑木耳菌丝正常生长的 pH 为 4~7，以 pH5~6.5 最适宜。在段木栽培中，只要不使用酸碱度过大的水喷洒耳木，一般不需要考虑这个问题。但是，在制作菌种和代料栽培配制培养基时，一般要对培养基或培养料的 pH 进行调整。

菌丝生长的最适 pH 并不是配制培养基或培养料时要求的 pH，培养基的 pH 在灭菌过程中，以及菌丝生长代谢过程中会产生酸性物质，如乙酸、柠檬酸、草酸等有机酸，会使培养料的 pH 下降，因此，在配制培养料时应将 pH 适当调高。生产上栽培黑木耳时，常向培养料中加入一定量的石灰粉，将 pH 调至高出最适 pH1.5 左右，即一定要将 pH 调到 6.5~8。在后期管理中，也常用 1%~2%的石灰水喷洒菌床，以防 pH 下降。实践证明，偏碱性的培养料能有效地抑制杂菌感染。

此外，为使培养料的 pH 不至于变化太大，在配制培养基时常加入磷酸二氢钾、碳酸钙或石膏粉等缓冲物质，以释放 K^+、Ca^{2+}等碱性金属阳离子，提高和维持基质的 pH。

(二)所需的外界条件

黑木耳生长除了需要特定的营养物质外，还需要一定的外界环境条件，例如，一定的温度、空气湿度、空气、光照等。每种外界条件对黑木耳生长都有最适宜范围、最高限度和最低限度，超过高限或低于低限，黑木耳生长受碍或不会生长，只有满足它的生长环境，才能旺盛生长并获得高产。

1. 温度

温度是影响黑木耳生长发育速度和生命活动强度的重要因素。黑木耳属中温型菌类，其不同发育阶段对温度的要求不同(图 2-8)。总体来说，在黑木耳生长过程中对温度需求呈现前高后低的规律。具体来说，孢子萌发温度高于菌丝生长温度，菌丝生长温度高于子实体分化和生长温度，子实体分化所需温度最低。

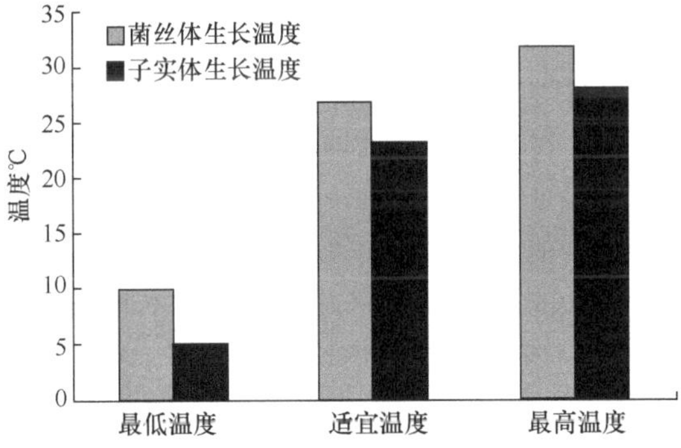

图2-8 菌丝体与子实体生长的温度条件

(1)孢子萌发对温度的要求

黑木耳孢子萌发温度在 22~32℃，以 30℃最适宜。孢子对高温的抵抗力弱，对低温的耐受性较强。在 45℃条件下，1h 萌发率为 1%~5%；而在 0℃时，经过 24h，萌发率为 50%~60%。

(2)菌丝体生长对温度的要求

黑木耳菌丝生长的温度范围较广，在 6~36℃范围内菌丝都可以生长，菌丝体 10℃以上开始生长，但最适温度为 22~32℃，5℃以下或 38℃以上菌丝生长受到抑制。在黑木耳菌丝生长的温度范围内，温度越高，生长越快，但菌丝细弱、稀疏；

反之，温度越低，生长越慢，但菌丝粗壮、浓密。黑木耳最适生长温度是菌丝体生长最快的温度，但不是菌丝健壮生长温度，因此，在黑木耳菌丝培养阶段，为培育出健壮的菌丝体，常将温度调至比菌丝最适生长温度低 2~3℃，我们称这个温度为协调最适温度。

黑木耳菌丝对低温有较强的抵抗力，短期在–30℃低温下不致死亡，而处于休眠状态，待温度升高后仍可恢复生长。但菌丝体一般不耐高温，如果黑木耳菌丝体长期处于 32℃以上，容易引起菌丝衰老；达到 38℃时，生长受到抑制而停止生长；超过 40℃就会致死。黑木耳的致死温度为 40℃，这是由于高温使蛋白质变性，使酶失去活性，菌丝体不能正常代谢。

(3)子实体分化与发育对温度的要求

黑木耳属于恒温结实性菌类。子实体发育所需温度低于菌丝体生长所需温度。一般说来，子实体分化、原基形成所需温度要比菌丝体生长温度低些，而子实体发育的温度比子实体分化时温度稍高。但要注意料温和气温的区别，菌丝生长温度和子实体分化温度是指料温，而子实体发育温度是指气温。黑木耳菌丝在 15~32℃条件下均能分化成子实体，子实体 5℃以上就可生长，而子实体生长最适温度 22~25℃，38℃以上受到抑制。在适宜的温度范围内，温度稍低，子实体生长发育慢、生长周期长、菌丝体健壮、颜色较深、肉厚，有利于获得高产优质的木耳；温度愈高，生长发育速度愈快，菌丝徒长、易衰老、子实体色淡、肉薄、质差。在高温高湿条件下，容易发生“流耳”。在自然界，黑木耳多在秋冬季或春季发生。生产上一般采取相对低温的条件下培养黑木耳，并以秋耳(秋冬)品质最佳，春耳次之，炎热夏季生产的伏耳最差。不同地区的黑木耳品系，其生长的适温也有差别。北方黑木耳生长的适温低于南方，与南方木耳杂交，可选育出耐低温的木耳品系，便能利用它在 20℃以下的生长优势，抑制霉菌的生长，解决木耳栽培中的霉菌污染问题。

黑木耳子实体的生活力很强。将晒干后的子实体在–30~ –20℃低温下存放 13h，再用水泡胀洗净后，置于 20℃室温下保湿培养，仍能产生大量的担孢子。产孢后的子实体再晒干，再用水泡发，洗净，同样保湿培养，又可产生担孢子。这样，反复多次，直到黑木耳子实体的胶质融化，失去弹性后，也就失去了产生孢子的能力。

2. 空气湿度

黑木耳生长发育所需水分绝大部分都来自培养料，但其生长发育同样需要维持一定的空气相对湿度。因为空气相对湿度直接影响培养料的水分蒸发、耳棚或耳场的通风换气、黑木耳的蒸腾速度，以及营养物质的输送、运转等，黑木耳不同生长阶段对空气湿度的需求不一样，一般呈前低后高的规律(图 2-9)。

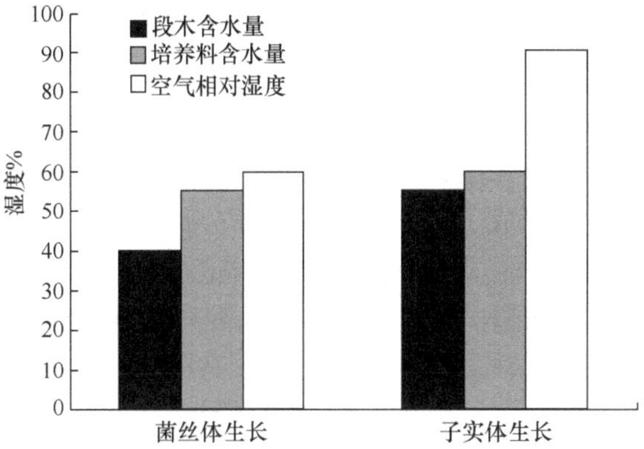

图2-9　菌丝体与子实体生长培养基的水分条件和空气湿度条件

黑木耳喜欢温暖潮湿的气候，对空气湿度的要求因生育期而异。在菌丝体的定殖、蔓延生长时期，要求空气相对湿度在60%~70%，这样的空气环境不利于杂菌的滋生，却十分有利于菌丝的定植和生长。水分过少，影响菌丝体对营养物质的吸收利用，生活力下降；水分过多，导致透气性不良，氧气不足，使菌丝生长受抑制。在子实体原基形成期，要求代料基质含水量及空气相对湿度均为 70%；子实体分化期，要求空气湿度85%~90%；子实体生长期，要求空气相对湿度保持在80%~90%。黑木耳含有大量的胶质物质，干燥后遇水可恢复生长，因此在黑木耳生产过程中一般采取间歇喷雾方法给予见干见湿管理，实施三晴两雨“干干湿湿”的干湿交替水分管理，这样既可以抑制杂菌的滋生，又能促进菌丝向基质的纵深生长蔓延。当菌丝分化为耳芽时，就要保证空气中较高的湿度，利于促进子实体生长发育，促进耳片增厚，保证黑木耳高产优质。这时应连续浇水，直到该茬木耳生长成熟为止。但浇水并非越多越好，浇水过度，基质含水过多，透气性差，影响菌丝呼吸，抑制生长发育，且易感染厌氧性杂菌，并加速耳木和培养料的腐烂而减产。

生产实际中常用干湿温度计来测定空气的相对湿度。向空间和地面喷水是保持或提高空气湿度和防止培养料水分蒸发的有效措施，喷水应结合通风进行，勿形成闷热环境，还要根据天气和气温喷水，喷水应避开高温或低温时段，干燥天气多喷，阴湿天气少喷。

3. 光照

黑木耳属于中强光菌类。黑木耳各个生长发育阶段对光照的要求不同。光对黑木耳从营养生长转向生殖生长有促进作用，这可能与菌类生理转化的酶系光诱导或激活有关。

黑木耳菌丝营养生长期对光照要求不严格，在黑暗或有散射光环境中，菌丝可以正常生长。若在黑木耳菌丝生长过程中给予光照，培养基表面便会出现菌丝聚集而成褐色的胶状物，并分泌色素，导致整个培养基呈褐色；若光线过强，菌丝体过早从营养生长转入生殖生长，从而影响菌丝体生长。

黑木耳子实体原基的形成、分化和生长发育等生殖生长阶段需要光线，在完全黑暗的条件下，不能形成子实体。在子实体分化阶段，要求有大量的散射光。在子实体膨大、生长期，需要大量散射光和一定强度的直射光，才能生长出黑色肉厚的健壮子实体。据报道，黑木耳子实体只有在250~1000lx的光照强度下，才有形成正常的深褐色子实体。黑木耳子实体含有胶质，强烈的阳光和短时间的暴晒也不会使黑木耳子实体干枯致死。但是烈日暴晒必然会引起水分的大量蒸发，使耳木袋料培养基和栽培环境干燥，使子实体干缩，生长缓慢，影响产量。在室外进行段木或代料栽培黑木耳时，在强烈的日光下仍应采取搭荫棚和增加喷水的方法，以适应黑木耳生产的需要。反之，在微弱的光照条件下，耳片呈淡褐色，甚至白色，又小又薄，产量低。这说明光对黑木耳色素的产生有作用。出耳阶段，给予强光条件，子实体生长相对缓慢，但是能够抑制杂菌发生，耳片颜色深，呈黑色或黑褐色，耳片肥厚；光照过弱，耳片颜色淡，产量低，质量差，合并高温时易发生“流耳”现象。

4. 空气

黑木耳是好气性真菌。黑木耳菌丝与子实体生长过程中，不断吸收空气中的氧气，释放二氧化碳，在代谢过程中分解糖类等有机物也是靠氧化作用进行的。所以，充足的氧气对黑木耳菌丝生长、子实体分化发育都有明显的促进作用，而二氧化碳浓度过高对菌丝体生长、子实体分化发育则产生抑制或毒害作用。

黑木耳在不同生长发育阶段对氧的需求和二氧化碳的耐受能力各不相同，一般而言，菌丝体耐缺氧和耐高二氧化碳的能力比子实体强。在菌丝体生长阶段，在较低的氧分压下也能较好地生长，但在通氧较好环境条件下，菌丝生长速度加快；若缺少氧气，则菌丝生长缓慢，甚至停止生长。当子实体形成之后，呼吸作用旺盛，对氧的需要量急剧增加。此时，如果空气不流通，当空气中的二氧化碳浓度超过1%时，就会阻碍菌丝体生长，子实体畸形，往往不开片或变成珊瑚状，影响产品质量；当二氧化碳浓度超过5%时，就会导致子实体中毒死亡。

空气中氧的含量为 20%时，段木栽培黑木耳菌丝生长缓慢，原因是木材空隙比较少，氧气不足造成的。如果以木屑为主料的代料栽培黑木耳，选用透气性较好的粗木屑较细木屑有利于菌丝生长；以装料稍松较装料紧实菌丝生长旺盛，以水分含量适中较水分过多菌丝生长迅速。而在黑木耳的整个生长发育过程中，栽培场地应保持空气新鲜流通，栽培场地空气缺氧就会影响黑木耳的正常呼吸活动和生长发育。露地全日光喷雾栽培及林地栽培黑木耳，都能保持良好的通风供氧条件，满足黑木耳好气性要求，可避免耳片霉烂和减少杂菌的污染。

黑木耳一生，对环境条件要求是相互关联的。从菌丝生长到子实体的形成可以归纳为：温度先高后低(从 30℃降到 20℃左右)、湿度先干后湿(空气相对湿度由 60%上升到 90%左右)、氧气前少后多、光线先暗后亮等需求规律。这些条件是相互联系又互相制约的。

第三章　黑木耳生产环境与设施设备

一、黑木耳生产环境

人工栽培黑木耳产量高低和质量好坏，受黑木耳产地生态环境和场地生产环境制约。黑木耳产地生态环境，是指黑木耳生产地区的大气、水文、土壤、光照、气候等因子组成的自然环境，又称为产地环境或大环境。黑木耳场地生产环境，是指生产过程中场所的环境卫生和质量状况等，如场地地势、环境卫生、污染源、生长及栽培管理过程中的生态小环境等，又称小环境或生产环境。产地生态环境，有客观自然因素，又有整个产地历史形成因素，往往是复杂的，难以为栽培者掌控和改变的，所以只有通过选择适宜的产地来提高黑木耳的质量。而场地生产环境，是可以被生产者人为改变的，也是提高黑木耳质量的关键可控制因素。

(一)黑木耳产地生态环境

产地生态环境质量直接影响黑木耳食品安全性和产品品质与质量，产地环境的不良又很难通过栽培措施加以改变。在产地环境气、水、土三大要素中，水、土对黑木耳优质高产尤为重要。

1. 气

大气污染将直接影响黑木耳产品质量，其中二氧化硫、粉尘污染影响较大。黑木耳子实体属胶质、含水量大、吸附力强，极易将空气中的二氧化硫吸附，二氧化硫进入黑木耳子实体内后迅速与细胞间隙的水反应形成亚硫酸盐(SO_3^{2-})和亚硫酸氢盐(HSO_3^-)。因此，从二氧化硫在生物体内代谢途径上分析，要防止亚硫酸盐超标，控制产地大气的二氧化硫污染和生产过程中二氧化硫污染至关重要，黑木耳生产地要远离有二氧化硫产生的工厂企业。

降尘是另一大气污染源，我国北方干旱，大气中含尘量大，近年来沙尘和雾霾发生频繁。特别是华北和西北地区，每年 2~5 月是沙尘天气频发期，而此期间正是北方黑木耳春季露地栽培的旺季。要有效地避免空气沙尘和雾霾污染，唯一的办法是采取设施栽培。为此，新建栽培场要与扬尘较大的公路等隔开一定距离，并将隔离带种植树木为隔离物。优质安全黑木耳生产要求产地环境空气质量符合表 3-1 的规定。

表3-1　环境空气质量要求

项　目	浓度限值	
	平均/d	平均/h
总悬浮颗粒物(标准状态)/(mg/m^3)	≤0.30	—
二氧化硫(标准状态)/(mg/m^3)	≤0.15	≤0.50
二氧化氮(标准状态)/(mg/m^3)	≤0.12	≤0.24
氟化物(标准状态)/(mg/m^3)	≤7	≤20

注：日平均指任何 1d 的平均浓度；1h 平均指任何 1h 的平均浓度表 3-1 的规定。

2. 水

水是黑木耳生长发育的基本条件，也是黑木耳菌丝体的最大组分，占黑木耳子实体鲜重的 90%左右。水是黑木耳生理代谢的介质。按照食品安全性的要求，黑木耳栽培应使用符合饮用水标准的水源。在实际生产中，熟料栽培黑木耳，其培养料要经过高温灭菌环节，容易达到这一要求，但发酵料栽培和生料栽培则较难以控制，因用非饮用水浸泡或预湿，其非饮用水的使用存在着有害于人类健康物质污染的隐患，应引起注意。

我国农用水污染源中直接影响黑木耳食用安全性的主要是汞、铬、铜、铅、砷等重金属及其化合物，此外还有氰、酚、醛、苯、硝基化合物等。机械加工、化工、选矿等工业废水中含有这些有害物质。在有工业的山区和农村的地表水源，如小河、排灌水渠水流等，存在着重金属污染的可能。此外还有雨水冲刷流入河中的分解较慢的有机物氯类农药残留。因此，黑木耳栽培，要严禁使用医药、生物制品、化学试剂、农药、石油炼制、焦化和有机化工等行业的废水(包括处理后的废水)。水的质量应当符合表 3-2 的规定。

表3-2　水质量要求

项目	浓度限值
pH	5.5~7.5
总汞(mg/L)	≤0.001
总镉(mg/L)	≤0.005
总砷(mg/L)	≤0.10
总铅(mg/L)	≤0.10
总铜(mg/L)	≤1.0
铬(六价)(mg/L)	≤0.10
氯化物(mg/L)	≤250
氰化物(mg/L)	≤3.0
氟化物(mg/L)	≤0.50
石油类(mg/L)	≤10
粪大肠菌群数 a(个/L)	≤10 000

3. 土

黑木耳对土壤要求不像其他覆土栽培食用菌那样严格，但目前全日光间歇露地栽培黑木耳直接或间接与土壤接触，要想生产无公害黑木耳，产地的土壤环境中镉、汞、砷、铅、铜等含量不能超过规定上限(表 3-3)。

表3-3　土壤环境质量要求

项目	含量限值		
	pH＜6.5	pH6.5~7.5	pH＞7.5
镉(mg/kg)	≤0.3	≤0.3	≤0.6
汞(mg/kg)	≤0.3	≤0.5	≤1.0
砷(mg/kg)	≤40	≤30	≤25
铅(mg/kg)	≤150	≤200	≤250
铜(mg/kg)	≤150	≤200	≤200
六六六(mg/kg)	≤0.5	≤0.50	≤0.50
滴滴涕(mg/kg)	≤0.05	≤0.05	≤0.5

注：本表所列除六六六、滴滴涕外，其余各含量限值适用于阳离子交换量>5cmol/kg 的土壤，若阳离子交换量≤5cmol/kg，其标准值为表内数值的一半。

(二)黑木耳场地生产环境

对黑木耳而言，大部分黑木耳生长发育主要在特定的小环境内进行，如在温室、塑料大棚、房舍等园艺设施内完成，受外界环境如温度、湿度、光照等的影响较大田作物小很多，易控制，这种小环境对其生长发育就更重要，也是其生长发育的决定因素。

目前，依照黑木耳段木栽培和代料栽培的生产环节，一般实行“两场制”，即制种场和栽培场分开进行。生产中，要注意创造良好的制种环境和栽培环境。

1. 场所外环境

主要包括制种场和栽培场地周围地势、卫生状况、污染源的有无等综合环境质量。

(1)地势

黑木耳制种和栽培场地要求地势高且干燥、地面平坦、通风良好、排水畅通，交通便利。这样的场地有利于控制杂菌，并能有效避免和减少病虫害的污染。

(2)环境卫生

要远离一切产生虫源(畜禽场、垃圾站等)及化学污染物等(化工厂、印染厂、制革、皮毛厂等)场所，至少 30m 内无禽畜舍，无垃圾粪便场，无污水和其他污染源，如大量扬尘的水泥厂、砖瓦厂、石灰厂、木材加工厂等，这样可以确保产品优质、卫生。

2. 场所内环境

场所内环境主要指菌种生产场地和栽培场地小环境，即制种场所和栽培场所。设施的设计、建造和设备安装使用是否科学合理，直接影响制种和栽培技术的实施，影响产品产量、品质和生产效益。生产场所和设施建造应遵循以下原则。

(1)利于创造黑木耳生长发育的环境条件

一定要根据黑木耳生物学特性，控制好温度、湿度、光线、通风等四大要素，如耳房大小要适当，便于杂菌发生时的处理，防止病虫害的孳生与蔓延；耳房与外界交换处的门、窗、通风孔等要安装窗纱等。

(2)利于保证产品的质量安全

无菌环境是黑木耳生产场所最为关键前提，无论是菌种制作还是栽培袋制作，都需要在无菌环境条件下进行；设施或露地栽培黑木耳，尽量做到不用药、少用药、按标准用药。

(3)利于操作和提高工作效率

建造的耳房及其设施等，出入方便，运输顺畅，操作自如，工作效率高，如通道平坦无障，宽窄适度；床架高度和层距适中，都便于操作和货物运出。

(三)生产场所的设计和布局

黑木耳生产场所主要有菌种生产场所和黑木耳栽培场所。各种厂房及设施的建造，应从结构和功能上满足黑木耳菌种生产、栽培袋制作、菌袋培养、栽培管理等环节的基本需要。

1. 菌种制作场地设计及布局

(1)制种环境要求

制种区是整个黑木耳生产厂房设计当中最重要的部分，在生产时也可以作为栽培袋拌料场所、灭菌场所、接菌场所和发菌场所。建设后的制种区应具有以下功能：配料→灭菌→接种→培养等，因此与之相对应的场所是：配料灭菌车间、冷却室、接种室、培养室。这四部分必须连贯起来形成“一条龙”式的流水作业线，每天菌种的生产量同冷却室、接种室和培养室(架)的大致比例为 500∶5∶1∶6。假定每天生产 2000 瓶(袋)菌种，冷却室则需 $20m^2$，接种室需 $4m^2$，培养室(架)面积约为 $24m^2$。这样可以大大提高资源利用率和工作效率。

(2)菌种厂设置原则

规格确定 菌种厂的规格必须根据当地的资源和产品销售行情来确定规模的大小，既要根据当前的需要，又要照顾今后长远的发展。资源方面还需要考虑周边地区可引进的资源量，产品销售也应当具有发展的眼光。总之，要因地制宜，实事求是。

规模大小　菌种厂的规模大小应考虑本身的投资能力和技术力量。基本建设必须一步到位，不能边筹资边建设、边生产。因为菌种必须在无菌条件下生产，每一个生产环节都会影响菌种的质量；另外，根据菌种厂本身的技术条件，确定菌种生产的级别，这也涉及菌种厂的规模。菌种厂的任务是单纯扩大生产菌种或是需要安排一定面积的栽培场所，以便用于选种的需要。

厂址选择　菌种厂的厂址应选择在交通方便，有水、电，地势高且干燥，周围环境清洁的地方。周边应空旷，这样既可减少干扰，又可为今后的发展留有余地。

周边环境　菌种厂的周边要保持洁净、卫生。应远离畜禽饲养场、饲料加工厂与饲料仓库，要与职工生活区隔开。

(3)厂房布局及功能设施配置

菌种厂是生产黑木耳纯菌丝种的场所，厂房的布局应着眼于提高纯培养的成功率，降低菌种污染率，减轻劳动强度，从而增加菌种厂的经济效益。为此厂房布局应该是流水线作业，有菌区与无菌区隔开，以利于控制微生物传播。现介绍规范化菌种厂的布局(图 3-1)。

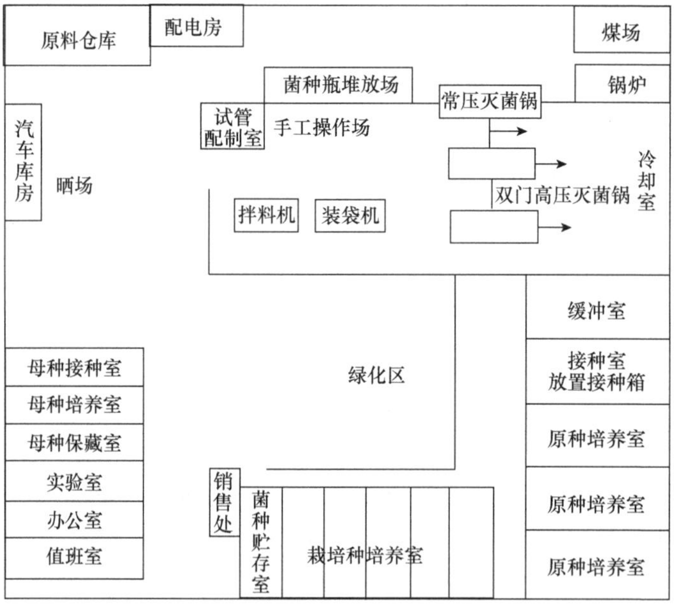

图3-1　规范化菌种场平面布局示意图

菌种厂的生产程序：培养料的配制→装瓶(袋)→灭菌(常压蒸汽灭菌或高压蒸汽灭菌)→冷却→接种→培养贮存。

各功能设施包括晒场、原料仓库、菌种瓶堆放场、配电房、煤场及锅炉车间、拌料和装料车间、冷却室、接种室、缓冲室、培养室、贮存室、菌种检验室、栽培出耳场、晾晒场及贮藏室等。

2. 栽培场地环境要求

栽培场地应远离菌种生产车间，尤其不能与接种室、培养室和菌种库相邻。因为出耳时黑木耳子实体散发的孢子及所发生的病虫害会污染环境。

栽培场地要求水源充足、电源方便、通风、光照时间长、排灌方便。老场地要求翻耕暴晒、杀菌消毒。此外，须设废料及垃圾处理区。

二、黑木耳生产设施

主要包括黑木耳制种设施和栽培管理设施两大部分。

(一)培养料配制设施

1. 摊晒场

摊晒场是用于各种培养基原料的摊晒、闷堆、堆积等预处理场地。要求平坦干燥、通风良好、光照充足、空旷宽阔、远离火源，有配套水源、电源，还要求水泥地面光滑。

2. 培养料制备室

制备室是用于配制母种、原种及栽培种培养基的场所，为有菌区。

母种培养基制备室要求：房间清洁、明亮、干燥，室内要有水源和电源；配有工作台、试剂柜或壁橱、培养基制备用具和用品等。

原种和栽培种培养基制备室要求：厂房面积较大、宽敞，水泥地面，四周墙壁光滑，便于冲洗，有水源和电源；内有磅秤、铁铲、竹扫帚、水管、水桶、喷壶、塑料筐、手推车、原材料切片机、粉碎机、搅拌机、装袋(瓶)机；配备洗涤池、排水道。

搅拌和装袋是培养料制备过程的主要工序，常在拌料室(车间)、装袋室(车间)进行。

(1)拌料室

场地选择与建造要求：拌料室对土质没有特殊要求，房前、屋后、农田地、林间地、荒地、盐碱地等均可作为建造场地。拌料室设施建造没有严格要求，可本着有利于创造黑木耳菌丝生长发育及“经济、方便、有效”的原则，灵活建造。生产者可根据自己的实际情况、栽培季节及场地内的温湿度变化情况等，建设露天封闭式与露天开放式简易房，只要是对原料的堆放、闷堆、装瓶及装袋、灭菌等工艺方便，力求生产流水作业就可以。另外简易日光蔬菜棚、冬暖式日光温室等设施，也可临时用做拌料室。

(2)装袋室

地面必须是水泥地面。装袋室的温度过低，塑料袋受冻易发脆折裂造成破损和漏气。因此装袋室温度应不低于 18℃，装袋前可将塑料菌袋放在锅内或其他温度高的地方预热一下，避免因低温导致菌袋易脆裂、破损率高等现象发生。

装袋场地和贮放工具的检查：要在光滑干净的水泥地面上或垫有橡胶制品、塑料布等物上进行装袋；贮放工具应是直接放入灭菌锅的灭菌筐，用细钢筋或木板条制作，规格一般为长 44cm、宽 33cm、高 26cm(内径)，每筐(箱)放 12 袋。

(二)灭菌冷却设施

1. 灭菌室

灭菌室是用来安置灭菌设备，对培养基(料)和其他用具进行灭菌处理的房间，为有菌区。要求有水源和电源，可以根据各自的条件安排在室内或室外荫棚下。室内空间充足，装有通风设备，设有干燥灭菌器、高压蒸汽灭菌锅、常压蒸汽灭菌灶等。灭菌室必须靠近配料室和接种室，便于物料的运输，以减少污染机会。

(1) 灭菌室设计要求

灭菌室的一端修建常压灭菌灶，安放高压灭菌锅；另一端隔一小间，作为试管培养基配制室，里面放 1 个工作台、药品柜、手提式高压蒸汽灭菌锅等。灭菌室内常安装双门灭菌罐，一门与配料室相通，以便装罐灭菌；另一门与无菌区相通，以便出罐降温，两侧的罐门不能同时开放，以保证无菌区洁净。

灭菌室和接种室互相连接，其原因有如下几个方面。

①从生产工艺流程方面要求灭菌后的菌种瓶(袋)温度降至 25~30℃时必须接种，只有互相连接才能节省搬运时间、降低成本。

②提高黑木耳生产的成功率。灭菌后的菌种瓶(袋)需要冷却和接种，如果二者不是互相连接，由于运输经过冷凉或者有杂菌污染的地方，会增加菌种瓶(袋)感染杂菌的几率，降低生产成功率。

③便于生产流水作业。只有按照生产工艺流程进行生产，才能有利于生产者操作，并且有利于生产智能化，实现复杂问题简单化，真正做到节能降耗，提高生产效率。

(2)灭菌室的标准操作规程

①灭菌室的任务是将已配制好的瓶(袋)装或试管装的培养基进行灭菌。

②经常保持工作环境及设备的清洁卫生，上班要穿工作服。

③各类灭菌器停止使用的，要放完锅内存水，关闭阀门或电源。

④培养基装锅时，要轻拿轻放，摆平放稳。

⑤加热或送汽前，逐个部件检查有无松动或损坏，若发现故障，应及时维修；

加热灭菌时，要检查锅内水位是否达到水位线，不足时不能加热。

⑥灭菌开始，气压上升到 0.055MPa 时，要排除冷空气，待气压表回复到“0”位后，再关闭放气阀，使其慢慢进行，待上升到所需气压时开始计时(试管培养基 0.142MPa 保持 30min，原种和栽培种培养基 0.142MPa 保持 1.5~2h)。

⑦灭菌时间达到后，关闭电源或停止送汽，使其压力缓慢下降，当气压表指针回复到“0”位后，才能打开锅门。

⑧灭菌的物品取出后，立即送入冷却室，不能在锅外停放。填写验收单，由接菌室签字验收。

⑨每次灭菌，都要记录装锅数量、灭菌起止时间、气压、成品数及损毁数，每天要小结。

⑩送来待灭菌的杂菌瓶子，要抓紧时间及时灭菌，不能在外面停放。灭菌后能重新接种的交接种室接种，不能接种的，立即取走扔掉。下班前要清理好本班工作现场，洗刷工具，关窗落锁。

2. 冷却室

冷却室是存放灭菌后待冷却料袋(瓶)的场所，为无菌区。要求洁净、无尘、易散热。冷却室要与灭菌室、接种室相连，其面积可根据每天的制种量而定。室内抹水磨石地面，用白瓷砖嵌铺四周墙面，便于抹洗；进出门口安装空气过滤器装置，室内配备强制冷却装置。有条件的单位，冷却室内还应配备除湿器。

(三)接种设施

1. 接种室

接种室是食用菌接种的工作间，为无菌区。要求设在向阳干燥处，严密、清洁。接种室面积不宜太大，一般 6 m^2 左右，房顶不要太高，以 2~2.5m 为宜，墙及地面要光滑，屋角最好呈弧形，并经常清洗和消毒，做到空气洁净。有条件的单位，应安装双重玻璃窗，以免接种时进入灰尘和杂菌。

接种室形式上是接种箱的扩大，一般有内外两小间构成（图 3-2）。

接种室内间为接种间，可放置接种设备及接种工具。室内放置接种工作台的，要求台面要求光滑、水平，质地可以是木板的、水泥的或瓷砖的，台面上安放一套接种用具，有条件的可配备超净工作台或接种箱。实践证明，大批量接种应采用接种箱为好，两人对面接种，配备两个接种箱轮流使用，由专人负责接种物品进出箱，接种人员工作不停顿。如果接种室内放置接种箱，接种室的面积可根据安放接种箱的多少而定。

接种室外间为缓冲室，较小，放置菌种、消毒药品及接种前换戴衣帽。缓冲室常安放一个小型药品柜，用于存放消毒药剂和临时分离接种用的培养基和试管菌种。缓冲室内还应有专用的工作服、拖鞋、帽子、口罩、乳胶手套、手提喷雾器、面盆、抹布和酒精灯、接种工具(接种针、接种环、接种勺、解剖刀、解剖剪、镊子)、70%酒精、脱脂棉球(浸泡在 70%的酒精里)、记号笔、打火机、铅笔、记录本等。

为防止开关门时空气直接进入接种室，接种室内宜安装推拉门，必要时可安装一个双层小型玻璃推拉窗，以便于内外物品传递，减少进出接种室的次数。接种间的门与缓冲室间的门都是横向推拉门，两门不要对开，应呈对角线设计安装，并以相对方向错开，以减少空气对流。缓冲室不要和其他房间或走道相通，以免杂菌污染。

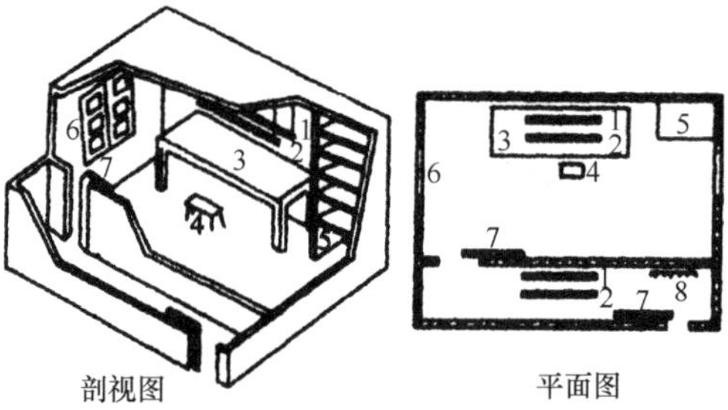

图3-2　接种室

1. 紫外线灯；2. 日光灯；3. 工作台；4. 凳子；5. 瓶架；6. 窗户；7. 推拉门；8. 缓冲间

接种室内外间，都要分别安装一盏 40W 的照明用日光灯和一盏 30W 的紫外线杀菌灯，内间吊装在接种操作台的正上方，外间安装在房顶上。接种前 30min 打开紫外线灯，接种时关闭，用来苏儿或新洁尔灭液喷雾消毒后，在酒精灯工作台上接种。此外，为了在使用之后能排湿、通风，应在室内顶部设置小型排风扇，在室内的侧面底部设置玻璃纤维过滤进气口。

如果接种是用接种箱，接种室内还可安装分体式空调，在接种完毕后进行空气转换和降温，以备下一轮的接种。这样，可以提高高温季节的接种效率。接种箱里还要备有接种用的工具。

2. 接种室的标准操作规程

①接种室负责菌种的接种工作，要认真细致，严格进行无菌操作。

②搞好环境卫生及个人卫生，接种箱、接种工具要保持清洁，上班要穿工作服。

③收到待接种半成品后，要清点数量，检查质量及有无损坏，与验收单核对无误后，签字并及时接种。

④按生产所需量领取菌种，当天灭过菌的培养基，当天接种完毕。

⑤操作前将料瓶(袋)有序地排放接种箱或接种室内，接种工具放在操作台上，衣、帽、口罩等悬挂在缓冲间衣物钩上，然后熏蒸消毒。培养基及菌种放入接种箱后，要用紫外线灯照射 30 分钟或喷洒化学消毒剂消毒，方能进行接种。

⑥接种前 30 分钟，接种箱或接种室内喷雾消毒或紫外线灯照射消毒。然后换鞋、更衣、戴好口罩，用肥皂、揩刷清洗后，最后以 75%酒精擦手和接种工具，同时灼烧接种工具后进行接种。在接种过程中，试管、瓶口不能离开酒精灯火焰上方的无菌区，动作要迅速，接种量要适当。

⑦操作过程中，不能有交谈和咳嗽、搔痒等发尘量大的动作。不轻易中断操作和离开场所，否则需重新消毒。接完一支试管或一瓶，要及时塞好棉塞，接完一箱取出后，按要求用纸包好，写上接种时间及品系名称，交给培养室验收。接种时不准将不同品系混放，标签要准确无误。如棉塞不慎着火燃烧，应用手紧握，让其缺氧熄灭，也可用湿布覆盖阻燃。

⑧接种完毕，要打扫卫生，清洗接种箱及工具，关闭门窗。

⑨每接 1 箱要进行 1 次熏蒸消毒，使用的药品为硫黄 7~10g/m^3，或甲醛 10 ml/m^3 与高锰酸钾 5g/m^3 混合，或克霉王 4~6g/m^3 等。

⑩接种用过的母种试管及菌种瓶，当天要洗刷干净，交保管室验收，不能堆放在接种室内。

⑪要同时建立岗位责任制，接种污染率不能超过 2%。菌种污染后，经灭菌后扔掉，并将瓶洗净后交保管室。

(四)培养设施

1. 培养室

培养室是接种后菌种培养的房间。培养室要求具备良好的增温、保温、保湿、通风等性能，其面积大小和数量可根据生产规模而定。室内要配备水源、电源，安置温度计、湿度计、培养架等。室内清洁，地面可用水泥或水磨石地面，内壁和屋顶要光滑，以便于清洗和消毒。墙壁要加厚，在寒冷的地区或没有电的地方，可在培养室墙壁的夹层中间填充保温材料，如棉花、木屑、玻璃纤维、塑料泡沫等，或把火炉的烟道通入室内加热保温。培养室的门最好装有纱窗，以防止害虫进入，冬天要加挂棉帘保温。北方冬季养菌应设置暖气及空调设备。

(1)培养室内部设置

培养室是袋料栽培黑木耳接种后营养生长场所(图 3-3)。培养室内一般设多层培养架，除人行及运输过道外，培养架占地面积为培养室总面积的 65%。培养架上摆放待培养的接种菌袋，袋与袋之间间隔 1cm 左右，便于通风，防止捂垛超温、菌丝死亡。在放置菌袋前，应对培养室进行消毒处理，墙壁刷生石灰消毒，地面清理干净，室内挂干湿温度表，如果是后改造的养菌室，前后窗户用纸壳或厚布帘子遮上光线，新建的养菌室就不用留窗户了，使养菌室处于完全黑暗的条件，以免光线射入抑制菌丝的生长或过早形成子实体。

室内挂干湿温度表，用以测定室内的温度和相对湿度。培养的前 7~10d 室内如不超温可不用通风，温度在 25~28℃，空气相对湿度在 45%~60%，湿度不足，则采取往地面洒洁净的清水的办法解决，以防止养菌期室内过于干燥而导致接入的菌种在袋内发干、不易萌发问题的发生。

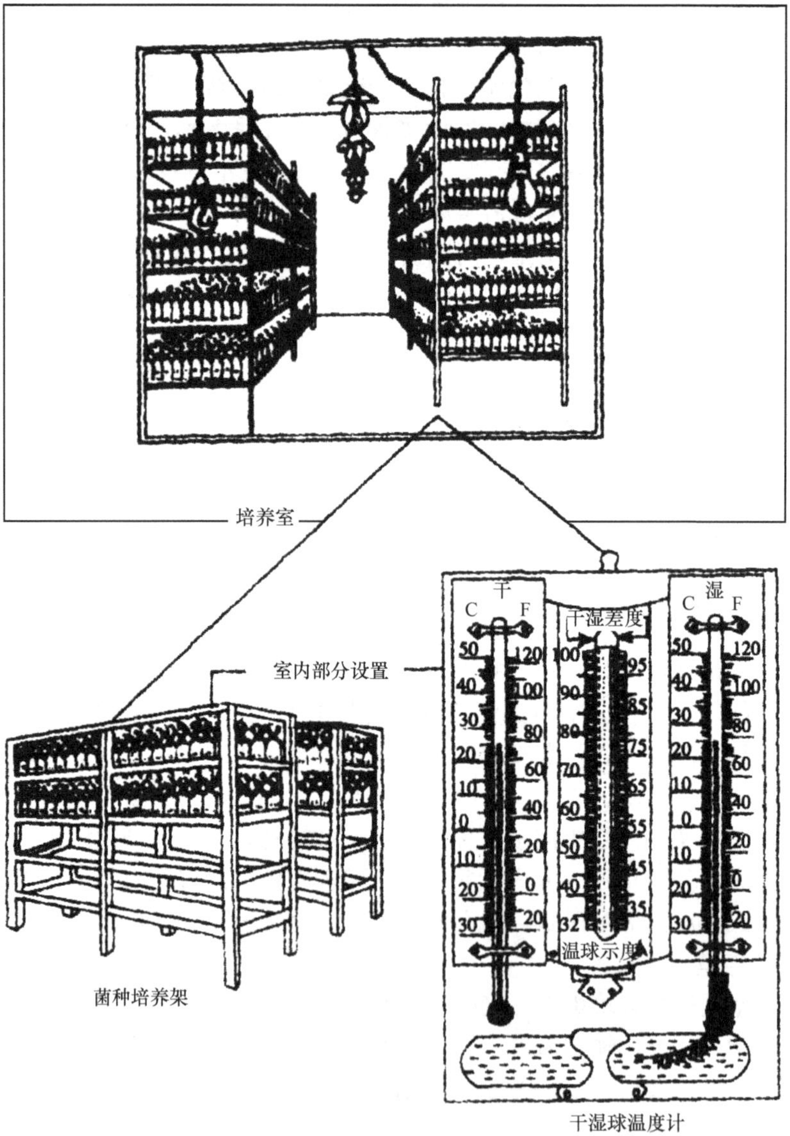

图3-3　培养室及其室内设计

(2)培养室的标准操作规程

①培养室负责培养菌种，保管菌种，发放菌种。

②接种后的菌种，首先要点清数量，检查有无破损，要归类摆放整齐牢稳，标明编号、类别。

③每批菌种，在养菌期间，一般要检查2~3次。第一次是接种后3~5d，第二次是接种后8~10d，发现污染杂菌的菌种应立即移出作灭菌处理。

④根据各类菌种和不同季节，保持培养室温度和湿度恒定，必要时开窗通风，出入随手关门，严禁外人参观。

⑤菌种进入安全期后，填写验收单，成品计入卡片，并报记工员记工，会计入账。

⑥凭发票和领料单发放菌种，数量要准确，避免发错菌种。严格检查有无污染杂菌的菌种，生活力弱和质量低的菌种严禁出库。

⑦注意安全，下班前关闭门窗、电灯后方可离开。

2. 贮存室

贮存室是用于存放培养好的菌种的房间。要求干燥、通风、清凉、洁净。室内基本上要求黑暗，以防由于光照的诱导，使成熟的黑木耳菌丝体提早出现原基，造成菌种老化。室内可搭4~6层的菌种架，菌种培养成熟后应及时应用或销售。实际上，贮存室是菌种进出的过渡室，菌种贮存的时间不应过长，否则影响其质量。

(五)喷灌设施

喷灌设施一般使用雾化微喷管和旋转式喷头两种设备。雾化微喷管造价较低，运输方便，但用水量较大，喷水口易发生堵塞；旋转式喷头造价较高，但可重复使用，用水量小，节水效果较好(图3-4)。

图3-4　黑木耳全日光间歇式微喷系统示意

(六)晾晒设施

黑木耳生产规模大，采收集中，一般不配备专门的烘干设备，大都在黑木耳生产场地边际搭建晾晒设施。用铁管、竹竿、木杆、纱窗搭建临时简易的晾晒床架。床上起拱形，苫盖可移动的塑料布，既可用于夜间防潮，又可防止晾晒过程遇雨淋湿黑木耳。有时可借助设施大棚，作临时晾晒设施(图 3-5)。

图3-5　黑木耳晾晒设施

左：塑料大棚内晾晒；右：露天晾晒床架

(七)贮藏设施

1. 菌种库

用来贮藏存放菌丝已长好，但又一时用不完或销售不完的菌种。要求有冷冻设备，温度保持 4~10℃。如能做到有计划地生产菌种，及时使用和销售，那就无须建造菌种库。

2. 贮存库

用来储存已晾干的成品木耳。要求干燥、洁净、密闭，内部配置通风换气设施，有条件的可安装空调设备。

三、黑木耳生产设备

黑木耳生产中，经常需要磅秤、天平、高压灭菌锅或常压灭菌锅、超净工作台、接种箱、调温机械、除湿机、培养架、恒温箱、冰箱、显微镜等器具，生产规模较大的还应配备搅拌机、装瓶装袋机等，这些器械便是黑木耳生产设备。

黑木耳生产设备，通常可以分为通用器具、盛具、计量器具、灭菌器械、接种器械、培养器械等几种类型。在使用这些容器、设备时，必须了解它们的基本功能用途，并学会它们的基本用法。同时，还要注意生产设施与器械设备的配套使用。

(一)原料加工及装袋设备

黑木耳生产利用农林副产物为主要栽培原料，但随着栽培量的扩大，仅仅依靠木材加工厂的木屑远远不能满足生产的需要。枝丫材、清林木等都被加工粉碎成木屑，木材切片机、木材粉碎机被用于生产木屑和粉碎其他原料。一般粉碎的木屑较粗，在使用时应该与较细的木屑混合使用。

1. 木屑切片机

切片机是把木材、树木枝丫切成一定规格木屑(片)的专用机械，是培养基质粉碎处理的预前工序处理设备。全机由刀盘、飞刀、机架、皮带盘、机罩、喂料口、底刀、出料口等零部件组成。常用的切片机械有 XQ-600 型枝丫切片机(图 3-6)和 MQ-700A 型木材切片机等，这种设备优点是生产能力大，生产料片能力为 1500kg/h；缺点是切出的木屑粒度达不到培养基质的要求，需经粉碎机械再加工处理工序。生产上应用一种新型的食用菌生产木屑的理想机械设备，如 MXF400 型、MXF500 型，它可以将木材、枝杈等原料一次加工成木屑，具有投资少、耗能低、生产率高、经济效益好，使用维修方便等优点；缺点是生产能力小，生产木屑料粒能力为 200~1000kg/h。

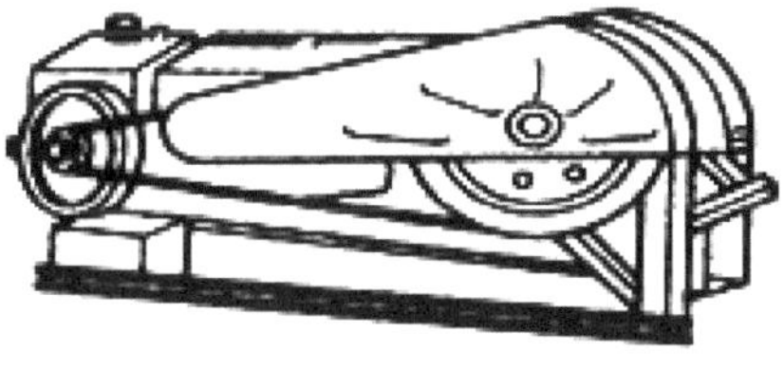

图3-6　ZQ-600型枝丫切片机

2. 粉碎机

粉碎机是用于将木片、秸秆等原料粉碎成一定细度碎屑的专用机械。结构由进料口、粉碎室、排风扇、机壳、机座、主轴、锤片等部件组成如闽农 9FT 40 型粉碎机(图 3-7)。

3. 过筛机

筛料机用来清除原料中的碎块、碎木等杂物的专用机械。经筛料后，能防止装袋机堵料和刺破菌袋，最初以人工筛料和挑拣为主，现在一般使用电动振筛机，方便快捷。

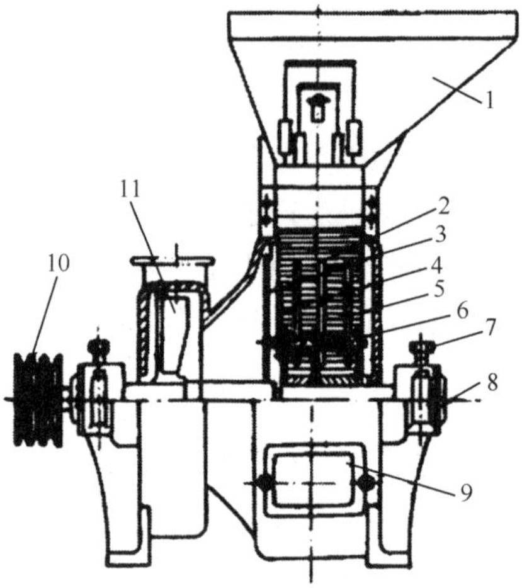

图3-7　闽农9FT 40型粉碎机

1. 进料装置；2. 粉碎室；3. 筛粉机构；4. 小锤片；5. 锤片；6. 锤销；7. 黄油杯；8. 轴承座；9. 排料活动齿轮；10. 三角带轮；11. 排粉风扇

4. 原料搅拌机

原料搅拌机，又称原料拌和机，用于木腐菌袋料栽培时培养基的配制，将主料和辅料，加适量水进行搅拌，使之混合均匀。

搅拌机按作业方式分，有连续作业式和间歇作业式两类；按搅拌轴的安置形式分，有卧式和立式两种。

目前食用菌生产上，常用的为间歇卧式搅拌机，其功率根据生产量的需要合理配置。它主要由拌料滚筒、搅拌器、传动机构、卸料装置和机架等组成，并附有卸料小车(图 3-8)。搅拌机每次投料量，由搅拌筒的容积大小及拌和器结构等确定，一般每次可投入混合料(包括水)100kg，搅拌 3min 即可达到拌和要求。

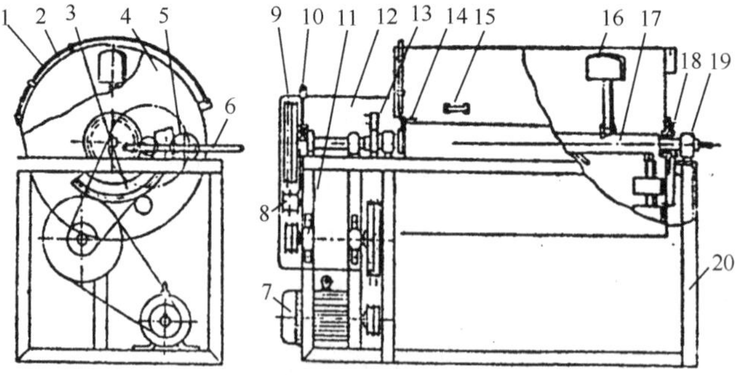

图3-8　WJ-70型原料拌和机

1. 上盖轨道；2. 上盖；3. 扇形齿轮；4. 搅拌筒；5. 卸料齿轮；6. 手摇把；7. 电机；8. 张紧轮；9. 皮带轮；10. 离合器操纵杆；11. 轴承座；12. 轮罩；13. 传动齿轮；14. 插销；15. 拉手；16. 叶板；17. 搅拌轴；18. 轴套；19. 主轴承座；20. 机架

5. 装瓶装袋机

装瓶装袋机是一种固体培养基的装填机械。它的功用是将拌和后的培养基装填入菌种瓶或菌种袋内，以便灭菌后接入菌种。

按装填方式分，有普通装填式和计量装填式两类；按装袋机放置方式分，有立式或卧式两类，均可调节装料高度。

目前，生产上主要使用立式装瓶装袋两用机。它是将培养料装入料瓶或料袋的一种通用机械，它装袋速度快，1h 可装 300~500 瓶(袋)，且操作简便。它主要由料斗、搅拌器、输送器、传动装置、操纵机构和机架等组成(图 3-9)。

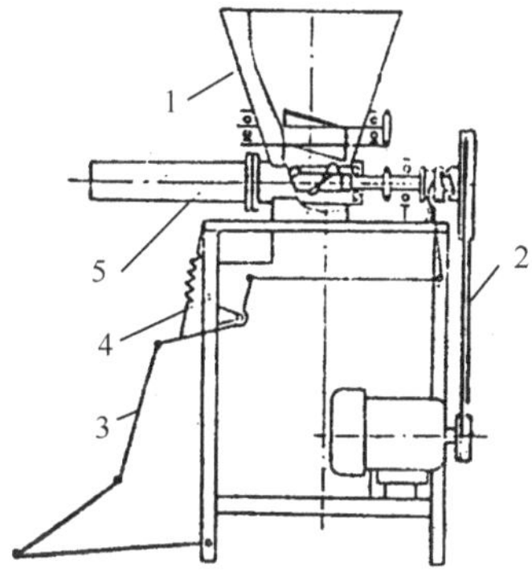

图3-9　ZDP-3型装瓶装袋机

1. 料斗；2. 传动装置；3. 操纵机构；4. 机架；5. 输送器

使用装瓶装袋机应注意事项。

①根据工作需要，更换相应尺寸的搅龙和搅龙套。更换时，应先拆卸搅龙套，再拆下搅龙，更换上所需尺寸的搅龙和搅龙套。注意搅龙与转轴的螺纹连接方向，通常采用有螺纹连接。搅龙套则用法兰盘连接，螺钉固定。

②装袋时应将菌种袋套在搅龙套颈部，一手将菌种袋抓住在搅龙套颈部；一手托住菌种袋末端，随着进料，任其慢慢退出，直至装满或需要量时为止。

③装瓶时将瓶口套在搅龙套颈部，一手抓住瓶子，随着进料，将瓶子慢慢推出，到所需要量时取下瓶子。

④装袋或装瓶时，要踩下脚踏板开关，使离合器完全接合，不允许离合器处于半离合状态工作。对采用电气开关控制的装瓶装袋机，则踩下脚踏电器控制开关，使继电器接通电源，电动机即带动搅龙转动，开始装填工作。松开脚踏板切断动力或使电动机停止转动，即可停止送料。

⑤装袋时在搅龙套颈部，手抓住菌种袋不得太紧，以免塑料袋破损。装瓶时，装满培养基后要及时换瓶，否则会出现压实太紧而造成搅龙套出口堵塞(表 3-4)。

表3-4　装瓶装袋机常见故障及排除方法

故障现象	产生原因	排除方法
出料口堵塞	1. 装袋或装瓶压实太紧；	1. 装袋时套在搅龙套上的菌种袋不要抓得太紧。装瓶时也不要把瓶压得太紧；
	2. 培养基中混有大树皮、木片或其他杂物	2. 拌料前把木屑过筛，拣除树皮、木片或杂物
搅龙不转	1. 搅龙堵塞；	1. 拆卸搅龙套清除堵塞物；
	2. 皮带打滑；	2. 移动电动机，调紧皮带；
	3. 牙嵌磨损，离合器打滑	3. 修理或更换牙嵌
不送料	1. 物料架空；	1. 拨动物料；
	2. 料斗内缺料	2. 及时加添物料
电动机不转	1. 电源未接通；	1. 检查电线及开关和保险丝；
	2. 电容器损坏；	2. 更换单机电动机的启动电容器；
	3. 电动机损坏	3. 检修电动机

6. 窝口机

窝口机是较新出现的一种工具，适用于北方地区窝口插棒的封口方式，可明显提高操作效率和工作质量。

(二)灭菌设备

黑木耳生产中的各种培养基的灭菌、消毒，有蒸汽湿热灭菌法和干热空气灭菌法。目前，生产上通常采用蒸汽湿热灭菌法，它是利用饱和蒸汽遇冷凝时能释放出大量潜热的物理特性，使待灭菌的物体处于受热、受潮的状态，经过一定的时间，破坏所有的微生物及其芽孢的组织，最终达到灭菌的目的。蒸汽湿热灭菌法由于它具有控制方便、效果可靠、费用经济等优点已沿用一百多年。

蒸汽湿热灭菌按灭菌时的温度、压力的不同，可分为高压灭菌和常压灭菌两种。

1. 高压蒸汽灭菌器

高压蒸汽灭菌器是湿热灭菌方法的一种，用途很广，效率最高。高压蒸汽灭菌器(锅)内温度可达到120℃以上，在很短的时间内就可以杀死一切微生物的营养体及它们的芽孢和孢子。

(1)高压蒸汽灭菌器分类及构造

有手提式、立式和卧式等类型(图3-10~图3-12)。前一种是小型灭菌器，主要作试管培养基及玻璃器皿等灭菌用，后两种作原种或栽培种的批量生产用，可根据具体需要选择。高压灭菌锅应使用符合高压锅YY1007—2005、YY0504—2005国家标准或经有关部门检验的安全合格产品。

各种类型的高压灭菌器上都装有蒸汽压力表、安全阀、放气阀，有的还装有温度表、疏水阀。此外也都采用橡胶制成的密封垫圈和用紧固的方法封闭器(锅)口，这是它们的共同处。但其容积的大小、形状的差异、具体结构和操作使用上则有一定区别。

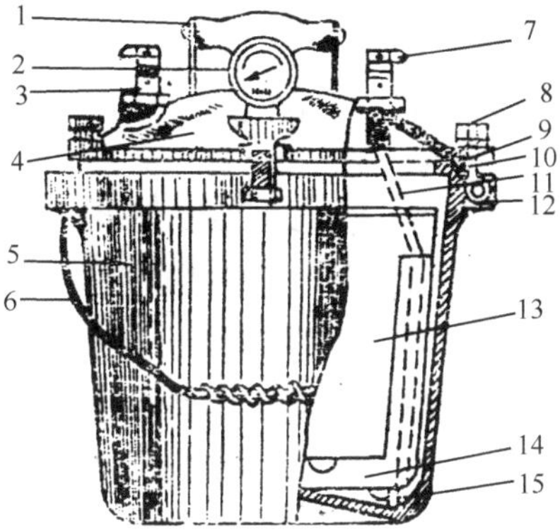

图3-10　手提式高压蒸汽灭菌器

1. 提柄；2. 压力表；3. 安全阀；4. 器盖；5. 器身；6. 提环；7. 放汽阀；8. 翼状螺帽；9. 橡胶垫圈；10. 螺丝；11. 金属软管；12. 圆柱；13. 置物桶；14. 筛架；15. 脚架

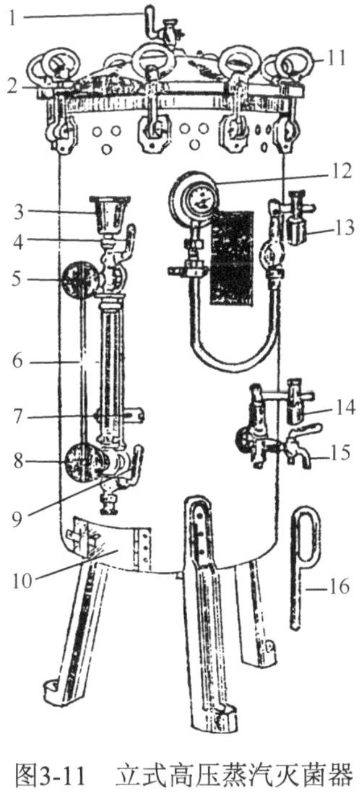

图3-11　立式高压蒸汽灭菌器

1. 放汽开关；2. 拉盖把手；3. 加水漏斗；4. 加水开关；5. 玻璃管上开关；6. 玻璃管；7. 止水标志；8. 玻璃管下开关；9. 玻璃管放水开关；10. 加热处；11. 压盖螺帽；12. 压力表；13. 安全阀重垂(第一)；14. 安全阀重垂(第二)；15. 内锅放水开关；16. 大扳手

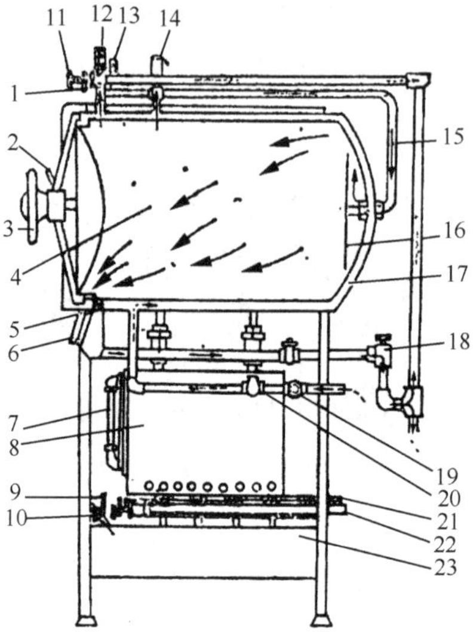

图3-12　卧式高压蒸汽灭菌器

1. 灭菌阀；2. 器盖开关的小手柄；3. 手轮；4. 灭菌室；5. 铜丝网滤孔；6. 水银温度计；7. 水位玻璃管；8. 水箱；9. 煤气炉气压表；10. 打气筒；11. 排气阀；12. 灭菌室压力表；13. 夹层压力表；14. 安全阀；15. 蒸汽输送管；16. 蒸汽挡板；17. 灭菌室与外壳的夹层；18. 定温汽闸；19. 接锅炉蒸汽阀；20. 蒸汽过滤器；21. 放水管附水阀；22. 进水管附水阀；23. 煤油炉

(2)高压蒸汽灭菌器的使用

根据所采用的高压蒸汽灭菌锅的构造，充分了解其使用操作要领，是正确安全使用的首要条件。灭菌锅的操作步骤如下。

加水 → 装料 → 密闭 → 加热 → 灭菌 → 错误 → 出料

加水　除蒸汽通入型的灭菌锅以外，其他类型的灭菌锅必须在操作前向锅内加水，至规定水位。

装料　物料要排放整齐，相互间留有适当间隙，以利蒸汽穿透，确保灭菌效果。

密闭　上紧灭菌锅盖，要求以不漏气为原则。

加热　当锅内压力至0.049MPa(0.5kgf/cm^2)时，应打开排冷空气的阀门，排除锅内的冷空气，然后再关闭放气阀。如果未排净锅内的冷空气，就不能在规定压力下达到预期的灭菌温度指标，灭菌效果将受到影响，见表3-5。

灭菌　灭菌锅内压力随蒸汽不断增加而上升，当压力达到所需的数值后，按灭菌要求保持此压力一定时间，直至灭菌结束。各类灭菌物的所需灭菌压力、温度与时间，其参考数值见表3-6。

冷却　达到灭菌所需时间后，即停止加热，使其自然冷却或打开排气阀采用慢排放出锅内蒸汽。注意切勿急于打开排气阀快速排气，否则突然降压，会使溶液、培养基沸腾、膨胀、污染棉塞或甚至冲出容器之外。

表3-5　高压蒸汽灭菌器(锅)内冷空气排除程度与温度关系

蒸汽压力		冷空气排出不同程度时锅内气体温度/℃				
MPa	kgf/cm^2	完全排出	排出 2/3	排出 1/2	排出 1/3	冷空气不排出
0.034	0.35	109	100	94	90	72
0.069	0.70	115	109	105	100	90
0.103	1.05	121	115	112	109	100
0.138	1.41	126	121	118	115	109

表3-6　常用灭菌物的灭菌压力、温度、时间

灭菌物种类	蒸汽压力		温度/℃	灭菌时间/min
	MPa	kgf/cm^2		
器皿类	0.098	1	120	20
棉花、纱布类	0.098	1	120	30~60
琼脂培养基	0.098	1	120	30~40
木屑类菌种瓶	0.098~0.147	1~1.5	120~127	60~90
粪草类菌种瓶	0.147	1.5	127	90~120
聚丙烯菌种袋	0.098~0.147	1~1.5	120~127	60~90

2. 常压灭菌灶

常压下进行蒸汽湿热灭菌，称为常压灭菌。它与高压灭菌相比较，具有设备简单、造价低廉、操作简便、灭菌容量大等特点。缺点是灭菌时间长、燃料消耗多、砖砌的灭菌仓保修周期短等。

常压灭菌设备有土蒸罐、土蒸锅和灭菌灶等类型。既有固定的永久性箱式(桶式)锅体，也有简易搭建的临时性灭菌锅，与较为常见的塑料布、棉被搭建而成。它们的共同特点是利用外部燃料的燃烧热能，使锅、罐内的水沸腾产生蒸汽，对灭菌物加温、增湿而达到灭菌目的。灭菌温度一般低于 105℃。为了能使灭菌物表面和孔隙内部附着的微生物完全致死，当灭菌容器内的温度达到 100℃后，还应维持此温度 6~8h。当前食用菌袋料栽培中，对培养基进行灭菌的行之有效的常压灭菌设备是灭菌灶。

(1)常压灭菌灶的构造

常用的常压灭菌灶是方形的(图 3-13)，用砖和水泥构筑，先构筑普通的铁锅炉灶，然后在灶台上砌砖，在砖外面抹一层水泥，造成内长为 90cm、宽 85cm、高 80cm 的空间，上面密封木盖，下部放置用木条制成的疏板(放菌种瓶或栽培袋用)，并在炉壁一边的下部留一小孔，以便消毒时补充水分。灶的正壁还要留一个门，以便装取菌种瓶，门边可用螺栓扣紧。上述尺寸的灭菌灶可放 750ml 装的菌种瓶 280 个。为了多放些菌种瓶，也可加大炉灶的尺寸。如建成长 200cm、宽 160cm、高 150cm 规模的灶，一般可装栽培袋 1000 个以上。

灭菌灶的大小与样式均可灵活掌握，只要垒得坚固，封得严密，灶火灵通则可。

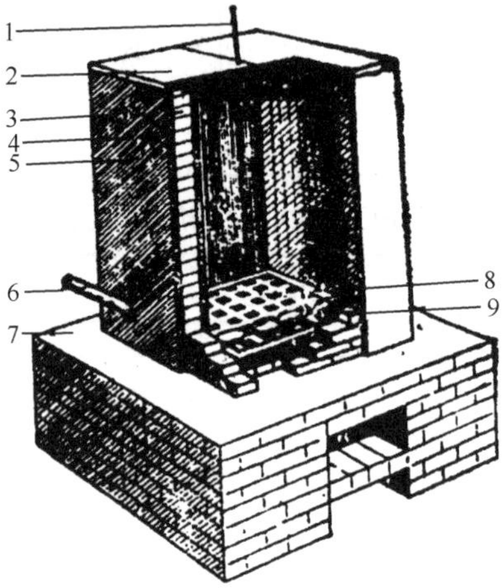

图3-13　常压灭菌灶

1. 温度计；2. 木锅盖；3. 砖；4. 水泥批挡；5. 锅身；6. 进水口；7. 炉灶；8. 木架；9. 摆瓶方式

(2)常压灭菌灶的灭菌步骤及注意事项

锅灶加水 → 仓内装料 → 密闭 → 加热 → 加热灭菌 → 出料

锅灶加水　清洗锅灶，加入清水至规定高度。

仓内装料　将待灭菌的菌种瓶或菌袋放入灭菌仓内，菌种瓶或栽培袋要叠放合理，留有间隙，保证蒸汽畅通，使灭菌物受热均匀，避免出现灭菌死角。菌袋叠放层数不能太多，一般以 5 层为宜。

密闭灭菌仓　灭菌仓应密闭防漏气，这关系到仓内温度能否迅速提高，并保持 100℃。为此在正式投入生产前要进行试烧，空蒸灭菌仓一次。

加热放冷空气　蒸汽上来后，应放冷空气一次，以确保仓内灭菌温度。

加热灭菌　排空冷空气后火力开始要猛，要求 3~4h，灭菌仓温度尽快上到 100℃。仓内温度达到 100℃后，再维持此温度 6~12h，这也是灭菌能否彻底的关键。同时，要注意及时加热水，防止锅水烧干。

及时出料　灭菌结束后，排尽锅水(可能的话)热焖 1h，然后马上微开仓门，使蒸汽逸散，再开大仓门将菌种袋(瓶)趁热搬出仓，以减少棉塞及灭菌物受潮，防止灭菌仓冷却而致再度污染。另外，在灭菌之前，做一些备用棉塞，装入塑料袋封口后，一起放入灭菌仓内灭菌。接种时如发现过潮的棉塞，可在接种时的无菌环境中替换棉塞。

3. 电热恒温干燥箱

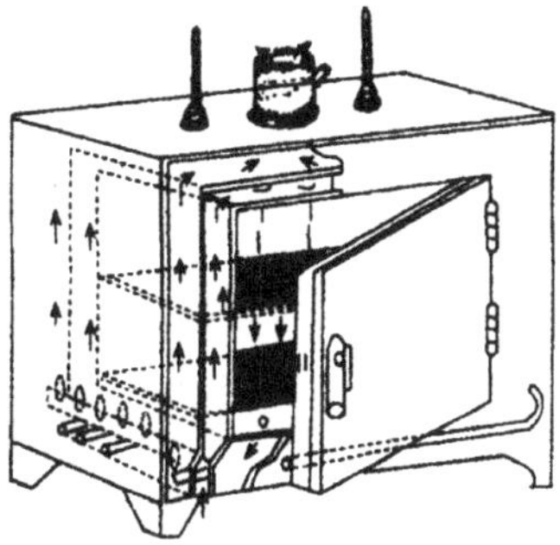
图3-14　干热灭菌箱

利用干热空气灭菌的一种工具，用于玻璃器皿及金属小工具等的灭菌，不能用于培养基的灭菌(图 3-14)。

(三)接种设备

1. 超净工作台

超净工作台，又称净化工作台。它是一种局部层流(平行流或垂直流)装置，能在局部形成高洁净度的环境。它是利用过滤灭菌的原理，将小房间内的空气，经过装置在超净工作台内的预过滤器和高效过滤器除尘、洁净后，以垂直或水平层流状态通过操作区，可使操作区保持无尘、无菌的环境，通过过滤空气达到无菌操作的目的。

超净工作台要求安置在洁净的房间内，水泥或水磨石地面，安装紫外线灯。它的操作方法简单易行，只要接通电源，按下通风键钮，同时开启紫外线灯约 30min 即可。分单面和双面两种，由单人或双人操作，可根据需要选用，操作时需关掉紫外线灯。

用超净工作台接种，台面上的空气既无菌又凉快，解除了药物及蒸汽对接种人员的熏染，便于干热接种，提高了接种效果；但由于接种量较少，且价格较贵，较适用于科研领域(图 3-15)。

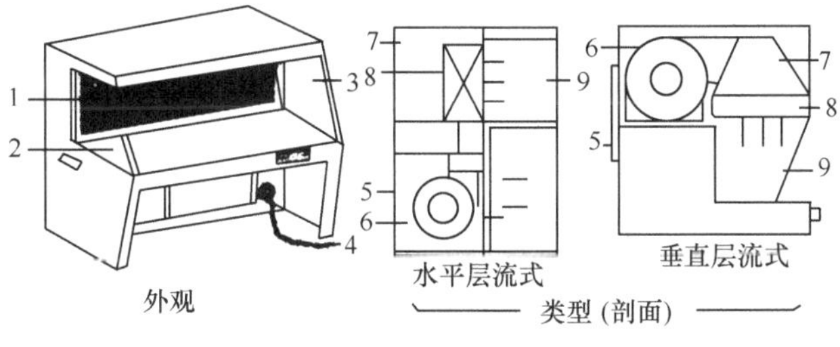

图3-15　超净工作台

1. 高效过滤器；2. 工作台面；3. 侧玻璃；4. 电源；5. 预过滤器；6. 风机；7. 静压箱；8. 高效空气过滤器；9. 操作区

2. 接种箱

接种箱也叫无菌箱，是用木材做骨架，装上玻璃制成的一种密闭箱(图 3-16)。其规格有单人式或双人对接式，大小各异，可根据需要制造。双人接种箱前后斜面为玻璃窗，便于操作时观察，并可开启，以便取放物品。玻璃窗下的木板有一对 15cm×17cm 的椭圆形开孔，操作孔装有白布袖套，一端固定在圆形孔上，另一端套口用松紧带箍住操作者的手腕，以防杂菌进入。接种箱要求密闭，以提高箱内无菌程度。箱内可安装 20W 照明用日光灯和 30W 紫外线杀菌灯管。

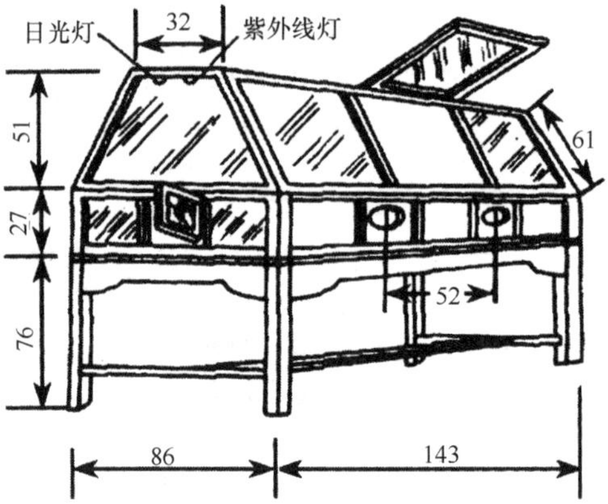

图3-16　双人接种箱(单位：cm)

接种箱由于结构简单，制造方便，成本低，体积小，密封性好，便于药物灭菌和消毒彻底，而且气温高时操作不像接种室那样闷热，吸入有毒气体少等优点，适应于小规模生产，深受耳农欢迎。

3. 接种帐

菌种生产中采用接种箱接种，其空间小而操作不便；接种室空间太大，致使消毒难以彻底，染菌率高。为解决此类问题，采用“蚊帐”式塑料接种帐，效果很好(图 3-17)。

“蚊帐”式塑料接种帐可用木条框架或钢筋焊接成支架，围以 5μm 厚的农用塑料薄膜制作。接种帐的规格长 3m、宽 3m、高 3m。制作起来极为简便，先剪取 13.5m 长的塑料薄膜作为 $3m^3$ 的接种帐围墙，另取 3m 长的薄膜作为“帐顶”。然后用塑料封口机或电烙铁将两块薄膜沿边封好，在帐的一侧留有一条可以掩合的交接线，作为接种帐的门，供接种人员进出和通风排湿用，在接种帐四个顶角各系一条绳子，便于吊挂。这样，一个 $3m^3$ 的类似蚊帐的塑料接种帐便制成了。

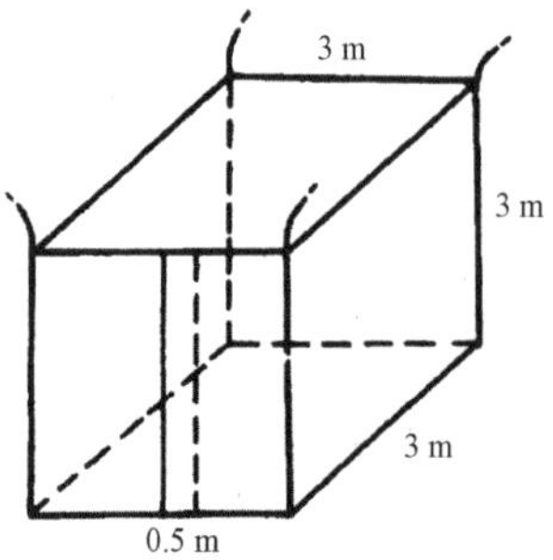

图3-17　接种帐

使用接种帐，要求房间干净，避免空气流动。使用前先清理接种场地，再将接种帐吊挂起来，帐高 2.5m，余 0.5m 折向帐内。然后将冷却的菌棒搬入帐内，沿帐壁堆放，将塑料帐折起部分压紧压实。帐中留一块空地，供放接种桌和工作人员走动。准备就绪后，关闭接种帐进行消毒。接种完毕后菌棒可就地培养，用种块直接封口，待菌丝团长至 5~10cm 后再摘帐。每次可接 1000 袋菌棒，接种时间 5h 左右。

4. 接种机

近年来新研制出食用菌接种机，既可用作食用菌接种，又可用作培养室净化。

接种要求：要求在密闭的接种室内，将接种机放在普通桌面上。室内仅喷新洁尔灭 5%溶液降尘净化接种环境，不使用化学药剂和火焰接触和灼烧接种器具。环境处理后，在接种机前 20~30cm 接一级、二级、三级菌种。

接种原理：使接种过程和接种环境处于无活菌状态，既保证原灭菌的培养基不致感染，又要防止药物、温度等外界条件杀伤或杀死菌种，保证接种成活。

接种效果：使用接种机接种，大大提高了接种效率，比接种箱接种提高工效 8 倍以上；一级、二级、三级菌种及组织分离都很适用，种性稳定；接种人员免受化学药剂的危害，对食用菌菌丝也减少了药物的刺激；用这种设备接种，因菌丝不受化学药剂的杀伤和酒精灯火焰的熏杀，菌丝活力强，菌丝吃料早，定植快。

5. 接菌器

一种无菌接菌器，它包括绝缘手柄、电线孔、受热体、绝缘边、加热源空隙(图 3-18)。在操作时是无菌状态，接菌温度在最佳温度之间，长菌快，吃料早，结构简单，使用方便，使用时设计接菌温度及无菌率十分合理，杂菌率为零，降低了生产成本。可适用于各种食用菌的接菌。

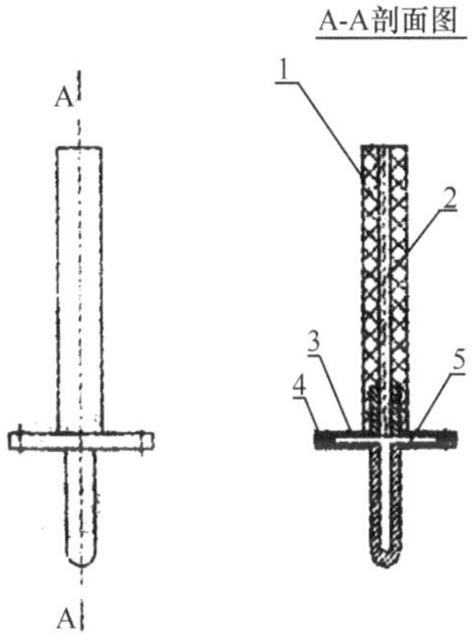

图3-18　食用菌接菌器

1. 绝缘手柄；2. 电线孔；3. 加热棒；4. 橡胶圈；5. 加热源空隙

6. 接种用具和用品

(1)接种用具

制种常用器具主要有接种针、接种环、接种铲、接种锄、镊子、酒精灯等(图 3-19)。

钝头镊　在接种操作时固定、移取子实体。

尖头镊　用来分离子实体。

接种刀　用自行车辐条或适当粗细的不锈钢做成的一种镰刀状、两边均留有刀刃的接种器具。主要用于斜面母种的纵向切割。

解剖刀　用来切割子实体。

打孔器　用来对大小一致的菌丝体及料袋的打孔接种。

接种锄　用自行车辐条或适当粗细的不锈钢丝做成的一种锄状接种工具，用

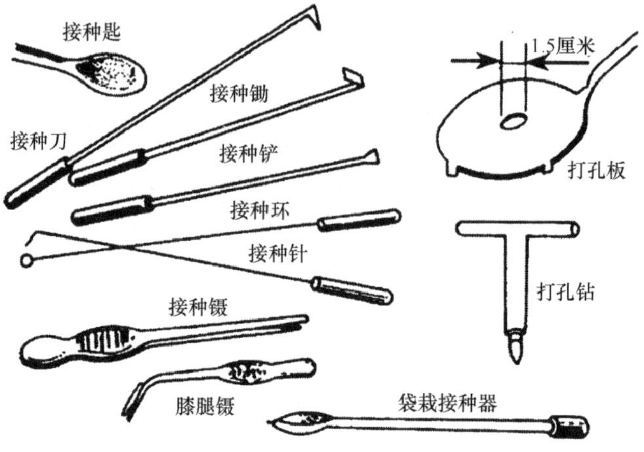

图3-19　常用接种工具

右为袋栽接种用

于刮除菌种表面老化菌丝和子实体原基，斜面母种的横向切割，或将母种切断移接到原种瓶内。

接种针　用于挑取细小菌落和从菌褶中挑取孢子。

接种铲　用于挖取菌种块接种。可用自行车辐条(或不锈钢丝)制作，将一端敲击成铲，磨光，弯成 2~3mm 成钩。

接种匙　用于木屑或颗粒母种扩制原种用。

膝腿镊　眼科手术用器械，前端弯曲成膝状。菌种分离时，用于剥离子实体组织块。

接种环　用于移接孢子稀释液。

(2)接种用品

常用接种用品有盛装用品、称量用品、观测用品、辅助用品等。

①玻璃器皿：试管、三角瓶、培养皿、漏斗、烧杯、菌种瓶、试剂瓶等。

②称量用具：天平、杆秤、磅秤；量杯、量筒、移液管等。

③观测用具：温度计、干湿球温度湿度计。

④装盛用具：各类托盘、塑料筐、灭菌筐、水桶等。

⑤消耗用品：棉花、牛皮纸、套颈、线绳、脱脂棉、纱布、火柴、标签、记号笔等。

⑥其他用具：铁锹、钉耙、铡刀、打孔棒、拖布、喷雾器等。

(四)养菌设备

1. 空调机

空调机是调节培养室温度、湿度的机电设备。大规模集约化生产和工厂生产食用菌，可以用中央空调系统进行调控温度，特点是增温快，恒温温度控制准确等优点。

选用空调系统都是按黑木耳生长所需的最大制冷量来选择机型的，且留有10%~15%的余量，各配套系统按最大负载量配置，这种选择不是最合理的。在组成空调系统的各种设备中，水泵所消耗的电能约占整个空调系统的1/4左右。早期空调的水泵普遍采用定流量工作。而实际运行时，中央空调的冷负荷总是在不断变化的，冷负荷变化时所需的冷媒水、冷却水的流量也不同，冷负荷大时所需的冷媒水、冷却水的流量也大，反之亦然。

空调机除了调节空间温度外，还具有净化加湿器技术优势。如加湿无白粉，粗效过滤空气，斜喷式换能片噪声小等性能。可以按预想的温度、湿度控制，同时也具备排风换气功能。

2. 通风机

通风机是养菌的必需设备。用通风机通风，操作简单，通风快速均匀，养菌室无死角，使所有的养菌室各个角落空气新鲜，有足够的二氧化碳流通，菌丝生长均匀有活力。

3. 电热恒温培养箱

用于黑木耳菌种培养基恒温培养。采用自然对流通外式的结构，冷空气从底部风孔进入，经电热器加热后从两侧对流空间上升，并从内胆左右侧小孔进入内室，再自箱顶的封顶盖调节，使内室达到恒温。它能调节不同温度，并自动控制(图3-20)。

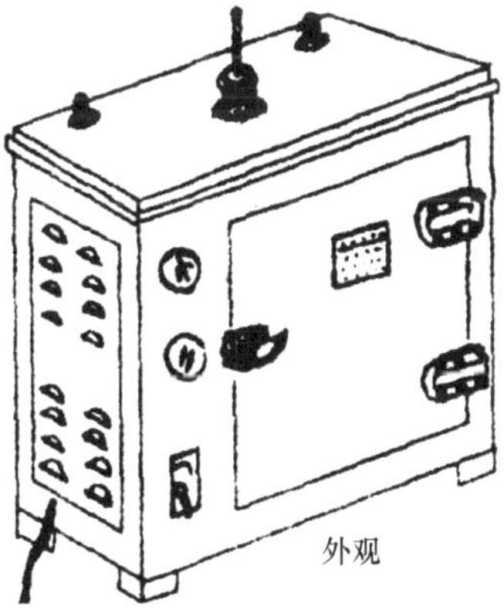

图3-20　电热恒温培养箱

4. 生化培养箱

生化培养箱可用于菌丝深度培养。它是电热恒温培养箱的另一种形式，所不同的是装有制冷装置和照明设备，能调节低于室温的培养温度。

5. 摇床

摇床有往复式摇床和旋转式摇床两种，适宜用三角瓶装培养液进行振动培养，为生产液体菌种的设备(图3-21)。

6. 液体菌种培养器

液体菌种培养器又叫小型发酵罐，并自带灭菌的设施，可调节培养温度，全不锈钢罐体，是近年开发的一种小型液体菌种生产设备(图3-22)。

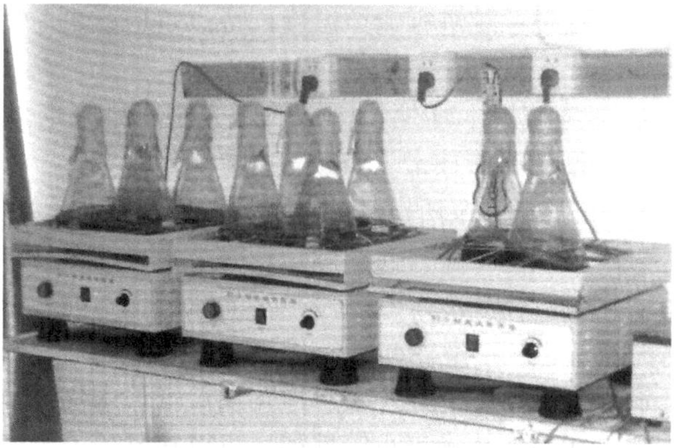

图3-21　利用摇瓶机(摇床)振荡培养

图3-22　液体菌种培养器

(五)保藏设备

1. 电冰箱

用电冰箱或电冰柜保藏菌种时温度应调节在 4℃左右，这是最常用的保藏方法，也是最普通的设备。

2. 液氮罐

利用超低温液氮保藏菌种的设备。一般只用来保藏母种。

(六)划口打孔设备

1. 划口器

菌袋开口经过了手工划口、手工刨口、手工拍口、滚动开口等发展阶段，生产效率不断提高。目前北方地区多采用小口出耳模式，开口工具和设备也不断创新，不同开口方式、不同开口大小、不同开口数量的开口工具不断投入应用，提高了劳动效率及开口质量(图 3-23)。

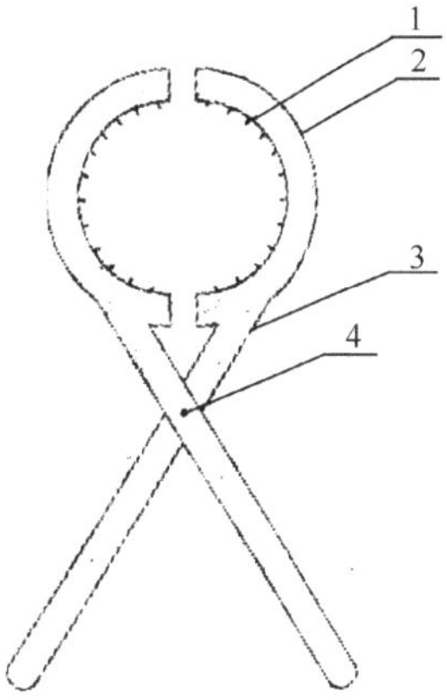

图3-23　菌袋划口器

1. 划口刀；2. 球口头；3. 手柄；4. 中心轴

2. 菌袋刺孔机

黑木耳菌袋刺孔机是用于黑木耳菌袋的刺孔设备(图 3-24)。它包括机架、外套筒、内套筒、活动柄、工作轮、三角钉、压力弹簧、调解螺栓。通过调解弹簧的压力，使活动柄带动工作轮向菌袋运动，将三角钉刺入菌袋。它可以将发好菌的黑木耳菌袋的高密度刺孔，使之产出高质量的单片木耳，能极大地减轻刺孔过程中的劳动强度，提高工作效率。

图3-24　黑木耳菌袋刺孔机

第四章　黑木耳菌种培育方法与制种技术

一、黑木耳品种与菌种

(一)黑木耳品种与分类

黑木耳品种一般指种性，即黑木耳自身的生物学特性，一般包括对温度、湿度、酸碱度、光线和氧气的要求，抗逆性、丰产性、出耳迟早、出耳潮数、栽培周期、商品质量及栽培习性等农艺性状。其具有遗传性、稳定性、均一性的特点，是任何菌种生产技术都不能改变的特性。

根据黑木耳生物学性状，可以将黑木耳品种进行分类。如依照生育期长短，可分为早熟品种和晚熟品种；从耐受高温程度，可分为高温品种和中温品种；而从耳片形状特点，又可将黑木耳分为菊花型耳和单片簇生耳等。

(二)黑木耳菌种分级与类型

1. 黑木耳菌种概念

食用菌的菌种，相当于高等植物的种子。在自然界中，食用菌是靠孢子来繁殖后代的，人工栽培食用菌时，孢子虽然是它的种子，但生产上都不用孢子进行直接播种，而是用孢子、组织和寄主上获得的纯菌丝体作为播种材料。

所谓黑木耳菌种，一般是指人工培育的纯菌丝体、培养基及其培养容器的混合体，即菌种是指食用菌菌丝体及其生长基质组成的繁殖材料。一般以试管、玻璃瓶、塑料袋等容器包装。

黑木耳菌种不同于品种，其自身质量是可以通过提高菌种生产技术而改变的。菌种的质量好坏直接关系到产量的高低和栽培的成败。菌种质量好，加上合理的栽培管理，就容易获得高产稳产；菌种质量差，难以获得高产，甚至绝收。因此，要获得优良的黑木耳菌种，优良的品种和规范的菌种生产技术缺一不可，是广大耳农栽培黑木耳获得高效益的先决条件。

2. 黑木耳菌种分级

根据使用培养基和用途的不同，将菌种分为母种、原种和栽培种(生产种)3 类。根据《黑木耳菌种标准》(GB19169—2003)和《食用菌菌种管理办法》，我国黑木耳采用三级扩大繁育程序，实行三级菌种制度，相应的将上述 3 类菌种分别称为一级菌种、二级菌种、三级菌种。图 4-1 为菌种扩大生产的程序。

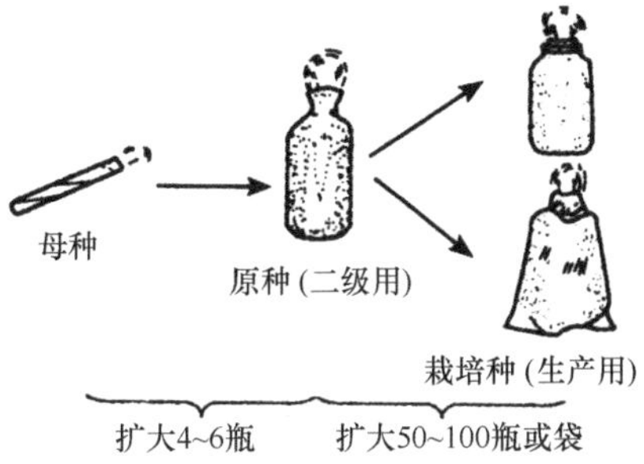

图4-1　菌种扩大示意图

(1)母种

也称纯种、试管种或斜面菌种，又叫一级菌种。它是经各种方法得到的具有结实性的菌丝体纯培养物及其继代培养物，多为纯次生菌丝体，常采用斜面试管 PDA 培养基培养而来，是生长在琼脂固体培养基试管斜面上的菌种，可直接转接原种。

母种来源有 3 个：经各种育种手段得到；直接从子实体本身(组织及孢子)或耳木分离得到；从国内外引进的包装在试管或培养皿中的菌种。母种的菌丝体较纤细，分解养料能力低，因此要在营养丰富而又易于吸收的培养基上培养。母种一般不直接用于栽培，而是用于生产二级、三级菌种的扩大繁殖用菌种，也常用于菌种的保存。母种的培养容器和使用单位多数为规格不一的玻璃试管，便于观察、鉴别，且易于保藏。

(2)原种

又叫瓶装种或二级菌种。它是指把培养好的一级菌种接种到木屑、棉籽壳、麦草、稻草、谷粒等为主的相对粗放的固体或液体培养基上，进行扩大繁殖所得到的菌种。

在固体或液体培养基上生长的原种菌丝体，对培养基质和生活环境的适应力比一级菌种高，菌丝生长更加丰满粗壮。原种主要用于栽培种的扩大繁殖，可在短时期的保存，生产中也可以直接利用二级种接种栽培袋出耳，但成本相对高些。常以透明的玻璃菌种瓶、塑料瓶或 15cm×28cm 聚丙烯塑料袋为培养基容器。

(3)栽培种(生产种)

也称为袋装种或三级菌种。它是为适应大规模栽培(生产)的需要，将原种(二级菌种)接在相同类似的更为粗放的固体或液体培养基上，所培养而成的菌种。

原种经过转接扩大培养的锻炼，菌丝分解基质的能力进一步增强，适应性比二级菌种更强，可直接用于生产。栽培种作为菌床接种物，最好在长满瓶(袋)后的 10~40d 立即使用。栽培种常用玻璃菌种瓶或塑料袋为培养基容器，因生产量大一般用塑袋生产。通常不能用栽培种再扩大繁殖菌种，否则会导致生活力下降，菌种退化，并易被杂菌污染，给生产带来减产或严重损失。

黑木耳菌种经过三级逐渐扩大培养成栽培种，不仅扩大了菌丝体数量，而且使菌丝越来越粗壮，分解有机物质的能力越来越高，对环境适应能力也越来越强，更易达到高产优质的目标。目前，在北方地区，黑木耳的一级菌种的专业化生产和流通较多，二级、三级菌种市场也正在形成；而在福建、浙江等南方地区，一级菌种流通较少，二级、三级菌种的专业化生产和流通较多。

3. 黑木耳菌种类型

根据食用菌培养基的状态可将菌种类型(种型)分为固体菌种和液体菌种两类。

(1)固体菌种

指菌丝体生长在固体培养基中培养得到的固态菌种。固体菌种制备成本低，技术简单，为目前生产上常用菌种。根据培养原料的不同可分为如下几种。

①琼脂等菌种：PDA 培养基(马铃薯葡萄糖琼脂培养基)、CPDA 培养基(综合马铃薯葡萄糖琼脂培养基)、胡萝卜培养基等。

②木屑菌种：以木屑为培养基主要原料制备的菌种。木耳、银耳等耳类常用木屑菌种作原种或栽培种。

③谷粒菌种：以小麦、大麦、燕麦、黑麦、玉米、高粱、谷子等禾谷类种子为主要原料制备的菌种，其中以小麦最常用。麦粒菌种具有菌丝生长快，生命力强等优点，但要注意防止老鼠偷食。

④木块菌种：以圆柱形、锥形或楔形小木块为主要原料制备的菌种。用于银耳、木耳等的段木生产和代料人造耳木生产上。

(2)液体菌种

采用液体培养基，接入菌种，经培养而得到的菌种。液体菌种采用摇瓶培养和深层发酵技术培养，菌丝体在液体中呈絮状或球状。液体菌种具有菌种菌龄短，生活力强，发菌快而整齐等优点，但所需设施比较昂贵，成本高、技术复杂，目前尚未在生产上大面积应用。

二、黑木耳菌种培养基选择配制

培养基是菌种生长的土壤。黑木耳培养基有母种培养基、原种培养基和栽培种培养基 3 种。各种菌种培养基制作工艺步骤有：培养基(料)配制→分装→灭菌→冷却→检查→成品备用等。

(一)黑木耳母种培养基的选择与配制

黑木耳母种培养基一般都制成斜面，因此又常称为斜面培养基。其制作工艺为：称料→配料→调制→分装培养料→封口→灭菌。

1. 常用母种培养基配方

(1)马铃薯葡萄糖琼脂培养基(PDA 培养基)

马铃薯 200g(用浸出汁)，葡萄糖 20g，琼脂 20g，清水 1000ml，pH 自然。

(2)综合马铃薯葡萄糖琼脂培养基(CPDA 培养基)

马铃薯 200g(用浸出汁)，葡萄糖 20g，磷酸二氢钾 2g，硫酸镁 0.5g，琼脂 15~20g，清水 1000ml，pH 自然。

(3)木屑浸出汁马铃薯葡萄糖培养基

马铃薯 200g(用浸出汁)，阔叶树木屑 50g(用浸出汁)，琼脂 20g，清水 1000ml，pH 自然

2. 母种培养基的制作方法

(1)培养基质调制

选择质量好的马铃薯，洗净去皮后，切成 0.5~0.7cm 均匀条状，放进铝锅，加水 1000ml，煮沸 30min，以马铃薯酥而不烂为度，煮好后用 4 层纱布过滤，取其汁液。若滤汁不足 1000ml 时，则加水补足定容到 1000ml，按培养基配方要求向滤液中加入 15~20g 琼脂，继续用文火加热至全部熔化为止，然后加入 20g 葡萄糖及其他微量元素等。加热时要用玻璃棒不断搅动，充分搅匀，以防溢出或焦底。

(2)培养基质分装

配制好的培养基要趁热通过玻璃漏斗，分装于 18mm×180mm 大小的试管中，每管装量一般 8.5~10ml，然后塞上棉塞。分装时，注意勿使试管口黏附培养基，若不慎黏附时，应随时揩擦干净，以防杂菌感染。装完随时用棉塞塞口，棉塞大小要合适，松紧适中。做棉塞用普通棉花。棉塞的 1/3 留在管口外，2/3 塞入管口内。棉塞塞好后，每 10 支用报纸包扎成一捆，试管棉塞部分要包上一层牛皮纸，用绳捆好。绳要捆着管壁，包牛皮纸的作用是避免灭菌时冷凝水淋湿棉塞，并防止接种前后培养基水分散失或杂菌污染。

(3)培养基质灭菌

包扎好后，放入铁丝筐中，竖直放入高压灭菌锅内，在 123℃，0.12MPa 压力下，维持灭菌 20min。当灭菌完毕时，停止加热，待气压下降到零时，打开放气阀，排除残留蒸汽，打开锅盖，取出灭菌培养基，趁热摆成斜面。斜面的长度以占整个试管长的 1/3~2/3 为好(图 4-2)，斜面过长容易造成污染。

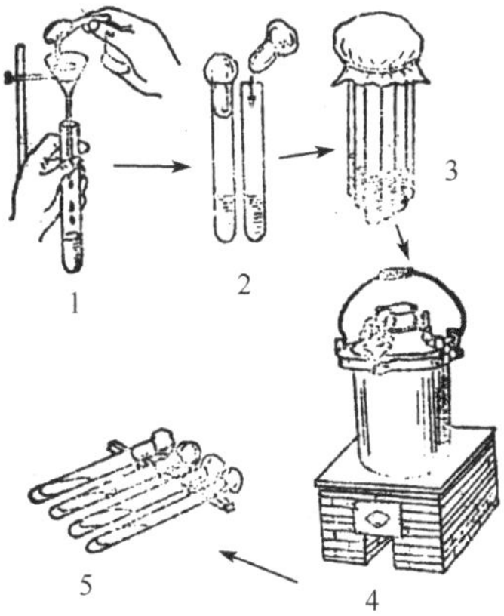

图4-2　分装试管及灭菌

1. 分装试管；2. 塞入棉塞；3. 包扎成捆；4. 灭菌；5. 摆成斜面

已灭菌的试管培养基，可备用接种母种。

3. 母种培养基制作注意事项

①制备或盛制培养基的器皿，不能使用铁锅或铜锅，以免铁锈或铜锈混入培养基中，使培养基铁或铜过量，从而引起毒害，一般使用搪瓷缸或铝锅。

②制成的培养基，在使用前应做无菌检查，一般将其置在37℃左右恒温箱内培养24h，证明无菌后方可使用。

③灭菌后的培养基，最好及时用完，不宜久存，以免降低其营养价值或成分上起化学变化。

④制备过程中，一定要严格遵守无菌操作规程，并标好标签，注明菌种名称(或编号)、接种日期和转管次数，尤其在同一时间接种不同的菌种时，要严防混杂。

(二)黑木耳原种培养基的选择与配制

1. 选料原则

在取材方便，降低生产成本的前提下，原料必须要选择大小适中的干净、干燥、无霉变、无蛀虫、新鲜的材料。木屑要经过滤筛去除杂质，石膏要用干燥的，切勿用过期及受潮结块的。

2. 原种培养基配方

原种培养料主要包括木屑种、颗粒种和枝条种等几种类型。

(1)木屑培养基：阔叶树木屑78%，麦麸20%，蔗糖1%，石膏1%，含水量(58±2) %。

(2)木屑棉籽壳培养基：阔叶树木屑63%，棉籽壳15%，麦麸20%，蔗糖1%，石膏1%，含水量(58±2) %。

(3)棉籽壳培养基：棉籽壳79%，麦麸20%，石膏1%，含水量(58±2) %。

(4)麦粒培养基：小麦(或玉米、高粱等)98.5%，石膏 1%，0.5%碳酸钙，含水量(58±2) %。

(5)谷粒培养基：高粱(或玉米、小麦等)84%，麦麸15%，石膏1%，含水量(58±2) %。

木屑二级种菌种制备好后可较长时间存放、不易老化；杂菌检测容易，且后期栽培出耳时不易在接种点处感染杂菌，但生长周期长，培养料装瓶操作效率低。谷粒二级种菌种易萌发、生长速度快、发菌周期短；二级种转接三级种时接种操作使用方便，但菌种易老化、不宜长期存放；谷粒胚芽部分杂菌不易杀灭，易感染细菌且不易检出；出耳时由于颗粒种营养丰富易造成杂菌滋生。枝条二级种接种三级种操作方便、数量多；接种后的三级种发菌比较均匀一致，但生产制作较繁琐，菌种污染率较高。

3. 原种培养基的配制方法

制作工艺：称料→拌料→调节 pH→分装培养料→清洁瓶(袋)外壁→封口→灭菌。

(1)培养料调制

配制木屑培养基时，按配方称取原料，先将木屑、麦麸和石膏等充分混匀，然后把葡萄糖(或蔗糖)、过磷酸钙的水溶液徐徐加入，人工或用搅拌机混合均匀。搅料加水，料与水的比例为 1∶1.3~1∶1.2，即含水量为(58±2)%。简便的检查办法是用手紧握一把培养料，以手握指缝有水纹，不下滴水为度。配制木屑棉籽壳培养基和棉籽壳培养基，配料方法与木屑培养基相似。配制麦粒培养基时，先将洗干净的麦粒置于 1%石灰水中，将麦粒泡胀，文火煮沸 15~20min，再将麦粒从中间断开，无白色生芯且不要煮烂为宜，起锅后平铺在筛子上，晾晒至无明水后拌入余料。配制玉米粒培养基时，先将洗干净的玉米粒置于 1%石灰水中，将其泡 6~8h，达到泡胀状态，文火煮沸 20~30min，再将玉米粒从中间断开，无白色生芯且不要煮烂为宜，起锅后平铺在筛子上，晾晒至无明水后拌入余料。

(2)培养料装瓶(袋)

①装瓶法：一般用瓶子生产原种。木屑培养料配好后应立即装瓶，边装边用木棒压紧，至瓶肩为止，上下松紧要一致，然后用扁铁勾将表面压平。在培养料中间用尖木棒钻一个深 3~4cm，直径 1~2cm 的洞。瓶料中打洞，既可提高消毒效果，又可便于原种或母种菌块的固定，加快菌丝生长速度。装瓶后要将瓶口内外擦净，使用广口瓶盛装培养料的，广口瓶用聚丙烯膜或聚乙烯膜及胶圈封口(聚丙烯膜适合高压蒸汽灭菌，聚乙烯膜适合常压蒸汽灭菌)；小口瓶用棉塞封口，再包一层牛皮纸或废报纸。木屑培养基制作过程如图 4-3。

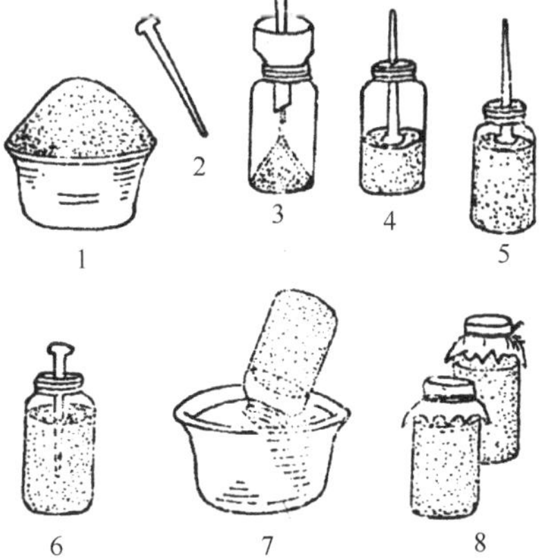

图4-3　锯木屑菌种培养基制作示意

1. 培养料；2. 捣木；3. 装瓶；4. 用捣木适度压实；5. 压平；6. 打洞；7. 洗瓶壁；8. 用牛皮纸包扎封口

②装袋法：代料栽培黑木耳，除用玻璃瓶作培养容器外，还可用塑料袋盛装培养料。菌袋大小以17cm×33cm×0.005cm或15cm×30cm×0.005cm为宜。若采用高压灭菌，则选用聚丙烯塑料菌袋；若采用常压灭菌，则选用聚乙烯菌袋。一般17cm×33cm×0.005cm规格的菌袋，可装干料500g左右；而15cm×30cm×0.005cm规格的菌袋，可装干料300g左右。装袋时，边装袋边将培养料压实，松紧适度，培养料的高度装到塑料袋的2/3，压实后将浮料倒去后用直径约2cm的木棒在料中间打一接种口，再套环、封口。在大规模生产中，装料一般采取装袋机装料。装袋时对料袋要轻拿轻放，防止沙粒或杂物将袋刺破引起污染。

(3)培养料灭菌

培养料瓶(袋)装好后，装入铁筐或塑料筐内准备灭菌。灭菌方法有常压蒸汽灭菌和高压蒸汽灭菌两种。采用常压蒸汽灭菌时，锅内温度达到100℃后要保持8h以上。采用高压蒸汽灭菌时，高压锅内或高压灭菌仓在0.12MPa(123℃)压力下，灭菌2h，然后出锅、冷却，准备接种原种用。

(三)黑木耳栽培种培养基的选择与配制

1. 栽培种培养料的选择

培养料要无脂类等化合物污染、干净、干燥、无霉变、无虫蛀、新鲜的原材料。黑木耳属木腐菌，适合栽培的原料很多，使用的原料一般为阔叶树木屑、棉籽壳等。如林区的木屑及枝丫梢头粉碎物。木屑以柞树、曲柳、榆树、桦树、椴树等硬杂木为好，杨树木屑次之，松树、樟树、柏树等树种的木屑，因为其中含有抑制黑木耳菌丝生长的物质，不宜使用。有报道称：新鲜木屑不易灭菌彻底，易遭受隐性污染，同时可能含有影响黑木耳菌丝生长的活性物质，所以木屑应放置1~2个月后使用为好。辅料一般为麦麸、米糠、石膏、蔗糖等。主辅料均要过筛，去除杂质。石膏要洁净、干燥。

碳源最好选择材质坚硬、边材发达的阔叶树种木屑，混合硬杂木一般好于单一品种的木屑。由于带锯锯下来的木屑细，透气性差；圆盘锯锯下来的木屑粗，易扎袋。两种木屑最好混合使用，既透气又保水。对木屑要求不高，只要不发霉就可使用，但如果在木屑中混有柴油和化工原料等就不要使用。

其他农副产品如玉米芯、豆秸等也可部分替代木屑用于黑木耳栽培，我国北方盛产玉米，玉米芯可与木屑混合使用。玉米芯最好选用当年的，玉米芯添加量一般不高于培养料总量的30%。

氮源选择种类很多，不同种类的氮源含量有所不同，应根据具体含量确定使用比例。若蛋白含量较低，则应适当提高添加比例。麦麸是黑木耳栽培中的主要氮源，是最主要的辅料。稻糠一般使用米业加工时的细糠，又称油糠。豆粉和豆粕也是黑木耳栽培中氮源的主要提供者之一，可以替代部分的麦麸和稻糠使用，添加量一般为2%~3%。但在使用豆粉和豆粕时应注意：粉碎的粒度要尽量小，拌料时要均匀一致。

石膏和石灰是黑木耳栽培中钙离子的主要提供者，也是调节培养料酸碱度、维持酸碱平衡的调节剂，在生产中可用双飞粉代替。其添加量依据原料的不同而适当调整比例，普通培养料添加量一般为1%。

2. 栽培种培养料配制原则

首先，在培养料的选择方面，根据地域差别，选择取材方便且生产成本低的原料，本着“以粗代精、以废代好、以简代繁”的方针，达到目的明确、营养协调、条件适宜、经济节约的总体原则；其次，根据栽培种的不同用途选择配方、添加成分和比例；再次，确定适宜的酸碱度、水分等培养条件，以降低生产成本。

根据培养基的配制原则，结合当地的资源特点和品种特性，确定培养基配方和选用原辅材料。合理的C/N一般为20:1~40:1，不要盲目添加营养物质，过量添加营养物质易引起杂菌感染和发菌过程中的烧堆。

培养料粒度应粗细度适中，粗料含水性不好，细料通风不良，粗细料混搭，既可增加培养料的通气度，又可保持培养料的含水性。

3. 栽培种培养料的配方

随着生产规模的扩大和生产技术水平的提高，栽培种配方也在逐步进行调整，很多新型的农副产品在黑木耳栽培中得到应用，所用原料应因地制宜，灵活掌握，更加有利于黑木耳代料栽培的推广应用。北方地区玉米芯、玉米秸、大豆秸、稻糠等农副产品资源丰富，黑木耳生产中呈现：玉米芯、豆秸粉添加比例逐步增加；米糠、豆粉、豆粕等逐步替代麦麸，且不再添加蔗糖等新型生产特点。

栽培种培养基主要配方如下。

①木屑培养基：阔叶树木屑78%，麦麸或米糠20%，蔗糖1%，石膏1%。

②木屑棉籽壳培养基：阔叶树木屑63%，棉籽壳15%，麦麸20%，糖1%，石膏1%。

③棉籽壳培养基：棉籽壳79%，麦麸20%，石膏1%。

④木屑玉米芯培养基：木屑58%，玉米芯30%，麦麸10%，豆粉1%，石膏0.5%，白灰0.5%。

⑤木屑豆秸粉培养基：木屑58%，豆秸粉30%，麦麸10%，豆粉1%，石膏0.5%，白灰0.5%。

栽培料培养基配方要灵活选择，尽量选用当地盛产的原辅料。一般黑龙江、吉林等东北地区主要选用木屑培养基，而山东、河北等棉花主产区使用木屑棉籽壳培养基。不同菌种及不同地区对培养基配方要求可能有差异，盲目添加一些所谓的营养物质，会导致培养基碳氮比失调，影响黑木耳生长和质量。因此，最佳配方要根据本地区试验栽培效果筛选确定。

4. 栽培种培养料的制作方法

黑木耳栽培种培养料制作工艺：称料→拌料→调节 pH→选袋→分装→封口→灭菌→冷却→待接种。

(1)拌料

把木屑、麦麸等主要原料用铁丝筛网过筛。剔除小木片及其他异物，以防装袋时扎破菌袋。按照生产配方先称取麦麸、豆粉、石膏及石灰等原料，搅拌混匀。可将木屑平摊到地上，将混合好的辅料撒于其上，与木屑混合均匀，加水搅拌。人工拌料需要来回拌 3~4 次，大规模生产可采用混料机。

水分控制在培养料配制过程中是极为重要的，如果培养料含水量过高，培养后期菌袋下部积水，菌丝因缺氧而停止生长，不能长满菌袋；如果培养料含水量过低，接菌后菌种不易萌发，菌丝生长不良，往往表现为长势细弱，菌丝不白。北方黑木耳进行全日光地摆的出耳方式，保证培养料的含水量是非常必要的，培养料含水量控制在 65%~70%，干料和水的比例一般为 1∶1.5~1∶1.3。常用的测试方法是抓一把拌好的料，用手紧握，在指缝间有少量水滴出现为宜，如水滴较多，则表明含水量较大，应添些干料重新拌匀。

黑木耳菌丝生长最适宜 pH 为 5~6.5，拌料后应检测培养料的 pH，特别是使用新的栽培原料时更要检测培养料的 pH，若拌料后 pH 偏高，先不用急于调配 pH，待闷堆 1~2h 后再测一次 pH。灭菌前培养料 pH 不超过 8，可不调配酸碱度，灭菌后培养料 pH 会有所下降，仍适于黑木耳菌丝生长。

(2)选袋

栽培菌袋使用聚乙烯或聚丙烯菌袋。北方地区黑木耳栽培多数使用 17cm×33cm、15cm×30cm 等规格菌袋，目前个别地方在尝试推广应用 16.5cm×38cm 规格的菌袋，以提高单位面积的生产能力。南方地区则常采用 15cm×55cm 规格塑料袋。菌袋厚度、强度与菌袋收缩性都有关联，应根据具体的栽培模式选用合适厚度的菌袋，一般选用厚度为 0.005cm 聚乙烯或聚丙烯薄膜。

(3)装袋

培养料配制完成后应及时装袋灭菌，不可堆放过夜，以免引起杂菌滋生增加灭菌难度，同时杂菌滋生可能产生有毒有害物质影响黑木耳菌丝生长。北方冬季生产，木屑、麦麸等原料可能会结冰造成含水量偏高，可在培养料配制前单独放在室内过夜，待冻块融化后再混合配制。

手工装袋时，把塑料袋口张开，袋底平展，把培养料塞进袋内。料装至袋高的 1/3 处，把袋料提起，在地面小心振动几下，让料落实，将袋底四角压实，再装料至塑料袋高的 2/3 双手捧住料袋，将料压紧，四周紧些，中间松些，装料要求上下松紧度一致，菌袋装料时以不变形、袋面无皱褶、光滑为标准，培养料要紧贴袋壁，不可留缝隙。装袋完后用小木棍在料中央自上而下打一个圆洞，圆洞长度为 3/5~4/5 培养料高度。打孔可增加透气性，有利于菌丝沿着洞穴向下蔓延、便于固定菌种块，不至移动而影响成活。

机器装袋效率高。大规模生产装袋机与窝口机同时使用，操作熟练的每小时可装 800 袋，不但速度快，还可提高装袋质量，用薄袋生产的菌袋可使用卧式防爆装袋机，菌袋装的紧实又不至于破裂。

装袋时培养料上下松紧一致，培养料过少时剩余过长的塑料袋窝口时易曲折将培养料封死，接种后菌种接触不到培养料，造成菌种干涸而死，影响成品率。当天装的菌袋，要在当天灭菌，培养料的配量与灭菌设备的装量相衔接，做到当日配料、当日装完、当日灭菌，不能放置过夜，以免滋生杂菌。如当天不能灭菌，应放到冷凉通风处。

(4)封口

封口方式多种多样。有使用套径圈，用棉塞封口方式；有将菌袋上部直接拧转，用皮筋系口方式；还有无棉盖体封口方式。目前，北方地区多数使用周转棒及棉塞封口方式，操作方便，接种速度快、接种量大，菌丝定植快，生长均一，菌龄一致。

周转棒有木质和塑料两种。常用塑料周转棒，其优点在于：塑料周转棒是空心的，灭菌时袋中心易升温，与木质菌棒相比缩短了灭菌时间；塑料菌棒灭菌时不吸潮，灭菌后菌袋干爽，减少接种时的污染机会；塑料菌棒便于存放，还可配套无棉盖体使用。

将封好的菌袋放进搬运筐，以备搬运，菌袋倒立摆放可避免袋口存水。

(5)灭菌

黑木耳栽培料灭菌，既可使用专业厂家生产的高压蒸汽灭菌锅，也可以自行搭建制造简易的常压灭菌锅。

高压蒸汽灭菌可以杀死一切微生物，包括芽孢。灭菌的蒸汽温度随蒸汽压力增加而升高，增加蒸汽压力，可以缩短灭菌时间，提高灭菌效率。高压蒸汽灭菌是利用高压蒸汽灭菌锅产生的高温高压蒸汽进行的灭菌，是一种最有效的灭菌方法。原种和栽培种高压灭菌控制的蒸汽压力与灭菌时间为：压力 $1.5kg/cm^2$、温度 126℃、灭菌 2~4h。

将装好栽培种培养料的菌袋放进铁丝筐中，放入高压锅内，铁丝筐高度稍高于装料的菌袋，铁丝筐的大小可视灭菌锅的容量而合理制作，最大限度利用灭菌锅内的空间，然后升压灭菌。

使用高压蒸汽灭菌时，应要注意以下几点。

①灭菌锅内的冷气必须排尽。若灭菌锅内留有冷空气，当灭菌锅密闭加热时可造成灭菌锅内压力与温度不一致，产生假性蒸汽压，锅内温度低于蒸汽压表示的相应的温度，致使灭菌不能彻底。特别是只装有压力表没有温度表的灭菌锅，尤其应注意。开始加热灭菌时便打开排气阀门，随灭菌锅内温度逐渐上升，锅内的冷空气便逐渐排出。

②灭菌锅内的培养料必须排列疏松，使蒸汽畅通。灭菌锅内蒸汽是否畅通，关系到冷空气排放是否彻底和灭菌温度是否均一。菌袋放得过多、过密，会妨碍蒸汽的流通，造成局部空间温度较低，甚至形成温度“死角”，达不到彻底灭菌，导致杂菌污染。

③灭菌完毕后应缓慢减压。高压蒸汽灭菌结束后的排气降压不能太快，若排气太快，菌种袋内外的压力差就会增大，引起棉塞冲出、袋口和菌袋胀袋破裂。

注意棉塞防湿。灭菌锅中的蒸汽在降压阶段易产生冷凝水，冷凝水可能弄湿棉塞，影响棉塞的滤菌效果。为了防止棉塞潮湿，灭菌时棉塞不能接触锅壁，培养料袋上面应盖防水油纸或塑料布等。压力降到 0 时，将锅打开一个缝隙，使锅内蒸汽散尽，但仍保留余热，利用余热将打湿的棉塞烘干。

常压蒸汽灭菌法不需要压力蒸汽，灭菌温度低，生产操作安全系数高，但常压灭菌时间长、生产效率偏低。一般灭菌温度控制在 100~102℃，灭菌时间 6~8h，也可根据培养料状态、培养料装量、批次、灭菌规模等因素，适当延长灭菌时间。常压灭菌锅，可自行焊制、搭建，大小可按生产规模自行设计。在黑木耳培养料或菌种灭菌过程中，要保证蒸汽能在锅内均匀的流通。

灭菌锅一般采用长方体或圆柱体锅体，拱形顶，锅体材料为铁板或砖混搭砌而成。下设排气口和加水口。要求锅体内壁光滑，不要有蒸汽难以到达、流通的死角，达到灭菌温度均一。拱形顶可使水沿锅壁下落，防止冷凝水直接下滴打湿棉塞。下设排气口便于充分排净冷空气。蒸汽发生部位设有加水口，便于灭菌过程中水分的补充。补水时应添加热水，且一次添加量不宜过多，防止造成向灭菌锅内蒸汽供应的骤减。水的热传导性能比棉壳、木屑、谷粒等固体培养基要强得多，因此配制培养基时一定要注意原料预湿均匀，含水量适中，并使其充分吸透水分，有利于灭菌过程中的热量传递，可提高灭菌效率和质量。如果水分渗透不均匀，甚至培养基中夹杂有未浸水的“干料”，灭菌时蒸汽就不易穿透干燥处，达不到彻底灭菌的目的。因此，黑木耳培养料，尤其是谷类颗粒料，在灭菌前一定要预湿彻底，以便达到彻底灭菌的效果。

长时间灭菌时不同营养成分会发生改变，一些营养物质还可能在长期的高温作用下分解，因此掌握培养料的适度配比原则和适度的灭菌时间很重要，既能有效杀灭杂菌，又能减少养分的过度降解，灭菌时间不要过长或过短。

培养料原料中微生物基数不同，所需灭菌时间也不一样，基数越高，灭菌时间也越长。放置过久的陈旧原料因微生物存在时间长，基数大，所以灭菌时间应比新鲜原料长。另外，配制好的培养料应及时灭菌，以免放置过久导致微生物大量繁殖。

灭菌时温度增至 100℃过程一般不应超过 4h，防止长期温度过高而又未达到灭菌温度引起培养料中杂菌生长。长时间烧不开锅，锅内温度偏低，时间稍长易于杂菌滋生，滋生的杂菌产生的代谢产物使培养料酸败，不利于黑木耳菌丝存活，影响菌种的成活率。

灭菌过程中冷气的排放时间过短，则锅内死角处易残留冷空气；时间过长，则造成燃料浪费。可采用间歇排气方式，即温度达到 100℃后排放冷空气 5~7min，关闭排气阀 3~5 min 后，再缓慢打开排气阀排气，反复 2~3 次，彻底排净锅内冷气。通过暂时性关闭气阀，使灭菌锅内气体重新分配，促进冷空气下移，便于冷空气排出。

(6)冷却

黑木耳菌丝耐低温，不耐高温，因此灭菌完毕后不能马上接种。必须在培养料温度降到 30℃以下时才可进行接种，以免接种时烫死菌丝。为达到冷却效果，提高接种的安全性，有条件的种植户应该在接种室外面设一个专门的冷却间，要求通风、洁净，面积视每次灭菌量而定，可将菌袋从灭菌锅拿出后，在专门的冷却间中冷却，灭菌后菌袋放置 18h 以上，菌袋冷却至 30℃以下再接种。如果没有条件，也可以在已消毒过的接种室或培养室里冷却。已冷却好的培养料，即可待用作栽培种接种培养基。

三、黑木耳菌种培育技术

(一)黑木耳人工育种的基本方法

运用不同的种质资源进行黑木耳人工育种，主要有人工选择、杂交育种、诱变育种和遗传工程等方法。

1. 人工选择

人工选择是有目的地选择并累积自发的、有益的、变异的过程。首先，要确定选种目标，扩大采集范围，尽可能收集足够的、有代表性的菌株。其次，要将采集到的野生或人工栽培黑木耳的耳片，尽快进行组织分离或单孢分离取得纯种。再次，对得到的纯种进行生理性能测定，把选出的菌株进行品种比较试验，并进行扩大试验，然后才能推广使用。

2. 杂交育种

杂交育种是一种遗传物质在细胞水平上的重组过程。因为黑木耳能产生有性孢子，所以，能通过有性杂交育种，从而获得具双亲优良性状的新品种。杂交育种中通常通过单核菌丝配对的方式产生新的子代，也有单核与双核菌丝配对的。杂交后得到的杂合异核菌丝体要经过是否有真正双核菌丝体或是否具锁状联合菌丝体来鉴定。

3. 诱变育种

利用物理或化学因素处理细胞群体，激发其中少数细胞的遗传物质发生变异，从中选出具有优良性状的菌株。紫外线、X 射线等都是常用的物理诱变剂，常用的化学剂有氯芥、2-氨基嘌呤等。选用对诱变剂敏感的菌株等能收到较好效果，育种时注意选用在生产中应用过而发生了自然变异的菌株，选用生长快速、营养要求低、出耳早、适应性强等性状的菌株。

4. 遗传工程

用人工方法把需要的某一供体生物的遗传物质 DNA 提取出来，在离体条件进行切割后，把它和作为载体的 DNA 分子连接起来，然后导入某一受体细胞，从而获得所要求的新品种。

(二)黑木耳母种分离技术

新法代料栽培黑木耳的特点，不是用它的孢子(种子)直接播种的，而是采用类似农作物育苗的方法，先经过一段时间的菌丝体培育(类似育苗)，待菌丝体长到一定程度、一定量后再移植到培养料上进行栽培。

菌种分离是在无菌条件下将所需要的黑木耳菌丝与其他微生物分开，在适宜条件下纯培养的过程。这种从杂菌包围中分离出黑木耳纯菌丝的方法叫纯种分离技术，分离纯化得到的纯培养物即是母种(或纯种)。因此，获得纯菌丝是培育黑木耳母种至关重要的第一步，也是黑木耳生产的关键。

黑木耳纯菌丝分离方法主要有：孢子分离法、组织分离法和基质(基内菌丝)分离法。生产上常用孢子分离法和组织分离法。

1. 孢子分离法

孢子分离法是在无菌条件下，使孢子在适宜的培养基上萌发交配成菌丝体而获得纯培养物的方法。孢子数量大，可提供选择优良菌株的机会较多，而且孢子的生活力强，所得菌种菌龄短，生活力旺盛，但孢子是食用菌有性生殖的产物，存在变异，孢子分离法获得的培养物必须经过品种比较试验，选择生产性状优良、稳定的纯培养物用于菌种生产。

孢子分离又可分为单孢子分离和多孢子分离。单孢子分离主要用于杂交育种，多孢子分离可避免单孢不孕现象产生。生产上大多采用多孢子分离法，其孢子收集采用孢子收集器法和钩悬法两种。

孢子收集器法应用步骤。

(1)种耳的选择和处理

选择朵大、肉厚、皱褶多、色泽纯正、健壮成熟的鲜黑木耳，亦可选用当年采收晒干的黑木耳。春耳最好，秋耳次之，不能选用伏耳。袋栽品种一般在出耳后 15d 左右采耳分离为宜，种耳太嫩或过分老熟均不易弹射孢子。将新鲜耳片用无菌水冲洗数次，然后用无菌滤纸吸干耳片上的水。

(2)孢子收集

①孢子收集器的准备：取直径为 30cm 左右的搪瓷盆或瓷盘。在盘上铺几层纱布，再在纱布上放一个直径 10~12cm 的培养皿，皿口向上，在皿内放一个用不锈钢丝或铁丝扭成的上小、下大的螺旋形架子。然后盖上玻璃钟罩，钟罩上有孔，塞紧棉花塞(图 4-4)。上述装置用纱布包好，置高压灭菌锅内，在 121.3℃，0.1076MPa 的压力下，消毒 1.5h，取出放入洁净又灭过菌的接种箱内。

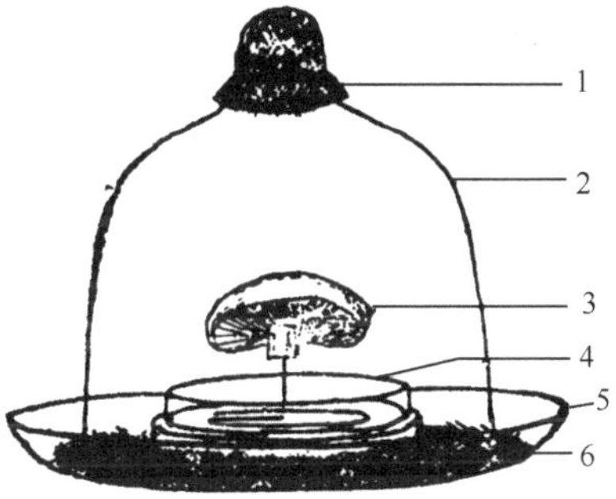

图4-4　孢子收集器

1. 消毒棉塞；2. 玻璃钟罩；3. 种耳；4. 培养皿；5. 瓷盘；6. 浸过升汞水的纱布

②孢子的收集：将采下的种耳切去带木屑的耳根基部，用清水冲洗几次，放入经消过毒的接种箱内，把种耳浸入预先经高压消毒的无菌水中振荡 1min。取出后用经过消毒的干纱布吸干种耳上的水分，掀开玻璃钟罩，将种耳插入孢子收集器内的不锈钢螺旋圈尖端，随即盖上钟罩，在瓷盘内倒入 0.1%的升汞水，使纱布湿润。把孢子收集器从接种箱内取出，放在 25℃的恒温箱内培养 2d 左右，培养皿内就会落上一层白色的孢子粉。

(3)接种培养

把孢子收集器再移入接种箱内，在无菌条件下，打开玻璃钟罩，拿掉不锈钢螺旋圈及种耳，将培养皿取出，倒入 10ml 无菌水，摇动培养皿，使孢子均匀分布在无菌水中，此即为孢子悬浮液。用无菌注射器吸出孢子悬浮液 1ml，再吸无菌水 9ml，得到稀释 100 倍的孢子悬浮液，然后将少许孢子悬浮液注射于试管内的斜面培养基上，作 10 支试管，标上标签。将注射器内多余的孢子悬浮液弃去，留 1ml，再吸入无菌水 9ml，得到稀释 1000 倍的孢子悬浮液，注射少许于另 10 支试管斜面上。按上述方法，得到 1 万倍、10 万倍、100 万倍孢子悬浮液，并分别注入试管斜面上，各浓度 10 支，贴上标签。

将接入黑木耳孢子悬浮液的试管斜面，放入 25℃恒温箱内培养 9~15d，就可以看到部分试管斜面上的孢子萌发出菌丝，即可用作分离选育出的母种。

(4)转管扩繁

分离选育出的母种，一般数量很少，生产时应该扩大培养后再用。

母种转管接种操作方法如下。

①选取经分离培养无杂菌、菌丝生长旺盛的母种试管，手持试管，也可用试管架固定试管。拔去母种试管的棉塞，夹在右手指缝间，将试管口放于酒精灯火焰上转动灼烧 2~3 圈。

②拿经酒精棉擦拭过的接种针，在火焰上灼烧灭菌，冷却，挑取一小块母种接入培养基斜面中央。

③将棉塞在火焰上通过后再塞人管口，即完成母种的转管接种。经转管纯化就得到了黑木耳纯菌丝母种，然后可以扩大繁殖。一次母种转管，每管可转出 60~80 管二次母种。二次母种一部分用于转接原种使用，一部分保藏。同样做法，一般母种经 3~4 次转管为好。母种第一代尽量多转出斜面管，减少转管的代次，避免造成菌丝生活力下降、出耳率低等现象。

由于孢子分离经过不同性别单核菌丝的结合，变异较大，必须经出耳试验才能确定其优劣，然后选择出耳早、产量高的用于大面积生产。

目前，除用孢子采集器收集孢子外，也常用“钩悬法”采集孢子(图 4-5)。其方法是：在无菌条件下，取一小块经处理的耳片挂在钩上，耳片挂钩时应腹面朝下，钩的另一端挂在三角瓶口上，耳片距离三角瓶底部 2~3cm。在 25℃下培养 24h 后，即可在三角瓶底部见到孢子。此时取出耳片，塞好棉塞。

采用上述两种方法在平板上出现星星点点白色茸毛状小菌落后，用无菌接种针挑取菌丝生长速度适中、菌丝粗壮浓密，无杂菌污染的单个菌落边缘的菌丝尖端，移植到试管培养基斜面上，一次移植多支试管，经 25~28℃下培养，待菌丝生长到试管 2/3 时，进行筛选，就可对选出优良的试管种转管纯化。

图4-5　悬钩法

2. 组织分离法

食用菌组织分离法是指切取子实体、菌核、菌索内部组织获得纯培养物的方法。如子实体分离法、菌核分离法、菌索分离法等。

黑木耳菌种组织分离是采用子实体的组织块培育分离母

种。一级菌种厂在菌种提纯复壮中，经常要进行耳片的组织分离。用组织分离法获得的纯培养物的遗传性状稳定，变异小。由于鲜耳耳片组织分离法在实际操作时技术难度大，污染率高、成功率低，所以常采用黑木耳干耳复水后的耳片为处理材料。用于组织分离的子实体要选外观典型、大小适中、无病虫害、健壮成熟的干耳片。

耳片处理方法有两种。

一种是撕片分离法。即用无菌剪刀剪取上述备用的耳片组织成绿豆大小的耳块，用接种针挑取耳块放在试管培养基斜面上，然后将取下的耳片置于25~28℃下培养24h，可见到白色纤细的菌丝体，初期生长较慢，5~6d后逐渐加快，选择优良的试管种，经转管纯化即成母种。

另一种是内层组织分离法。即采用子实体的内层组织作为分离材料。黑木耳子实体横切面观察，从背面的柔毛层到表面的子实层，共分为6层。分离时用无菌解剖刀在子实体边缘切一开口，然后用无菌镊子沿开口处撕开，再用解剖刀尖挑取一块内层组织块，放于试管培养基斜面上进行培养，在25~28℃下培养3~4d后，即可见到菌丝。据试验，在耳基部位取内层组织较容易，因为耳基部组织紧密，容易挑取。又据报道，组织分离选用松针汁培养基加25%乳酸1~3滴，能有效地抑制细菌的生长，提高成功率。

撕片分离按以下步骤进行。

(1)母种的分离

①接种室(箱)消毒：接种前用酒精擦拭超净工作台(包括台面和无菌风通风孔)，将酒精灯、手术刀、接种钩、75%酒精棉、培养皿(装垃圾用)、空白斜面放入超净工作台中，打开紫外灯灭菌20min，灭菌期间保持室内无人走动，切勿通风。

②种耳消毒：用0.1%的升汞快速漂洗干耳(不超过30s)，然后用无菌水将子实体表面冲洗干净，在无菌环境下将耳片置于无菌水中泡20~30min。

③种块切取：接种人员穿着洁净工作服进入接种室，关闭紫外灯，打开无菌风。取酒精棉彻底擦拭双手及手术刀、接种钩，并对接种工具进行灼烧，取出泡发后的耳片，用灭过菌的滤纸吸干水分，将黑木耳子实体撕开，直接从内部刮取少量菌肉接种至斜面培养基上。接种刀要锋利，接种速度要快。形成菌落后转管保藏。

④试管接种：接完一个品种后要在试管上(距离试管口1/4~1/3处，斜面方向)用记号笔标明菌种名称，接种时间。每7支试管用报纸包成一捆，所有斜面方向一致向上排列，避免由于菌种块与培养基接触不牢固而分离，致使菌块不生长。置于25℃培养箱中无光培养，菌种块一面向上摆放。

⑤培养检查：接种后2~3d检查有无萌发与污染，污染的立即剔除，不萌发的补接，培养9~15d，菌丝长满斜面，取出置于低温黑暗条件下备用。

(2)母种的扩繁

母种扩繁系指母种扩大繁殖，也称转管。

①接种室(箱)消毒：常规处理超净工作台及接种工具，做好准备工作，方法同母种分离消毒处理。

②接种器具消毒：关闭紫外灯，打开无菌风，接种人员进入接种室。取酒精棉彻底擦拭双手及手术刀、接种钩，待双手及接种钩晾干后，点燃酒精灯，用酒精灯外焰对接种钩灼烧。

③取母种块：在启用培养箱内保藏的母种进行扩繁时，要认真检查是否有污染现象。如斜面上呈现明显的黑色、绿色、黄色等菌落，则说明已被霉菌污染；将斜面放在向光处，从培养基背面观察，如果在气生菌丝下面有黄褐色圆点或不规则斑块，说明已被细菌污染。被污染的菌种绝不能用于扩大生产。因此，选取菌丝发育正常的母种试管，待接种钩稍凉，将母种试管和空白培养基试管放到火焰附近无菌区，拔下棉塞，试管口向下倾斜。用酒精灯外焰灼烧试管口，并不断转动，对试管口进行无菌处理，用接种钩挑取接种块，接入空白斜面中，迅速燎一下棉塞后塞上试管。接种要求迅速，以减小污染率。

④转管接种：转管后要在试管上标明菌种名称、接种时间。

然后捆扎，保持斜面方向一致，置于 25℃培养箱下培养，菌种块一面向上摆放。母种转管的次数不能过多，一般以 3~5 次为好，最多不能超过 8 次。否则，由于移植时所造成的机械损伤，以及培养条件的变化，会削弱菌丝活力，导致遗传性状变异，降低出耳率。因此，引进或育成的菌种在第一次转管时，可较多数量扩转，并以不同方法保藏，按计划使用。

⑤培养检查：接种后 2~3d 检查菌丝有无萌发与污染。若接种块不萌发或不吃料，可能是以下原因造成：培养温度过低，菌种在 0℃甚至以下保藏，菌丝已冻死或失去活力；菌龄过老，生活力衰弱；接种操作时，母种块被接种铲、酒精灯火焰烫死；母种块没有贴紧原种培养基，菌丝萌发后缺乏营养死亡；接种块太薄太小，干燥而死；母种培养基过干，菌丝无法活化，或原种培养料偏干，菌丝无法吃料生长；培养料配比不当，或瓶(袋)内有氨气及其他不良气体，或酸碱度不适宜；菌袋接种前冷却不彻底，或培养温度高等。这些问题，应在接种过程中加以预防。若有菌种污染，应立即剔除，不萌发的补接，培养 9~15d，菌丝长满斜面，取出置于低温黑暗条件下备用、保藏或利用专利技术包装保藏，能有效保证菌种质量。

3. 基质分离法

基质分离是从生长子实体的培养基中分离菌丝获得纯培养的一种方法，亦称基内菌丝分离法。黑木耳段木栽培的木段或代料栽培的菌袋(瓶)中的培养料，是子实体的培养基，因此从木段或菌袋的菌丝柱中均可分离纯菌丝。

(1)耳木分离法

耳木分离法(图 4-6)就是较典型的基质分离法，由于菌丝生长进入木材时已经过了一次自然选择，一般已把分解纤维素、木质素能力弱的菌丝自然淘汰，因此耳木分离培养的菌种一般生活力都较强。木腐菌类的黑木耳、银耳、香菇、平菇等都可以采用此法。

①材料选择：耳木的采集，必须在黑木耳繁殖盛期，在已经长过子实体的耳木上，选择子实体大而肥厚、生长旺盛、颜色和形态正常、无病虫害、杂菌少、腐朽程度较轻的新鲜耳木作为种木，用锯截取一小段，或在袋栽黑木耳的菌丝柱中，挑选出耳早、产量高的基质一小段作为分离材料，先把耳木或菌丝柱表面的杂物洗净，然后风干或充分晾干，使耳木干燥。

②无菌处理：在分离之前，从种木上去掉子实体，先把耳木通过酒精灯外焰反复燎过多次，以便烧死耳木表皮上的杂菌孢子，再锯成 1~2 cm 厚的横断木块，除去树皮和无菌丝的心材部分，送入消毒灭菌过的接种箱或超净工作台上，将木片浸入 0.1%的升汞溶液或 75%的酒精溶液中，浸泡 1 min，上下不断翻动，然后用无菌水冲洗 3 次，放入接种箱内备用。

③分离培养：用刀将消过毒的菌丝柱劈成小薄片，越小越好，可减少杂菌污染，提高分离成功率；或用镊子取菌袋中的菌丝块。将截取(或镊取)小薄片或菌丝块，接到 PDA 斜面培养基中央，接后塞好棉塞，再将培养基高压灭菌后加入广谱抗生素(每毫升培养基加链霉素或青霉素 50~100 单位)，抑制细菌生长。然后，移入 25℃的温度下培养，使菌丝恢复生长。剔去杂菌污染的试管，将菌丝生长旺盛的接种到新的培养基上转管扩大，即得到黑木耳的纯菌丝母种。

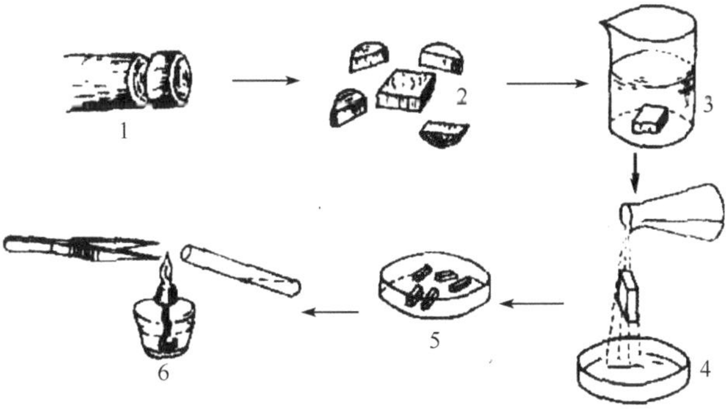

图4-6　耳木分离法

1. 种木；2. 切去外围部分；3. 消毒；4. 冲洗；5. 切块；6. 接入试管

(2)代料基质分离法

选择子实体发生早，产量高，无病虫害的栽培瓶或栽培袋，待子实体长至八成熟时，从中筛选出最佳的一瓶(袋)，去掉子实体，然后用75%的酒精消毒整个栽培瓶(袋)，同时将接种工具和待接培养料一起放入接种箱内，用甲醛熏蒸消毒。分离时，去掉料面老菌丝，用接种针挑取小块长有菌丝的培养料，接入试管内，适宜温度下培养。选取菌丝生长良好的试管转管纯化。

在基质分离过程中，被分离的菌丝常混有杂菌，为抑制杂菌的污染，使用的分离培养基常采用一些特殊的处理方式。

应用选择性培养基。

①采用抗霉培养基：如在培养基中加入四环素、氯霉素、链霉素、金霉素和多菌灵等。

②排除细菌性污染：利用某些大型真菌在温度较低(20~25℃)时，菌丝生长比细菌快的特点，用接种针切割菌丝的前端，接种到斜面培养基上(无冷凝水、硬度高)，连续2~3次就可获得纯菌丝。

③排除霉菌污染：可直接采用切割法或基内菌丝挑取法，排除霉菌污染。

(三)黑木耳原种培育技术

所谓“原种”，是用母种转移到原种培养基上培养而来，用于扩大繁殖栽培种用的菌种。一般用750ml容量的瓶盛装，也可用17cm×33cm聚乙烯或聚丙烯塑料袋盛装。

黑木耳原种培育是在已制作好原种培养基接种母种进行培养的过程，主要包括接种和培养两大过程。

1. 接种

(1)消毒处理

接种前，要对接种室和超净工作台或接种箱及各种接种工具等进行常规消毒处理。

(2)接种处理

在接种处理前，要进行母种质量检查。不要使用培养基已干缩或老化的母种，以免影响菌种成活率或导致生产性状退化。长期保藏的菌种，用前应放在恒温箱中活化培养，并逐步提高培养温度，活化培养时间一般为1~3d。如在冰箱中保藏时间超过3个月，最好转管培养1次再用，以提高接种成功率和萌发速度。

具体操作方法：在无菌条件下，取已培养好，且生长旺盛的新鲜试管母种，用左手拿起试管，右手拔除棉塞，一边在酒精灯火焰上消毒接种针，一边把试管口向下稍稍倾斜，用酒精灯火焰封锁，不让空气中的杂菌侵入。然后，用消过毒的接种针伸入菌种试管内，稍稍冷却，将试管斜面前端和带有原接种块的地方抠除，其余的分成5~6块，在酒精灯火焰5~7cm，打开原种栽培瓶(袋)，用接种钩迅速取出一块母种，移接到已准备好的栽培瓶(袋)中，立即盖盖子封口，完成一次接种。每一支试管母种可扩接 3~5 瓶(袋)原种。图 4-7 是母种接原种示意图。

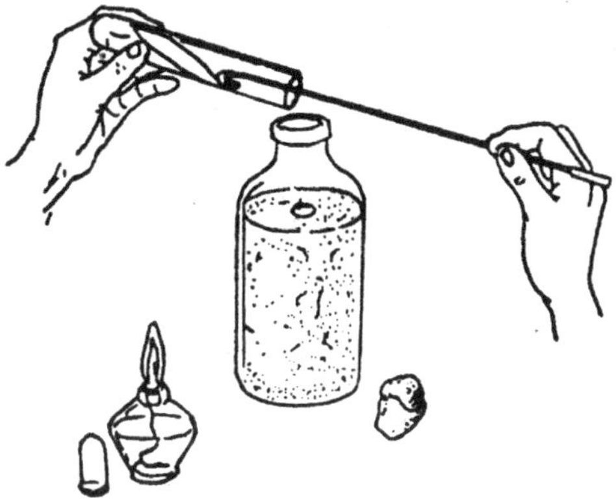

图4-7 母种接原种在接种箱内

2. 培养

接种后的原种放入恒温箱或黑暗培养室内培养，温度维持在 24~26℃的，湿度保持 60%~70%，培养场所要清洁、空气清新。为了避免堆温对原种造成伤害，切勿堆放的过挤。

在原种培养过程中，要特别注意防止杂菌污染。接种后 10d 内，即菌丝体未长满培养基表面时，每天都要认真检查一次，观察菌丝体生长是否正常，一旦发现杂菌生长，就要及时淘汰。检查杂菌时，既要注意瓶内，又要注意棉塞，棉塞上长有杂菌的也不能作原种用。培养 30~40d，菌丝体便可长满整瓶培养基，待菌丝长满后 7~10d 便可使用。

原种经培养长满菌瓶后，应及时使用。一般来说，原种满瓶后 7~8d，最适于扩转栽培种。如来不及使用，应将其放在凉爽、干燥、清洁的室内避光保藏。在 10℃以下低温保藏时，原种不能超过 3 个月。原种放置过久，原种培养时间太长，污染的可能性就会增加，同时养分消耗讨多，菌丝体老化，变褐色，形成一层厚菌皮，生活力显著下降。

(四)黑木耳栽培种培育技术

所谓“栽培种”，是用原种转接到栽培种培养基上培养而来，直接供栽培黑木耳用的菌种。在生产上，栽培种使用的培养基与盛装培养基用的瓶子和原种一样。近年来，多采用塑料袋代替菌种瓶盛栽培种，主要分为北方短袋(17cm×33cm)和南方长袋(15cm×55cm)两种模式。

用原种转接扩大栽培种，接种块多且破碎，接种后比母种的菌丝体生长快，容易长满培养基表面，杂菌生长的机会减少。

1. 接种

(1)接种室准备

接种前，将灭菌的培养料移入接种室中，将接种钩、酒精灯、镊子、75%酒精浸泡的脱脂棉等接种工具和材料准备好。先用 10ml/m^3 甲醛与 7g 高锰酸钾混合将接种室内进行消毒，也可以用气雾消毒盒进行消毒。密闭门窗，熏蒸 24h 后打开门窗将有害气体排除后方可使用。

(2)接种处理

用 75%的酒精擦拭超净工作台或接种箱，将要接种的栽培袋及接种工具放入超净工作台或接种箱中，打开紫外灯，灭菌 30min。

灭菌结束后，关闭紫外灯，若应用的超净工作台则打开无菌风。用镊子取 75%酒精浸泡的脱脂棉擦拭双手和接种钩。待晾干后点燃酒精灯，用酒精灯外焰灼烧整个接种钩，前端钩处要烧红。等钩凉后，准备接种。

具体操作步骤是：取一刚长好且生长旺盛的原种，将上表面的原接种块及气生菌丝或表面老化菌皮抠除，在酒精灯火焰 5~7cm，将原种捣碎，形成高粱粒大小的菌种颗粒，拔除菌袋内的塑料棒(或打开菌瓶盖子)，用长镊子或长柄小勺移植到已准备好的栽培种培养基上，菌种量约为可以将接种口填满为止。立即用灭过菌的棉花将接种口塞好(盖上盖子)，完成接种过程(图 4-8)。每瓶木屑原种一般可接 50 袋(瓶)左右的栽培种。

图 4-8　原种接栽培种在接种箱内

2. 培养

(1)发菌室准备

发菌室要求清洁卫生，干燥、遮阴，通风良好。每季发菌前菌房要用高锰酸钾和甲醛彻底熏蒸，尤其连年生产的老菌房。菌架多以木质材料搭建，缝隙多，杂菌容易滋生，可在放置栽培种菌袋前，将方便拆卸的菌架利用太阳光照射处理，其他设施撒石灰粉消毒处理。菌架要平滑避免毛刺戳破菌袋，引起杂菌污染，可以铺设牛皮纸、报纸等。

(2)菌袋码放

接种完毕后，就要将已接种的栽培袋移到发菌室。由于栽培种的数量较大，单层摆放将占据很大的空间，影响发菌室利用效率，常采用上架码放的形式。上架时，菌袋摆放稀密要适中，过密会造成菌袋集中的部分温度过高，使菌丝生长过快而影响菌丝生长整齐度；过稀则造成温度过低，又使菌丝生长缓慢，从而错过最佳的下地时间。栽培菌袋的码放，可采用接种口朝上的直立码放，便于温度和通风的控制；也可以采用栽培菌袋卧放式码放，但层数不要过高，以便散热通风，一般为 2~3 层。栽培菌袋上架时，要轻拿轻放，避免菌袋破损造成污染。菌袋以直立码放培养为佳。

3. 发菌管理

发菌期间，要经常检查菌丝的生长状况，发现菌丝污染的要及时处理，处理杂菌袋要轻拿轻放，防止杂菌的孢子弹射造成次生污染。若污染不严重，可以移出发菌室进行单独培养，因在出耳期这些菌袋仍有一定的产量；若污染严重，特别是橘红色链孢霉，则必须立即焚烧或深埋，避免造成杂菌的蔓延从而影响整个生产。

(1)环境管理

①温度：控制适宜的温度是菌种培养中最重要的环节。温度直接关系到菌丝体生长的快慢及菌丝体的强壮程度。黑木耳发菌室内的适宜温度一般为 20~30℃，培养过程中要注意室内温度的变化。为了更好地观察温度的变化，发菌室内一般要在不同高度、不同位置温度湿度计。同时，要注意栽培菌种在生长过程中会放出热量，生长越旺盛，发出的热量就越多。据观察，750ml 容量的菌种瓶，菌种生长旺盛时，培养基中的温度比室温高 1~3℃。当菌种瓶成行紧密排列在菌种架上时，前排培养基中央温度比室温高 1~2℃，中排要高 2~3℃。如果室内通风不好，热量不易散失，温度还要上升。一个可容纳 1200 瓶菌种的小培养室，菌种发热量最大时，室内温度比室外气温要高出 6~7℃。如气温为 20 ℃，室温为 26~27℃，菌瓶中温度则达 28~30℃，这就临近了黑木耳菌丝生长的极限温度，将影响菌丝体的生长。菌种培养前期，室内温度可按要求调整到 24~26℃，10d 后，菌丝体生长逐渐旺盛，发出的热量越来越多，室温就要降至 20~30℃。

培养时有条件的可采取加温和降温措施，如条件不许可，则只能利用自然温度，那就必须掌握好生产季节，也就是从最适宜的栽培出耳时间开始倒计时，来安排菌种生产。春季发耳阶段，温度较低时，要在耳房内用电炉、供热管道(暖气片)、地炕、空调等设施加温，以保证最适宜的发菌温度；秋耳的发菌阶段外界温度较高，可以通过通风或空调来保持温度在适宜范围内。

在对培养室进行加温时要注意下面几点。

一要注意室温与品温的关系。菌种在生长过程中(特别在培养后期)有呼吸作用，产生能量，故培养室温度的控制要稍低于适宜温度。

二要防止温度波动过大。在温差较大的情况下，会形成较多的冷凝水，水滴到菌丝上菌丝会倒伏、发黄，所以最好安装一台控温仪，以保持室内温度的稳定。

三要按培养品种控温。由于不同品种黑木耳的菌丝生长对温度的要求不相同，因此，有条件的话最好按品种分开放在控制温度不同的培养室(箱)内培养。

四要及时调换菌种位置。在菌种培养过程中，特别是原种、栽培种排放数量较多的情况下，要注意经常调换位置，以使同一批菌种菌丝生长均匀一致。

五要及时排除一氧化碳。用煤炭加温时，要注意通风换气，不使室内一氧化碳浓度过高，影响菌丝生长。

②湿度：菌种培养期间，空气相对湿度应保持在65%左右。黑木耳栽培种是在固定的容器里生长的，它生长的健壮与否主要取决于它自身素质及培养基质的成分与水分，对于培养环境的湿度要求不高，一般不需要特殊的调节就能满足菌丝在发菌期间的湿度要求。但在梅雨季节或多雨天气，可以用除湿器或加大通风时间等措施，保持培养室干燥。在秋耳发菌阶段，开窗通风，则容易造成室内空气相对湿度的下降，可以在地面上洒水来增加湿度。若在冬春季加温培养，可以采用地面洒水或在加热炉上烧水让其蒸发等方法来适当增湿，使培养室内的空气湿度保持在65%左右。

③光照：发菌室内一般要求完全遮光，黑木耳在营养生长阶段对光照不敏感，但在菌丝发育阶段则要求完全遮光，因为光照会引起菌袋过早出现原基，导致菌种生活力减退，另外原基的过早出现会影响木耳的产量。但是在菌丝长满菌袋后，可以见光，从而促使原基的形成，利于出耳。

④空气：在菌丝生长阶段，需要新鲜的空气来维持正常的代谢，所以要经常通风，来提高室内的氧气含量，降低二氧化碳和有害气体的含量，以维持菌丝的正常生长。

(2)后熟

条件适宜时，用木屑原种转接的栽培种，菌丝体在45~60d可长满菌袋(瓶)，待菌丝长满菌袋后，可将温度下降3~5℃，这个过程称为困菌或者后熟。栽培种长满袋(瓶)7~15d最适于播种。已长满菌袋(瓶)的栽培种，如果马上使用，经后熟阶段就可以让菌袋曝光，刺激原基形成，以便尽快进入室外(内)催芽管理阶段；如果来不及使用，则要把它放在凉爽、干燥、清洁、通风的室内避光保藏。如在10℃以下低温保藏时，栽培种不能超过2个月，否则黑木耳菌丝体遇上光线等刺激，原基就会提早出现浅黑色瘤状突起，老化变弱，生活力降低。

(五)黑木耳液体菌种的制作

液体菌种是黑木耳的菌丝体生长在液体培养基中而形成的液体形态菌种。

1. 液体菌种生产特点及评价

(1)生产特点

采用菌种在发酵罐中进行深层培养方式。培养的菌种呈球状，分散在培养液中，接种后，菌种萌发生长快，并且可渗入培养基内生长，多处萌发生长，短时间内可生产大量的菌丝体，从而缩短生长周期，节省了原种和栽培种的生产过程。

(2)优点

①生产周期短。相比固体菌种(枝条种)，发酵罐液体菌种发菌速度快，满袋时间较固体枝条种缩短，生育时间相同，全生产周期缩短 3~5d。但因接种量不足，也存在生产周期与固体枝条种相同的情况。

②接种效率和成品率高。两个人 1 组每小时接种量 2400~2500 袋(瓶)，是传统固体接种效率的 7~10 倍；成品率达到 98%~99%，比应用固体枝条种接种成品率提高 5~8 个百分点。

③养菌时间短。由于菌丝体量多，栽培包接种后的培养时间能缩短 2~3d。

④制种成本低。液体菌种折算每袋用种成本 0.04 元，比固体菌种(枝条种)节约用种成本 0.02~0.06 元/袋。其产品产量和质量基本相同。

(3)缺点

①检测手段差。目前对液体菌种质量的检测多依靠感官和经验，缺乏快速实用检测手段。

②生产风险大。需要较大的投入和具备较高的管理水平，对设备和人员的要求很高，稍有差错就会造成重大损失。

③定量接种难。栽培种采用定量接种，由于菌液含有大量菌球，采用精密喷嘴比较困难。采用的接种针接种方式，存在时常堵塞接种针孔的情况，而现在市场上尚没有实用的定量接种枪，自制接种枪由于没有定量装置，接种人员凭经验控制接种量，造成发菌速度快慢不够整齐。这些问题是制约液体菌种快速推广应用的主要症结。

2. 菌种生产设备及制作流程

(1)菌种生产设备

生产液体菌种的主要设备有摇床、小型发酵罐。摇床有往复式摇床和旋转式摇床两种，适宜用三角瓶装培养液进行液体摇瓶振动培养。小型发酵罐又叫液体菌种培养器，并自带灭菌的设施，可调节培养温度，全不锈钢罐体，是近年开发的一种小型液体菌种生产设备。

(2)液体菌种制作流程

制作流程：试管种→摇瓶(三角瓶)培养→种子罐→生产罐。

一般来说，从试管转至摇瓶(三角瓶，2L)培养需时 10d，但从摇瓶(三角瓶)至种子罐培养需时不等，视种子罐容量(30L/50L)而定，一般为 1.5~3d；从种子罐至生产罐需时 1~3d(300L/500L)，全程大约需时 15d。一般 300L/500L(实际装容量 250L/450L)的生产罐可接 1 万包，接种量视工艺流程和技术参数存在差异，一般用量为 25~50ml/袋(图 4-9)。

图4-9　液体摇瓶培养(左)液体发酵罐培养(右)

3. 液体摇瓶原种的制作

(1)营养液配方

配方 1　马铃薯 200g，麸皮 50g，葡萄糖 20g，磷酸二氢钾 1.5g，硫酸镁 0.5g，蒸馏水 1000ml。

配方 2　麸皮 60g，玉米粉 40g，葡萄糖 20g，蒸馏水 1000ml。

配方 3　马铃薯 100g，麦麸 40g，蔗糖 25g，蛋白胨 2g，磷酸二氢钾 2g，硫酸镁 1g，蒸馏水 1000ml。

(2)配制方法

首先把马铃薯削皮挖去芽眼、切成薄片，与装入纱布袋的麦麸一起水煮。然后，加热水煮 20min，待马铃薯八成熟后，用 6~8 层纱布过滤其汁液，取滤液移入锅内，在滤液中再加入蔗糖、蛋白胨、磷酸二氢钾、硫酸镁等药品，加热搅拌溶解。最后，补足水并搅拌混匀，待融化后分装。

(3)分装灭菌

将过滤融化的培养基滤液装入容量 500~1000ml 的三角瓶中，每瓶装入量为 100~200ml，用 8 层纱布封口，或加棉塞后再用牛皮纸包扎封口。采用高压蒸汽灭菌锅灭菌，在 0.12MPa 压力下(锅内温度 121℃)灭菌 40min，取出冷却到 30℃以下后接入母种。

(4)接种培养

在三角瓶营养液中接入一块约 $2cm^2$ 的斜面菌种，于 24~26℃下静置培养 1d，再置于往复式摇床上振荡培养，振荡频率为 80~100r/min，振幅 6~10cm。如果用旋转式摇床，振荡频率为 200~220r/min。培养时间一般在 3~4d。

(5)菌种检查

培养液清澈透明，菌液中悬浮着大量的菌丝球，并伴有黑木耳菌种特有的气味，即为优质原种。

4. 液体发酵罐栽培种的制作

用液体栽培种可以直接生产黑木耳栽培袋。液体栽培种的生产设备是液体菌种培养器(即发酵罐)，用液体菌种培养器生产液体菌种过程有如下几个步骤。

(1)洗罐

培养器在使用前及使用后必须进行彻底清洗，除去灌壁赃物及残留的料液。

(2)煮灌

灌体加水后启动加热器，在 0.12MPa 压力下(锅内温度 121℃)煮灌 40min，放掉煮灌水后即可使用。

(3)配制营养液

方法同液体摇瓶菌种制作。不同的是营养液配制完毕后，在加入发酵罐内发酵时，还需在罐内加入消泡剂(泡敌)，如聚氧丙烯甘油或菜油，用量为 0.03%~0.05%，其目的是消除发酵过程中产生大量气泡。

(4)上料

关闭液体菌种培养器进气阀和接种阀，将漏斗插入进料口，把营养液倒入培养器中，装料量为灌体总容积的 70%~80%，拧紧上料口盖，即可灭菌。

(5)灭菌

按启动开关加热，排除冷空气，压力表达到 0.12MPa 压力下(锅内温度 121℃)灭菌 40min。然后用循环冷却水对灭菌后的培养基进行冷却，待培养基温度降至 30℃以下进行 接种。

(6)接种

在无菌场所利用火焰的保护将摇瓶种迅速从进料口投入灌中，盖好上料口，接种完毕。若用固体原种的，将培养的固体菌种挖松搅成细粒后投入发酵罐内。

(7)培养

发酵罐内发酵时，设定培养温度 24~26℃，通入过滤除菌的空气，空气流量 1.2~1.5m^3/h，使液体上下流动进行发酵培养，调节灌内压力 0.02~0.04MPa，培养周期 60~72h，出现大量菌丝球时即可终止培养，发酵时间不宜过长，否则菌种会自溶。在发酵过程中，要防止停电，产生负压造成杂菌从排气孔中进入而感染。

(8)质量检查

接种 24h 后，每隔 12h 从接种管取样 1 次，观察菌种萌发和生长情况。首先看菌液颜色和澄清度，正常菌液颜色呈淡黄、橙黄、浅棕色，不浑浊。还要闻一下料液气味，正常的菌液有香甜味，随着培养时间的延长，味道会越来越淡。此外，还要看一下菌液中菌球数量增长情况，一般培养 48h 后菌球数量增长迅速。再看一下菌球周围毛刺的情况，毛刺明显，说明菌丝生活力强。毛刺消失，菌球光滑，菌液开始老化。另外，菌球颜色由浅变深也是老化的症状。

污染杂菌的菌液通常浑浊不透明、菌球轮廓不清，有酸、臭、霉气味。

(六)黑木耳胶囊菌种的制作

胶囊菌种系指利用冲压机械将菌种培养料填压于蜂窝状塑料穴盘，如同药物胶囊状。

1. 胶囊菌种生产特点及评价

(1)生产特点

通过机械设备将菌种填压在塑料蜂窝板穴盘内，然后加盖透气盖板，每张胶囊菌种600颗(图4-10)。菌种就像胶囊一样，一颗一颗压在蜂窝板上，透气盖与菌种直接粘连，设计科学，标准规范，运输、贮藏和接种操作都非常方便。特别是菌种整粒呈锥形，上端粘连着透气泡沫盖，接种操作时菌丝不受损伤，可直接吃料，优先抢占培养基；透气盖密封透气，既可防止杂菌浸染，又可促进菌丝生长。

图4-10　胶囊菌种

(2)优点

①标准化程度高。采用机械化制作，与传统瓶装或袋装菌种相比，胶囊菌种标准规范、整齐度高、高效安全、接种快捷和轻巧便携，更适宜产业化开发应用。

②接种成品率和工效高。菌棒接种成品率一般可达99%以上，提高菌棒成品率5个百分点；接种快捷，工效比常规可提高1~2倍。黑木耳胶囊菌种技术模式的开发应用，对促进菌种生产向标准化、规范化和专业化方向发展，对提高食用菌生产技术水平均具有重要现实意义，尤其适用于黑木耳菌棒的规模化、工厂化、基地化生产，发展前景广阔。

③节本增效。每张胶囊菌种12元(0.02元/颗，相当于0.04~0.06元/棒)，菌种成本降低0.02元/棒；用种量也少，菌种用量(菌种原料消耗)仅为常规菌种用量的25%(表4-1)。

表4-1　胶囊菌种与常规菌种比较

菌种类别	菌种成本/(元/棒)	接种效率/[棒/(d·3人)]	成品率/%
常规菌种	0.06	2400	>90
胶囊菌种	0.04~0.06	5000	>95

(3)缺点

胶囊菌种不足之处是保质期较短，易失水，不宜长时间保藏与运输。

2. 黑木耳胶囊菌种生产工艺流程和要求

(1)工艺流程

专用培养料→配料→装袋→灭菌→冷却→接种→培养→生产种→捣碎→菌种填压(专用塑料穴盘、透气泡沫盖)成型→发菌培养→胶囊菌种。

(2)质量要求

黑木耳胶囊菌种每张 600 颗，要求菌种颗粒饱满无缺口，盖片紧贴无脱落，菌丝洁白、健壮，无杂菌感染，成熟度适宜，含水量适中(使用时每张毛重 700~800g)。

(3)保藏与运输

要求胶囊菌种易脱水，不宜长期保藏。胶囊菌种要求在干净、避光的环境中保藏，18℃下保质期为 12d 左右，使用冷库低温(4~10℃)保藏的可存放 15~30d。冷库低温保藏时要用塑料袋将菌种扎紧包好，使用时，务必要提前 1d 取出置于室温中活化方可用于接种。

胶囊菌种在未发透前呼吸旺盛，不宜运输，至少在压种第 4d 后方可起运。运输需用空调车或冷藏车，冬天可以进行普通货运，运输时间不宜超过 7d。

3. 黑木耳胶囊菌种应用技术

黑木耳胶囊菌种接种时需使用胶囊菌种专用打孔棒打孔。接种工艺与常规菌种相同，流程为：消毒-打孔-接种-码堆。既可用接种箱接种，也可在洁净的接种室采用开放式接种。具体接种要求如下。

(1)消毒

接种前需对接种箱、接种室、菌棒和接种工具进行严格消毒，但要注意不能将胶囊菌种一同进行气雾消毒，以免气雾消毒剂杀死胶囊菌种菌丝导致不发菌。为确保接种安全，防止消毒剂对人体的刺激及菌种的损害，应等气雾散发一定程度后在开始接种。

接种前需用“接种灵”或 75%酒精等表面消毒剂对胶囊菌种蜂窝板、专用打孔棒、操作人员双手等进行擦拭消毒，打孔棒要经过火焰消毒。接种时如果使用“接种灵”或酒精等进行菌棒表面擦拭消毒，药液不可过多过湿，应避免“接种灵”或酒精等药液流入接种口，以免抑制菌丝萌发或导致不发菌。

(2)打孔

接种时边打孔边接种，做到打一孔接一种，菌种及接种孔在空间暴露时间尽量缩短。

(3)接种

黑木耳菌种每张 600 粒，为取种方便，可先将整张胶囊菌种煎成 2~4 块；取种时右手大拇指和食指轻轻夹住盖子取出菌种，迅速塞入菌棒接种孔内，轻压盖子使其与筒袋表面密封。注意不得用手去触摸透气盖以下的菌种部位。

15cm×55cm 规格筒袋制作的菌棒每棒接种 3 个孔，17cm×33cm 规格筒袋制作的菌棒每棒接种 2 个孔。接种完成后及时套袋码堆培养。

黑木耳胶囊菌种接种期的适宜气温(室温)为 10~25℃。如在低温季节接种，应对培菌室采取相应的保温、加温措施，以确保菌丝尽快定植与菌棒正常发菌(图 4-11)。

图4-11　胶囊菌种接种(左)完成接种的菌棒(右)

(4)菌棒培养及管理要点

胶囊菌种的菌棒培养及管理与常规菌种的菌棒相似。接种后菌棒要移至适温、通风、避光的场所进行培菌管理。当菌丝圈长至直径 8~10cm 后再脱去套袋。培菌管理阶段要根据菌棒发菌情况，及时做好通气、控温、翻堆及发菌检查、通风降温等工作，以免接种口菌丝缺氧受抑或菌棒烧菌。

由于胶囊菌种用种量少于常规菌种，因此菌棒第一次刺孔通气时间应比常规菌棒适当提前，并适当增加刺孔数。

胶囊菌种菌棒的出耳管理技术与常规相同。

(七)黑木耳木粒菌种的制作

1. 木粒菌种直接栽培法

传统的黑木耳菌种生产，采用“一级母种→二级原种→三级栽培种，逐级转接种扩繁培养成熟后，用栽培种播种栽培”。这种方法不但工艺繁杂、生产周期长、操作条件要求较高，而且所需的系列专用设备、原料、药物、用具花钱多，投入产出效益低，一般耳农难以承受。为此，变革菌种生产方式，采用丰富且廉价的树木枝条生产木粒菌种，用木粒菌直接播种栽培，就可解决了上述难题。这种木粒菌种直接栽培法，最早应用于野生紫红木耳菌种生产，而后逐渐拓展到其他各类食(药)用菌的菌种培育。生产的瓶装木粒菌种，抗杂、抗逆、抗病、抗衰老、抑制退化变异的能力均优于常规菌种，且一瓶木粒菌种的原料成本不足 0.01 元，生产黑木耳菌种的周期只需 30d 左右。其操作方法非常简单，城乡各地和边远山区及耳农家庭都能就地取材进行生产，推广普及和应用都很容易。

2. 木粒菌种的生产

(1)制作木粒

取阔叶树木枝条若干，用刀具刮去外皮，用木工锯截成长 3cm 的木段。将木段分别加工成直径约 3mm 的圆柱体或近似于圆柱体的木粒，再将木粒的一头尖端削成呈圆锥形的微小颗粒，置洁净的晒帘上晒干。

(2)煮制木粒

煮液配方：白糖 1%，食盐 0.5%，磷酸二氢钾 0.2%，味精 0.1%，水 100%。

煮液配制：按煮锅的大小将清水称量入锅，再按比例将白糖、食盐、磷酸二氢钾、味精分别称量后加入锅内水中，搅拌溶化。

木粒煮制：将晒干后的木粒放入锅内煮液中，用煮液水淹没木粒，搅拌使木粒浸水均匀，然后点火加温进行煮制。一边煮一边翻拌搅动，使木粒自然均匀地吸收煮液水分。水煮沸后 20~30min，木粒含水量达到饱和时捞起，盛入竹篮或竹筐内，沥干表面水分。

(3)备封口料

将杂木屑和麦麸按 1∶1 的比例称量混匀，用煮液水拌至用手抓一小把紧握，指缝间有水珠形成并间断下滴为度，其含水量达 70%左右。

(4)装料灭菌

将煮制后的木粒和拌好的封口料按 10∶1 的比例混匀，装入 500ml 医用生理盐水瓶内，木粒装至盐水瓶的瓶肩，木粒表面覆盖一层厚约 1cm 的封口料，用棉塞堵封瓶口。装完后放入太空灭菌包内或放人简易油桶灭菌锅内，在蒸汽温度 100%条件下，保持 3~4h，焖 8~10h 后出锅。

(5)接种培养

将黑木耳 PDA 试管母种置于接种器无菌净化装置与接种操作台组合的台架上，可不用电、不用药物、不用酒精、不用蒸汽、免消毒灭菌，直接随机全开式取下试管口棉塞，用无菌接种锄将试管内的斜面母种菌丝分切成 5 等份，钩出菌丝上端 1cm 不要。再取灭菌后的木粒料瓶置接种操作台架上，全开式取下瓶口棉塞，用无菌接种铲从母种试管内挑取分切成 5 等份中的 1 份菌丝块，接植在瓶内木粒料面上，棉塞回封瓶口，依次取木粒料瓶进行转接，每支试管母种可转接木粒菌种 5 瓶。接种完毕，置 25~28℃洁净环境遮光培养，一般 30d 左右菌丝长满瓶，即可直接用于播种栽培。

(八)黑木耳菌种筛选

经培育而成的黑木耳母种、原种、栽培种，能否符合菌种质量标准、种性特点和生产性状要求，还要进行一系列菌种筛选试验。

1. 初次筛选

进行黑木耳菌种资源的收集，并采用适宜分离方法得到黑木耳纯菌种，进行品种比较试验，经过初步筛选，淘汰大部分表现一般的菌株。再将经初筛后的菌种做出耳试验比较，选出优良菌株。

2. 复筛

通过几轮纯化、性能测试、栽培比较，选出少数性能优良的生产菌株。

出耳鉴定包括如下几个方面：①菌丝生长速度；②出耳菌块(袋)的表型特征；③子实体表型特征；④测定其最适生长温度、湿度等环境因了；⑤计算子实体的产量。

3. 小面积栽培试验

将复筛菌株置于不同地域的栽培区进行栽培，以考察其适应性与性状的稳定性，并作相关的详细记录。

4. 大面积示范推广

逐步扩大栽培面积，进行示范性的推广，将种性优良、优质高产的菌株逐渐定为选定的菌株。

四、黑木耳菌种复壮与保藏技术

(一)黑木耳菌种退化、老化及预防措施

1. 菌种退化

菌种退化，是指食用菌菌种繁殖过程中，往往会发现某些原来的优良性状渐渐消失或变劣，出现长势弱、生长慢、出耳迟、产量低、质量差等变化，即为退化。

主要表现为：在菌种生长阶段表现异常，如母种菌落形态不正常、菌丝倒伏、生长势变弱、长速变慢、个体间长速和长相不均一、大量产生色素等。在正常栽培的条件下，其优良性状逐渐丧失，表现在产量降低、品种劣、整齐度下降、生活力衰退、对不良的外界条件(如温度、酸碱度、二氧化碳、杂菌等)的抵抗力变弱，子实体的形成期提前或推迟，出耳潮次不分明，产量明显下降，品质变劣等。退化的黑木耳菌种用于生产必将给生产带来巨大危害。

菌种退化原因有以下几种。

(1)菌种遗传性状分离或突变

食用菌菌种群体经济性状发生劣变的现象，实质上是指某菌种因遗传变异而导致产量、品质、抗性等方面发生了背离需要的变化。菌种发生退化后在遗

传、形态、生理等方面与原菌种有所差异(刘新宇等，2001)。品种选育方法不科学会降低遗传学的均一性和稳定性，遗传基础较大的异质性会使得在有性生殖过程中出现性状分离的现象，导致品种退化现象明显。

(2)菌种可能感染病毒

菌种感染病毒后，病毒随菌丝体扩大繁殖而增加，并且通过带毒孢子传给下一代，当菌种携带一定浓度的病毒粒子，在栽培中会表现菌丝生长势下降，菌丝体退化、减产、品质下降等退化现象。

(3)菌龄变大

菌丝继代培养和无性繁殖的无限性，使其在自身生长过程中发生自然突变的可能性远远大于其他高等动植物(张金霞，1996)。一个菌株菌丝细胞的有害突变可能随着移接次数的增加，使有害突变体菌丝细胞群所占比例逐渐增大，造成该菌株生产性能恶化、退化现象逐渐显现。

(4)不适的培养和保藏条件

长期低温保藏和继代培养引起代谢功能的异常造成细胞活力降低或代谢失衡，进而导致细胞退化。这种退化细胞的数量随着菌丝体的生长而增加，使退化积累。当退化细胞达到一定数量后，菌种就会表现出明显的退化性状(刘海英等，2003)。

2. 菌种老化原因

菌种老化，是指在菌种培育过程中，随着菌龄的增加，养分不断消耗，菌丝生长慢、抵抗杂菌能力弱、子实体形成延后、弱小等现象。菌种老化实际上是非遗传变异，菌种遗传基础并没改变，也就是说主要表现在数量性状上，而非质量性状，属于必然现象。菌丝老化后，其生活力衰退，色素分泌增加，细胞中空泡增多、甚至破裂(丁湖广，2004)。老化和退化是两个截然不同的概念，但老化与退化是有机相连的，生活力弱的菌种很容易出现退化。

3. 防止菌种退化的措施

创造菌种生长的良好营养条件和生活环境，使之稳定性状，健康生长。采用适宜培养的保存方法可有效保持菌种的特性，延长菌种的使用年限。在菌种保藏的过程中，可采用多种保藏方法并存，保证菌种的安全性。严格控制菌种传代次数，减少机械损伤，保证菌种活力。建立健全菌种质检评价标准，减少人工选择的偏差。选择目标性状不片面强调单一性状，应注意菌种性状的典型性。对产量性状选择，应兼顾其他有关因素，选择标准应接近群体平均值或按众数选择。

(二)黑木耳菌种复壮

菌种复壮是使生活力和丰产性能降低的菌种，恢复或提高到原有健壮程度。菌株出现异常现象，要分清是老化还是退化，或是因为外界培养条件发生变化而引起。因老化或外界条件变化引起的异常，可采用新的培养基及适宜的培养条件，菌株生长会恢复原状。如果因退化而引起，在退化的菌种中仍有一些保持原有菌种特性的细胞，可采取一些手段，使这些细胞生长繁殖，以更新退化的菌株，这时就要对菌株进行复壮。

1. 纯种分离法

所谓纯菌种分离是指采用无菌操作技术，将黑木耳的菌种从混杂的微生物群(细菌、霉菌、酵母菌等)中单独地分离出来，获得纯菌种。常用的分离方法有孢子分离法、组织分离法、基内菌丝分离法。

在自然条件下，菌种的复壮，只有靠产生新一代才能实现，经有性繁殖产生的孢子，是黑木耳生活史的起点，具有丰富的遗传特性。要有计划地把无性繁殖和有性繁殖的方法交替使用，最好每年进行 1 次组织分离，3 年进行 1 次有性繁殖。新分离的菌种，必须经过试验，性能符合要求后，方能用于生产。

2. 更换培养基法

在菌种的培养、保藏、继代过程中，每隔一个时期，将碳源、氮源、碳氮比、维生素、矿物质营养作适当调整，或在原有的培养基中添加酵母膏、麦芽汁、氨基酸类物质和维生素等，或采用麦粒、谷粒、玉米粒等颗粒菌种，以刺激菌丝生长，对因营养基质不适而衰退的菌种有一定的复壮作用，可以提高菌种活力。据试验，在高温的夏季，培养母种时，在琼脂培养基中加入适量维生素 E 族或维生素 B 族维生素等，可延缓细胞衰老，而且产量还有增加的趋势。菌种保存期一般每隔半年要重新移植，并放在适宜的温湿度下培养 1 周左右，待菌丝基本布满斜面，使其活化后，再用低温继续保存。

3. 尖端菌丝切取法

菌丝体的生长点位于菌丝的尖端，取菌丝的尖端旺盛生长点，进行分离培养，以得到优良的菌种。在显微镜下应用显微操作器把菌丝尖端切下，转接到 PDA 培养基上培养，这样可以保证该菌种纯度，使菌种保持原有菌株遗传物质，恢复原来的生活力和优良种性，达到复壮目的。

4. 单株分离法

无性繁殖具有遗传稳定性，但长期应用菌种会逐渐衰退，而经有性繁殖所产生的孢子具有丰富的杂交优势。因此定期采用无性繁殖与有性繁殖交替使用，进行黑木耳的单孢分离选优，通过栽培出耳对不同菌株进行对比分析，挑选性状稳定、适应性强、抗性强、没有变异的菌株，从中选出具有该品种优良性状的新菌株代替旧菌株，达到复壮目的。

5. 菌丝液培养法

从已退化的菌群中，仍能分离出保持原菌种典型性的单个菌体细胞，经生长测定后进行扩大培养，以恢复原菌的优良性状。具体操作是：在无菌条件下，将试管中菌丝体刮下，放入装有 100ml 无菌水的三角瓶中，充分振动摇匀，使菌丝分散，然后用注射器吸取 10ml 菌丝液，注入装有 90 ml 无菌水的三角瓶内，充分摇匀后，接入平板培养基上，每个平板接入 2~3 滴菌丝液，使菌丝液分散在平板上，在适宜温度下培养使菌丝萌发，从中挑选健壮的菌丝接入斜面试管。等到菌丝长满斜面，经试验证明符合原菌种的性状后，即可用于生产。

6. 原基复壮分离法

原基分离能保持母本性状。由于原基形成的物质条件更优越化，因而更易筛选到优良菌株。如用灭菌的尖头镊子在无菌条件下镊取原基，接入斜面培养基中，恒温培养 10~14d。选取菌丝浓密、气生菌丝旺盛的斜面种再转管，生长性状稳定的即为复壮后的分离种。

7. 种木基内菌丝分离法

代料栽培的黑木耳，要定期接种入木屑中，待长出子实体后，挑选耳木进行种木分离，从而达到复壮目的。

(三)黑木耳菌种保藏

1. 菌种保藏目的与原理

菌种保藏的目的：创造一个特定的条件，降低菌种代谢活动，使其处于休眠状态，在一定的保藏期内，保持原有的优良性状，使菌种不死亡、不衰退、不被杂菌污染。而当具备适宜条件时，能重新恢复生长，能长期为科研、生产应用。

菌种保藏的基本原理：采用干燥、低温、冷冻或减少氧气供给等方法，使菌种生命活动处于休眠状态，以终止其繁殖，尽可能地降低菌种的生理代谢活动，从而达到保持原菌种纯度和优良性状的目的。

2. 菌种保藏方法

菌种保藏通常采用是低温、干燥和真空等手段。菌种保藏的方法已由传统的继代培养低温保藏、矿油保藏，发展到冷冻干燥保藏、液态氮超低温冻结保藏等新技术。近年来，随着我国黑木耳栽培事业的发展，还出现了许多简便易行的新的保藏技术，如用无菌水或生理盐水保藏菌丝体，用滤纸条保藏担孢子，用谷物、木屑木块保藏菌种等。

(1)斜面低温保藏法

①选择合适的培养基。培养基一般要求含有较丰富的有机氮，而尽可能减少糖的含量(最多不超过 2%)，这样既能满足菌丝生长的需要，又可防止产酸过多，

以保持菌种的优良性状。马铃薯葡萄糖琼脂培养基(PDA)和综合马铃薯葡萄糖琼脂培养基(CPDA)是多种食用菌菌种保存的常用培养基。为了减少培养基水分的蒸发，延长菌种保藏时间，可将琼脂量增加到2.5%。在这些培养基中，加上0.2%磷酸二氢钾和磷酸氢二钾等缓冲剂，可以有效地中和菌种保藏过程中产生的有机酸。天然培养基比合成培养基更适用于菌种保藏。

②移植培养保藏菌种。需要保藏的菌种移植到新配制斜面培养基上，在适宜的温度下培养。

③低温保藏菌种。待菌丝健壮地长满培养基斜面时，将试管菌种取出，置于4℃的冰箱中保藏，放在冰箱内的菌种不可过分拥挤，入藏的菌种培养时间不可太长，以免降低菌种生活力和保藏时间。

④严格封口处理。菌种的试管口要用玻璃纸、塑料薄膜或防潮纸包扎，切勿保藏期间使棉塞受潮。可将棉塞齐管口处剪去，用固体石蜡封闭，或盖用橡皮塞封口，能有效地防止棉塞受潮而污染，还可以隔绝空气，在冰箱中可保存3年之久。

⑤定期保藏检查。在保藏菌种过程中，温度要控制在4℃左右，不宜过高或过低。温度过低，培养基结冰脱水，菌丝容易衰老死亡；温度过高，会加快代谢过程，达不到长期保藏目的。同时，要定期检查有无杂菌污染现象，以及培养基是否失水干缩，并及时清除被污染的菌种，但要尽量减少开箱次数。

⑥转管培养与启用。菌种有效保藏期一般为3~6个月。快要超过期限时，应转管一次，将保藏菌种移植到新斜面上转管培养，移植培养基应采用与原来相同的培养基。保藏的菌种在使用前12~24h从冰箱中取出，经过适温培养后恢复活力方能转管移植。

(2)液状石蜡保藏法

液状石蜡保藏法基本原理：将液状石蜡覆盖在菌种上，以防止培养基水分散失，使菌丝体与空气隔绝，抑制菌种的新陈代谢。液状石蜡，又名矿油，所以液状石蜡保藏法又称矿油(石油)保藏法。保藏步骤如下。

①石蜡灭菌。使用前，需将一定数量的矿油分装于锥形烧瓶中，用棉塞封口；另配一套吸管，用纸包好，一起放在高压蒸汽灭菌锅内，在0.147MPa压力下灭菌30min。

②除水。将锥形烧瓶放在40℃电热烘箱内，使混在矿油内的水分蒸发，至完全透明为止，或置干燥器内数日以除去水分。使用前，最好作无菌检查。

③浇灌石蜡。在工作量较大的情况下，用吸管将矿油移入试管中，少量菌种则可用无菌吸管吸取。注入试管的矿油，以高出斜面上端1cm左右为度(图4-12)。如斜面上端未封严而露在外面，培养基内的水分会从此处蒸发掉。为了节省矿油，矿油保藏菌种的斜面不宜过大。

④菌种垂直保藏。菌种应竖放在试管架上保存，可以放在4~6℃冰箱内，也可放在15~36℃室温保存。一般认为在室温下保存比冰箱更好。保藏菌种启用时，不要倒去矿油，可直接用接种铲在斜面上挑取菌种，原种仍可蜡封保存。从矿油移菌种时，因沾有多量矿油，恢复较慢，长势也较弱，因此需经移植1次，方能恢复正常。矿油保藏菌种，一般存活期为5~7年，有的可达10年以上，但以1~2年移植1次为好。其缺点是菌种必须垂直放置，不太方便，棉塞容易受污染。因此，长期保存时，最好改用橡皮塞或用石蜡封口。

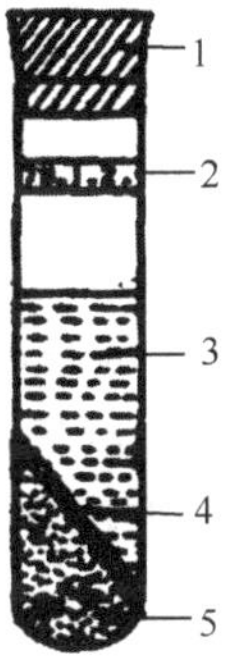

图4-12　矿油保藏法

1. 橡皮塞；2. 标签；3. 矿油；4. 苔菌；5. 琼脂斜面

(3)滤纸保藏法

滤纸保藏是一种以无菌滤纸作为食用菌孢子吸附载体长期保藏菌种的方法，又称滤纸孢子保藏法。保藏时间长，菌种不易衰老退化，制作简便，又易贮运。具体操作方法如下。

①滤纸准备。将滤纸剪成(2~3)cm×(0.5~0.8)cm的小条，整齐平铺于直径9cm的培养皿中，用纸包好。放于高压灭菌锅内，加热至120℃，在0.1MPa压力下灭菌30min，另取变色硅胶数粒，放入干净试管内，塞上棉塞，随同滤纸一起灭菌。灭菌后，将其放在80℃烘箱中烘烤1h备用。

②孢子采集。把消过毒的种耳插在无菌支架上，支架放在铺过滤纸条并经过灭菌的培养皿内，罩上无菌玻璃罩，在20~25℃下收集孢子1~2d。

③保藏。移去种耳，用镊子夹取已落满孢子的滤纸条，装入放有硅胶的无菌试管，再置于干燥器干燥1~2d，塞上无菌胶塞，贴上标签，低温保藏，可保藏2~3年。

④使用。用无菌镊子夹取滤纸条，将有孢子的一面贴在培养基上，适温培养1周左右，即可观察到孢子萌发和菌丝的生长状况。

(4)自然基质保藏法

自然基质就是以不含毒性、刺激性和抑制性而富含营养的自然生长的基质做培养基来保藏菌种的方法。自然基质很多，食用菌常用的自然基质有麦粒、木屑、木块(枝条)等，取材方便，制作简单，保藏时间也较长。使用时，只要取一块、二粒或一条培养物放在新鲜的培养基上，并在适温下培养即可。

①麦粒保藏法。选择籽粒饱满、新鲜、无病虫害的麦粒，经淘洗后，用 20℃温水浸 5h，稍加晾干，将麦粒装入试管，占管深 1/4~1/3，在 0.15MPa 压力下灭菌 1h，高压蒸汽灭菌后趁热拍散。冷却后，在每支麦粒试管内加 1 滴(约 0.2ml)菌丝悬浮液，摇匀，置适温下培养。当大多数麦粒上出现稀疏的菌丝体时，终止培养，贮藏在干燥、冷凉处。采用此法时，要注意麦粒的含水量不要超过 25%；麦粒在灭菌后不能破裂，这样就可使侵入麦粒内的菌丝，在麦皮保护和麦粒中水分有限供给下适度生长，以延长其保藏期。在 4℃冰箱或常温下保藏，保藏期可达 1 年以上。

②麦麸保藏菌种法。将新鲜麦麸用适量清水调和，装入试管，其量占管深 2/5。洗净管壁，加棉塞，经高压蒸汽灭菌后接种，5~7d 菌丝在培养基表面长满后即终止培养。随即用真空泵将麦麸培养基内水分抽干，放入盛有硅胶或无水氯化钙的干燥器内，用凡士林密封，在常温下保存。用此法，黑木耳菌丝生长缓慢，菌丝附在表面生长，可在麦麸内加适量的薄木片(0.5cm×0.3cm)，先将木片放在水内浸 2 昼夜，然后混合装管。木片持水性好，可以满足黑木耳菌丝生长对水分的需要。此法保存黑木耳菌种的存活力在 3 年以上。

③碎玉米粒保藏菌种法。将新鲜玉米粒碾碎，过筛，置 25%多菌灵可湿性粉剂 250 倍液中浸 12h，捞出，冲洗干净后，用纱布包好，隔水蒸 10~15min，趁热分装试管，在 0.147MPa 压力下灭菌 1h，接种后，在适温下培养。置 4℃冰箱内保存，存活期在 2 年以上。用碎玉米粒培养保存菌种，菌丝生长旺盛、粗壮、浓密，能防止菌种衰老，可控制代传，亦有提纯复壮作用。

④木屑保藏菌种法。将阔叶树木屑 78%、麦麸 20%、蔗糖 1%、石膏粉 1%(重量百分比)。加适量水拌和后，装入试管内，其量占管深 3/4，在 0.147MPa 压力下灭菌 40min。然后接种黑木耳菌种，并在适温下培养。当菌丝长到管深 1/2 时，用接种针挑去接种块，石蜡熔封管口，包上塑料薄膜，置冰箱或室温下保藏黑木耳菌种。在 4℃下经 1~2 年仍可保持其丰产性。启用时，从冰箱取出，将试管放在 8℃恒温下活化 12~24h，去掉表面老化菌丝，挑取木屑内菌丝接种。

⑤枝条保藏菌种法。选 1~2 年生、直径 1~1.2cm 的树枝(以法国梧桐、桑、枫杨枝条为好)，剪成 2.5cm 长，备用。另用木屑 80%、麦麸 20%、加蔗糖 1%(重量百分比)，拌匀后加水，使含水量达 60%。在 15mm×150mm 试管内先装 0.5cm 深的木屑培养基，然后放入 1~2 根树枝条，上面加盖木屑培养基，盖过枝条 0.5cm。在 0.1078MPa 压力下灭菌 1h，连续 2 次，然后接种。菌丝长满后，将试管放在盛有无水氯化钙等干燥剂的干燥塔内，自然干燥 1 个月。然后在 18mm×180mm 的

试管底部装入 1.5cm 深的无水氯化钙，上面放少许脱脂棉，将已经干燥的菌种试管装入大试管内，用白胶塞封口，放 4℃低温或自然温度下保藏。启用时，取出枝条，剥去树皮，将木材部分切成火柴梗大小供接种用。此法保藏黑木耳菌种，成活期在 3 年以上。

(5)生理盐水保藏法

在 250ml 锥形烧瓶中，盛装 60ml 马铃薯汁蔗糖营养液，振荡(180r/min)培养 5~7 天，在 150mm×10mm 试管内装 5ml 生理盐水，用无菌吸管移 4~5 个菌丝球于试管中生理盐水内，白胶塞封口，再用石蜡密封，保存于室温条件下，存活期在 2 年以上。

(6)无菌水保藏法

将培养好的斜面菌种，用接种针切成小块，连同琼脂培养基移入灭菌蒸馏水内，然后用白胶塞封口，在室温下保藏可存活 2 年。也可以用磷酸缓冲液作保藏液。

五、黑木耳菌种质量检查与控制

(一)黑木耳菌种质量的检查

优良菌种是黑木耳实现优质高产的基本前提，为了保证菌种质量，除了在菌种生产各个环节严格按规定要求操作之外，还必须加强菌种质量的检验。鉴定菌种是通过菌种质量标准进行的，菌种的质量标准就是衡量菌种培养特征、生理特征、栽培性状、经济效益所制订的综合检验标准。一般从菌种的纯度、长势、颜色、菌龄、均匀度和出耳快慢等 6 个方面进行鉴定，可对菌种(菌丝体阶段)的质量做初步判断。

而产量的高低、品质的优劣、抗逆性的强弱等，属于黑木耳品种的性状，只要通过栽培试验，就不难知道它是什么菌种，以及菌种的生产性能，只有产量高、品质好的菌种才是优良菌种。

1. 菌种质量鉴定的内容

各种食用菌的菌丝体形态特点虽然不同，但作为优质菌种鉴定的主要内容基本一样，应注意以下几点。

(1)菌种性能可靠

投入生产的菌种必须是经过试验，具有高产优质、适应性强的纯菌丝体。

(2)菌丝健壮

菌丝体生长应粗壮、洁白、浓密，生活力强，并具该品种所特有的风味。不能有菌丝萎缩、发黄、脱壁或产生菌皮等老化现象。

(3)无病虫害

菌种应无任何杂菌污染，无害虫侵蛀，无积水、高温圈、菌丝自溶等现象产生。

(4)菌龄适宜

一般母种菌丝占斜面2/3以上。原种瓶、栽培种袋菌丝长满后1周左右，且不能有大量原基出现。

(5)标志明显

出售菌种，必须注明种类、级别、品种、生产单位、接种日期等，否则不能使用。

2. 黑木耳菌种质量鉴定的方法

(1)直接观察法

直接观察法，即通过“肉眼观察，闻其气味”来鉴别菌种质量的优劣。优质菌种一般菌丝健壮、浓密、色泽正、无杂菌，具有本品种特有的香味。如果培养基、瓶壁、管塞上出现异常颜色的菌落，说明已被杂菌污染；菌种瓶(袋)上有黄褐色高温圈，是由于异常高温导致菌丝生长不良而形成；脱壁是因菌龄过长，或不良环境(缺水、干燥、高温)导致的菌丝体萎缩、色泽变暗、培养基收缩的离壁现象；菌丝自溶是由于菌龄过长或高温影响，导致生理老化，从而产生黄褐色代谢水现象。除此之外，如有积水、菌皮或大量原基形成，均属不合格菌种。直观观察法简便易行，但必须具有一定的实践经验。

(2)镜检法

镜检法，即挑取微量菌丝(或孢子)固定于载玻片上，在显微镜下观察菌丝的形态结构，有无锁状联合、孢子的形状、大小等，从而鉴定菌种的类别及优劣，通过镜检还可区分培养菌丝与杂菌，从而鉴定侵染杂菌的种类。

(3)培养观察法

对于分离、选育或者引进的菌种，通过培养，观察其菌丝体对干湿度和温度等方面的适应性。可将菌丝体置于偏干、偏湿和干湿相宜的条件下培养，若菌丝在前两种条件下能良好生长，而在干湿相宜的条件下生长最佳，则说明是好的菌种。也可在菌种瓶中挑取一小块菌丝体，接种在PDA斜面培养基试管中，置于23~25℃恒温箱中培养，经1周后检查菌种生活力及纯度，如果菌丝生长快、整齐纯一、健壮浓密，则是生活力强的菌种。如果菌丝萎缩、衰老、死亡，或发现杂菌污染，则不宜采用。

(4)出耳试验法

对分离或引入的黑木耳菌种，在投入生产之前，必须作出耳试验。通过试验鉴定其遗传性状、产量质量的高低优劣等。出耳试验应根据菌株的生物学特性及实际条件，采用床栽、瓶栽、袋栽、箱栽、块栽等方式试验栽培每次应达到一定数量，并且要有3次以上重复栽培过程，要详细记录发菌天数(菌丝恢复、定植天数)、出耳期(每潮耳的起止时间、持续天数)、产量(单产、总产)、子实体形态(耳形、色泽、耳片直径及厚度等)及对环境条件的反应等内容。

3. 母种质量要求与鉴定方法

(1)母种质量要求

①容器规格：制作食用菌母种，使用玻璃试管和棉塞。试管 18mm×180mm 或 20mm×200mm，棉塞要使用梳棉，不用脱脂棉。

②母种感官标准：应符合表 4-2 规定。

表4-2　母种感官标准

项目	要求
容器	完整、无破损、无裂纹
棉塞或无棉塑料盖	干燥、洁净、松紧适度、能满足透气和滤菌作用
培养基灌入量	为试管总容积的 1/5~1/4
斜面长度	顶端距棉塞 40~50mm
菌丝生长量	长满斜面
接种量(接种块大小)	(3~5)mm×(3~5)mm
菌种正面外观	洁白、纤细、平贴培养基生长、均匀、平整、无角度，菌落边缘整齐，无杂菌菌落
斜面背面外观	培养基不干缩，有菌丝体分泌的黄褐色色素于培养基中
气味	有黑木耳菌种特有的清香味，无酸、臭、霉等异味

③母种微生物学要求：菌丝形状粗细不匀，常出现根状分枝，有锁状联合；无杂菌。

④菌丝生长速度：在 PDA 培养基上，在适温(26±2)℃条件下，菌丝 10~15d 长满斜面。

⑤母种栽培性状：供种单位所供母种，需经栽培试验确证种性中农艺性状合格后，方可用于扩大繁殖或出售。一般要求菌丝长满斜面后 3~5d 使用。菌丝长满斜面后，如果暂时不用，可放置在较低的温度下贮藏，在避免高温的同时又要注意防冻，黑木耳菌母种在 4~6℃条件下，一般可保存 30~60d。母种在邮寄和运输过程中要防止玻璃试管破碎，防止棉塞脱落或松动；北方冬季要注意保暖，防止斜面结冻，防止棉塞受潮引起杂菌感染。

(2)母种质量鉴定方法

①出耳试验：出耳试验是将菌种接到木屑、棉子壳等代料培养基上，置于适宜的条件下培养，菌丝生长健壮、出耳快、朵形好、产量高的为优良菌种。

②外观肉眼鉴定：外表菌丝浓白、粗壮、富有弹性，则生活力强。如有淡茶褐色的菌膜及子实体，只要接种时除去即可用。若菌丝已干燥、收缩或菌丝体自溶产生大量红褐色液体，则表明生活力下降，不能继续做菌种使用。

③长势鉴定：将母种接到干湿度适宜的培养基上，在适宜的条件下培养，菌

丝生长快、整齐、浓而健壮的是优良菌种。若菌丝生长过快或过慢、菌丝不整齐且凌乱的则是不好的菌种。

④温度适应性鉴定：接种后，在适温下培养 1 周，再放入 30℃高温下培养 4 h，菌丝仍然能健壮生长的为优良菌种。若在高温下菌丝萎缩，则为不良菌种。

⑤干湿性鉴定：将母种接到不同干湿度的培养基上培养，以观察菌种对干湿度的适应性。能在偏干或偏湿的培养基上生长良好的菌种为符合要求的母种。具体方法是将母种分别接到干湿度不同的培养基上进行培养，观察生长情况。在 1000 ml 培养基中加入 16.5 g 琼脂为湿度适宜，加入 15 g 琼脂制成的培养基为偏湿，加入 18 g 琼脂为偏干。

4. 原种质量要求与鉴定方法

(1)原种质量要求

①容器规格：使用 650~750ml，耐 126℃高温的无色或近无色的玻璃瓶，或 850ml，耐 126℃高温的聚丙烯塑料袋。各类容器都应使用棉塞。棉塞要使用梳棉，不用脱脂棉。

②原种感官标准：应符合表 4-3 规定。

表4-3　原种感官标准

项目	要求
容器	完整、无破损、无裂纹
棉塞或无棉塑料盖	干燥、洁净，松紧适度，能满足透气和滤菌要求
培养基上表面距离瓶(袋)口的距离	(50±5)mm
接种量(每支母种接原种数，接种物大小)	(4~6)瓶(袋)，大于 12mm×15mm
菌丝生长量	长满容器
菌丝体特征	白色至米黄色，细羊毛状，生长旺健，菌落边缘整齐
培养基及菌丝体	培养基变色均匀、菌种紧贴瓶壁，无干缩
菌丝分泌物	允许有少量无色至棕黄褐色水珠
杂菌菌落	无
颉颃现象及角变	无
耳芽(子实体原基)	允许有少量胶质、琥珀色颗粒状耳芽
气味	有黑木耳菌种特有的清香味，无酸、臭、霉等异味

③原种微生物学要求：菌丝形状粗细不匀，常出现根状分枝，有锁状联合；无杂菌。

④菌丝生长速度：原种在适宜培养基上，在适温(26±2)℃下，40~45 天长满容器。

(2)原种鉴定方法

①母种转管：母种的转管次数在 4~5 次以内时可用于生产原种。转管次数过

多，菌种容易变异产生突变。

②菌龄要求：黑木耳原种，在 0~10℃条件下，一般可保存 40d；在 20℃左右常温下，可保存 3 个月。超过上述菌龄的菌种就已老化，不应再用于生产，即使外表看上去健壮的，也不能再用，否则影响生产。

5. 栽培种质量要求与鉴定方法

(1)栽培种质量要求

①容器规格：使用 650~750ml，耐 126℃高温的无色或近无色的玻璃瓶，或850ml，耐 126℃高温的聚丙烯塑料袋。也可以使用小于 17cm×35cm 耐 126℃高温的聚丙烯塑料袋。各类容器都应使用棉塞或无棉塑料盖。棉塞要使用梳棉，不用脱脂棉。

②感官要求：应符合表 4-4 规定。

表4-4　栽培种感官要求

项目	要求
容器	完整、无破损、无裂纹
棉塞或无棉塑料盖	干燥、洁净，松紧适度，能满足透气和滤菌要求
培养基上表面距离瓶(袋)口的距离	(50±5)mm
接种量(每瓶原种接栽培种数)	40~50 瓶(袋)
菌丝生长量	长满容器
菌丝体特征	白色至米黄色，细羊毛状，生长旺健，菌落边缘整齐
培养基及菌丝体	培养基变色均匀、菌种紧贴瓶(袋)壁，或略有
菌丝分泌物	允许有少量无色至棕黄褐色水珠
杂菌菌落	无
颉颃现象及角变	无
耳芽(子实体原基)	允许有少量浅褐色至黑褐色菊花状或不规则胶质耳芽
气味	有黑木耳菌种特有的清香味，无酸、臭、霉等异味

③微生物学要求：菌丝形状粗细不匀，常出现根状分枝，有锁状联合；无杂菌。

④菌丝生长速度：栽培种在适宜培养基上，在适温(26±2)℃下，25~40d 长满容器。

(2)栽培种鉴定方法

同原种鉴定方法。

6. 黑木耳菌种标签、标志、包装、运输、贮存要求

(1)产品标签

每支、瓶(袋)菌种贴有清晰注明黑木耳菌种要素的标签。

产品名称：如黑木耳母种或原种等。

品种名称：如‘黑木耳 1 号’(‘8808’)、‘黑木耳吉 AU1 号’(‘97095’)等。

生产单位：如福建省三明市真菌研究所。

接种日期：如 2007 年某月某日

执行标准。

(2)包装标签

每箱菌种需贴有清晰注明以下要素的包装标签。

①产品名称、品种名称。

②厂名、厂址、联系电话。

③出厂日期。

④保藏期、贮存条件。

⑤数量。

⑥执行标准。

(3)包装贮运图示标志

按 GB/T 191 规定，应有以下图示标志。

①小心轻放标志。

②防水、防潮、防冻标志。

③防晒、防高温标志。

④防止倒置标志。

⑤防止重压标志。

(4)包装

母种外包装采用木盒或有足够强度的瓦楞纸箱，内部用棉花、碎纸等具有缓冲作用的轻质材料填满。

原种、栽培种外包装采用足够强度的瓦楞纸箱，每箱 20 瓶，内部用碎纸、报纸等具有缓冲作用的轻质材料填满。纸箱上部和底部用 8cm 宽的胶带封口，并用打包带捆扎 2 道，箱内附产品合格证书和使用说明(包括菌种种性、培养基配方及适用范围)。

(5)运输

①不得与有毒物品混装。

②气温达 30℃以上时，需用 0~20℃的冷藏车(船)。

③运输中必须有防震、防晒、防雨淋、防冻、防杂菌污染的措施。

(6)贮存

①母种一般在 4~6℃冰箱中贮存，贮存期不超过 3 个月。

②原种一般在 0~10℃冷库中贮存，贮存期不超过 40d。

③栽培种应尽快使用，14d 内可在温度不超过 26℃，清洁、通风、干燥(相对

湿度 50%~70%)、避光的室内松散存放。

(二)菌种培养期间的杂菌虫害检查

目前，我国食用菌菌种生产方式多样，生产规模小，专业化和集约化程度低，大多数菌种厂设备条件都比较简陋，无法创造像国外那样的全净化环境，菌种的污染是不可避免的。因此，在菌种的培养过程中，一定要及时地经常检查所培养的菌种是否感染了杂菌，如有感染则要及时剔除、清理。

1. 菌种感染杂菌、虫害的主要原因

①用于扩大繁殖的菌种本身感染，菌种接入新的培养基后将杂菌、虫害一起带入。

②接种、分离操作没有严格按照无菌操作规程进行。

③培养基灭菌不彻底。

④制备培养基时，培养基粘到棉塞上，棉塞长杂菌带入。

⑤培养基灭菌时棉塞受潮，又遇高温高湿天气，空气中的杂菌孢子落到棉塞上萌发菌丝进入。

⑥菌种保藏期间湿度较大，使棉塞感染杂菌带入。

⑦培养室靠近饲料仓库及畜禽饲养场。

2. 菌种感染杂菌、虫害的鉴别方法

杂菌的感染主要由孢子引起，有空气中的孢子，也有灭菌不彻底留下的孢子等。由于这些杂菌孢子萌发成菌丝体需要一定的时间，所以检查杂菌这项工作一般从接种后 3~4d 开始，每 1d 或隔 1d 进行 1 次，直到菌丝封面。具体方法如下。

(1)母种感染杂菌及虫害的鉴别

黑木耳菌丝体多为白色丝状体，生长均匀，一般不产生有色孢子，在 25℃条件下培养 10~15d 能长满试管斜面。在母种培养中的杂菌主要是细菌、酵母菌及各种霉菌，细菌在马铃薯葡萄糖琼脂培养基上表现为黏糊的圆形小颗粒状；酵母菌则表现为成片的或小的圆形颗粒，湿润半透明，呈红色、黄色等；霉菌感染开始为白色、灰白色菌丝，很快产生绿色、黑色、橘黄色、草绿色等不同颜色的粉末状孢子。无论是哪一类杂菌感染，它们的生长速度都很快，在 25℃条件下只需 3~5d 就能长满培养基斜面。如发现菌丝体生长有缺角等异常现象，要仔细观察，可借助放大镜看有无虫子咬食菌丝。

(2)原种、栽培种感染杂菌及虫害的鉴别

原种、栽培种培养过程中，主要是各类霉菌与虫(螨)危害，具体识别方法如下。

①从菌丝发生的位置看：如接种块是完整的一块，那么在菌种块以外的部位发现有浓白色菌丝，应判断为杂菌，捡出后继续观察，可发现有各种颜色的孢子。

②从菌丝生长速度看：采用 750ml 的标准原种瓶制种，菌种接在料的表面，而不是打洞接种的，25℃培养，食用菌菌丝长满瓶一般需要 30~50d，而杂菌只需 1 周左右。

③是否形成有色孢子：在食用菌中，目前发现在菌丝阶段草菇形成铁锈红色厚垣孢子，栎平菇产生黑色分生孢子，其余菌种均不产生有色孢子。能形成有色孢子的即为杂菌感染。

④发现瓶壁有退菌丝现象或有细小动物爬动，则要注意是否受到螨类的危害。

(三)接种物萌发及发菌不良的原因与解决办法

1. 接种物萌发不正常的原因分析

主要表现为两种情况：一是不萌发或萌发缓慢；二是萌发出的菌丝体纤细无力和扩展缓慢。究其原因，可从：培养温度→培养基含水量→培养基原料质量→灭菌规程及效果→母种等思路分析。这几个方面的因素必有其一，有时可能是多个因素的共同影响。

(1)培养温度过高

温度过高，可抑制菌种活性或烫(烧)死接种菌种，造成接种物不萌发、萌发迟缓、生长迟缓。

(2)含水量过低

尽管拌料时加水量充足，但由于拌料不均匀，造成培养基内含水量的差异，含水量过低的菌种瓶(袋)接种物常干枯而死。发生这种情况，应及早补充无菌水尚可挽救。

(3)培养基原料霉变

正处霉变期的原料中含有大量有害物质，这些物质耐热性极强，在高温下不易分解变性，甚至在高压高温灭菌后仍有毒性，接种后菌种不萌发。

(4)灭菌不彻底

培养基内留有大量细菌，而不是真菌。培养基中残留和继续繁殖增加的细菌，多数情况下无肉眼可见的菌落，但有时在含水量过大的瓶(袋)壁上，在培养基的颗粒间可见到灰白色的菌膜。这一原因可通过培养基的分离培养得到证实。

(5)母种菌龄过大

菌种生产者应使用菌龄适当的母种，多种黑木耳母种使用最佳菌龄均为长满斜面后 1~5d。在计划周密的情况下，母种和原种生产的紧密衔接是完全可行的。若母种长满斜面后 1 周内不使用，要及早置于 4~6℃下保存。

2. 发菌不良原因分析

发菌不良的表现多种多样，常见的有生长缓慢；生长过快但菌丝纤细稀疏，生长不均匀，菌丝不饱满，色泽灰暗等。造成发菌不良的主要原因如下。

(1)培养基酸碱度不适

可将发菌不良菌种瓶(袋)的培养基挖出，用 pH 试纸测试。

(2)原料中混有毒害物质

如用松、杉、柏、樟、桉等树种的木屑，原料有过霉变，有霉菌毒素。

(3)灭菌不彻底

培养基中生长有肉眼看不见的细菌等。

(4)装料松紧不妥当

装料过紧，水分过少，透气性差。

(5)温度和湿度过高

培养室温度和湿度过高，空气流通交换不佳。

(6)培养基含水量过大

这种情况下，菌丝往往长至瓶(袋)中下部后便生长变缓，甚至不再生长。

(四)黑木耳杂菌污染的原因分析及综合控制

在正常情况下，原种、栽培种或栽培袋的污染率在 10%以下，各个环节和操作规范的，常只有 1%~5%。如果污染率超过 10%，则应该认真查找原因并实施控制措施。

1. 灭菌不彻底

(1)培养基的原料性质

不同材料热传导性不同，微生物基数不同，所需灭菌时间也不同。例如，培养基原料的营养成分中糖、脂肪和蛋白质含量越高，传热性越差，对微生物有一定的保护作用，灭菌时间需相对延长；而培养基中自然微生物基数越高，灭菌所需时间自然就越长。

(2)培养基的含水量和均匀度

水的比热大，其热传导性较木屑、麸皮、谷粒等的固体培养基要强得多，如果培养基配制时预湿均匀，吸透水，含水量适宜，灭菌过程中达到灭菌温度需时短，灭菌就容易彻底。

(3)容器

玻璃瓶较塑料袋传热慢，在使用相同培养基、相同灭菌方法时，瓶装种灭菌时间要较塑料袋稍长。

(4)灭菌方法

相比较而言，高压蒸汽灭菌可用于各种培养基的灭菌，而常压灭菌对于灭菌难度较大的谷粒达到完全灭菌的效果就不那么容易。目前，技术发达的日本、美国等专业菌种场，已采用超高温瞬时灭菌技术。高压蒸汽灭菌的关键是要将冷气排放干净。常压灭菌要注意在砌灶时锅体与灭菌室的相对位置要合理。锅小、锅口小、水少、蒸汽不足、火力不足，往往是常压灭菌不彻底的主要原因。

(5)灭菌容量和堆放方式

以蒸汽锅炉送入蒸汽的高压灭菌锅，要注意锅炉汽化量与锅体容积相匹配，自带蒸汽发生器的高压蒸汽灭菌锅，以每次容量 200~500 瓶(750mL)为宜。常压灭菌锅以每次容量不超过 1000 瓶(750ml)为宜。这样，可使培养基升温快而均匀，培养基中自然微生物繁殖时间短，灭菌效果好。应随容量增大而延长灭菌时间。锅内被灭菌物品的堆放形式对灭菌效果影响显著，如以塑料袋为容器时，受热后变软，若装料不紧，叠压堆放，极易把升温前留有的间隙充满，不利于蒸汽的流通和升温，影响灭菌效果。塑料袋摆放时，以叠放 3~4 层为宜，不可过多叠压，锅大时要使用搁板或铁筐。

2. 封盖不严

主要出现在用罐头瓶做容器的菌种中，在用塑料袋做容器的折角处也时有发生。聚丙烯塑料经高温灭菌后比较脆，搬运过程中遇到摩擦，紧贴瓶口处或有折角处极易磨破造成污染。

3. 接种物带杂菌

如果接种物本身就已被污染，扩大到新的培养基上必然出现成批量的次生污染，如 1 支污染过的母种造成扩大的 4~6 瓶原种全部污染，1 瓶污染过的原种造成扩大的 30~50 瓶栽培种的污染。这种污染的特点是杂菌从菌种块上长出，污染的杂菌种类比较一致，且出现早，接种后 3~5d 就可用肉眼鉴别。

4. 设备设施简陋

经彻底灭菌的种瓶、种袋，已达到无菌状态，但由于灭菌后的冷却和接种环境达不到高度洁净无菌，特别是简易菌种场和自制菌种的耳农，达不到流水线作业专场专用，生产设备和生产环节分散，又往往忽略场地的大环境卫生，忽视冷却场地的洁净度，使本已无菌的种瓶(袋)在冷却过程中发生次生污染。在冷却过程中，随着温度的降低，培养料瓶(袋)内气压降低，冷却室如果灰尘过多，杂菌孢子基数过大，杂菌孢子就很自然地落到了种瓶(袋)的表面，而且随其内外气压的动态平衡向瓶(袋)内移动，当棉塞受潮后就更容易先在棉塞上定植，或等待接种操作时碰触沉落进入瓶(袋)内。瓶(袋)外附有较多的灰尘和杂菌孢子时，成为接种操作污染的污染源。所以，提倡专业生产、规模生产、规范生产。

5. 接种操作污染

接种操作的污染源主要有：接种室空气和种瓶(袋)冷却过程中附在表面的杂菌污染；接种操作人员自身洁净度不良污染；违反接种操作规程引发污染等。其发生特点是分散出现在接种口处，较接种物带菌和灭菌不彻底造成的污染发生稍晚，一般接种后 7d 左右出现。要避免或减少接种操作污染，需注意以下技术环节。

(1)避免棉塞沾湿

灭菌摆放时，切勿使棉塞贴触锅壁。当棉塞向上摆放时，要用牛皮纸包扎。灭菌结束时，要自然冷却，不可强制冷却，当冷却至一定程度后再掀开锅门，利用锅内的余热使棉塞上的水汽蒸发。

(2)洁净冷却

规范化的菌种场，冷却室是高度无菌的，空气中不能有可见的尘土，灭菌后的种瓶(袋)不能直接放在有尘土的地面上冷却。冷却室使用紫外线灯和喷雾相结合进行空气消毒。

(3)接种室和接种箱使用前应严格消毒

接种室墙壁要光滑，地面要洁净，封闭要严密；接种箱要达到密闭条件。接种前 1d 先用 2%来苏儿溶液喷雾，再进行气雾消毒，将被接种物、菌种、工具等经处理后放入。接种前 30~50min 用气雾消毒法、臭氧发生器消毒等方法进行消毒。

(4)操作人员须在缓冲间穿戴专用衣帽

专用衣帽要定期洗涤，保持高度清洁。进入接种室前要认真洗手，操作前用消毒剂消毒双手。

(5)接种过程要严格按照无菌操作要求进行操作

尽量少走动，少搬动，不说话，尽量小动作、快动作，以减少空气震动和流动，减少污染。

(6)在火焰上方接种

实际上，无菌室内绝对无菌的空间只在酒精灯火焰周围很小的范围内。因此，进行接种操作，包括开盖、取种、接种、盖盖等操作环节，都应在这个绝对无菌的小区内完成，不可偏离，接种人员要密切配合。

(7)用缓劲拔出棉塞

拔棉塞时，不可用力直线上拔，而应用旋转式缓劲拔出棉塞，以避免造成瓶内负压，造成外界空气突然进入而带入杂菌。

(8)湿塞换干塞

灭菌前，可将一些备用棉塞用塑料袋包好，放入灭菌锅与菌袋(瓶)一同灭菌，当接种发现菌种瓶棉塞被蒸汽沾湿时，换上备用新棉塞。

(9)接种前准备

按照操作规程做好接种前的所有准备工作，在正式接种时，统筹好工作量，一次接种不间断，一气呵成。

(10)少量多次

每次接种室消毒处理后接种量不宜过大，接种室以 1 次 200 瓶以内，接种箱以 1 次 100 瓶以内效果为佳。

(11)未经灭菌的物品切勿进入无菌的瓶(袋)内

接种操作时，接种钩、镊子等工具一旦触碰了非无菌物品，如试管外壁、种瓶外壁、操作台面等，不可再直接用来取种、接种，须重新进行火焰灼烧灭菌。掉在地上的棉塞、瓶盖切忌使用。

6. 培养环境不洁及高湿

培养环境引发培养基或菌种污染的特点为：接种初期污染率很低，随着培养时间的延长，污染率逐渐增高。这种污染较大量发生在接种 10d 以后，甚至培养基表面都已长满菌丝后贴瓶壁处陆续出现污染菌落。

7. 综合控制措施

①从有信誉的科研机构、专业机构引进优良、可靠的原始种，做到来源清楚、性状明确、种质优良，先做好出耳试验，做到使用一代、试验一代、贮存一代。

②按照菌种生产各环节的要求，合理、科学地规划和设计厂区布局，配置专业设施、设备，提高专业化、标准化、规范化生产水平。

③严格按照菌种生产的工艺技术流程进行选料、配料、分装、灭菌、冷却、接种、培养和质量检测。

④严格挑选用于扩大生产的菌种，对任何疑点都不可姑息，确保接种物的纯度。

⑤提高从业人员技术素质，规范操作；生产场地要定期清洁、消毒，保持大环境的整洁状态。

⑥专业菌种场要建立技术管理规章制度，确保技术的准确到位，保证生产。

六、黑木耳优良品种选择与简介

(一)黑木耳优良品种选择

品种选择一般要根据当地气候条件、栽培季节、市场需求等情况，选择优质、高产、抗逆性强、市场容量大的适宜品种。目前，主要选用国家认定品种和适宜的地方优良品种。

1. 根据生育期选择适宜品种

菌株的生育期由发菌期、原基发生期、子实体成熟期构成。黑木耳品种繁多，生育期存在着多样性，充分了解菌株的生育期，适时接种、下地出耳和采收，避免发菌时间过长、下地过晚，保证菌种活力，节约能源，提高生产率。选择生育期短的品种可以提早栽培抢占市场，而生育期长的品种往往抗性强、产量高。在北方地区秋季栽培时，一般选择生育期短、产量高的国审品种，如‘黑木耳 1 号’、

‘黑耳 4 号’、‘黑耳 5 号’、‘中农黄天菊花耳’；春季栽培时，一般选择生育期长、综合性状优良的品种，能够多潮次出耳采收，可选择‘黑 29’、‘丰收 2 号’、‘吉 AU2 号’、‘延特 5 号’等品种；秋季栽培时，应注意避免下地过晚、生育积温不足等因素，造成不易正常出耳等问题。

浙江等南方地区栽培黑木耳品种较少，主要使用‘916’和‘新科’两个品种，生育期相差不大，秋季栽培和春季栽培均有使用。

2. 根据市场需求选择适宜品种

根据不同菌株的农艺性状，选择适宜小孔出耳的优良品种，可以获得商品性状优良的产品，提高产品的经济价值。菊花型耳片进行小孔出耳，可以减小耳基的比重，如‘黑木耳 1 号’、‘黑耳 4 号’、‘黑耳 5 号’、‘中农黄天菊花耳’；单片簇生型耳片在北方地区推广面积大，商品性状优良，进行小孔出耳可以充分表现其优良性状，如‘黑 29’、‘丰收 2 号’、‘吉 AU2 号’、‘916’、‘新科’。

3. 根据栽培地区选择适宜品种

北方地区应选择要求温差大、产量高、品质好的优良品种，如‘黑木耳 1 号’、‘黑耳 4 号’、‘黑耳 5 号’、‘中农黄天菊花耳’、‘黑 29’、‘丰收 2 号’、‘吉 AU2 号’、‘延特 5 号’等主要北方品种。浙江等南方地区则应选择耐高温高湿、抗性强、适宜小孔栽培的南方主要品种，如‘916’、‘新科’等。

黑木耳优良菌种是品种性状表现的前提基础，而菌种活力是衡量菌种质量好坏的指标之一。菌种的活力指菌种播种后的萌发能力，活力强的菌种播种后一般 24min 左右就可以萌发，活力弱的菌种可能需要 2~3d 才能萌发，甚至不萌发。菌种的活力与菌种生产过程中所采用的培养基、培养条件、培养时间等因子有关，在培养中若长期遇到高温，菌种活力就弱，菌种若已长满没有及时使用，长期在高温下放置会老化，活力也变弱。因此，在黑木耳栽培中充分了解菌种特性，适时接种、出耳，合理的安排农时尤为重要。菌种一般选择菌丝洁白、健壮、无污染的适龄菌种。

(二)黑木耳优良品种简介

1. ‘黑木耳 1 号’（‘8808’）

选育单位：黑龙江省科学院应用微生物研究所。

品种来源：黑龙江省伊春市汤旺河野生黑木耳品种驯化育成。

审(认)定情况：2001 年黑龙江省农作物品种审定委员会认定(黑认 2001-15)，2007 年通过国家认定(国品认菌 2007017)。

特征特性：子实体聚生，菊花状；木耳朵形大，耳根较大，耳片稍小；子实体单朵直径 6~12cm，厚度 0.5~0.8mm；耳片腹面黑色、有光泽，背面灰褐色，绒毛短、密度中等。早熟品种，割口后 7~10d 出耳芽，现耳芽后 50d 左右采收完毕。栽培中菌丝体耐受最高温度 35℃、最低温度－20℃；子实体可耐受最高温度 30℃、最低温度 5℃。

产量表现：100kg 干料出干耳 10~15kg。

认定意见：经审核，该品种符合国家食用菌品种认定标准，通过认定。建议在东北地区及相似生态区春季栽培。

2. ‘黑木耳 2 号’（‘黑 29’）

选育单位：黑龙江省科学院应用微生物研究所。

品种来源：黑龙江省尚志市鱼池乡野生黑木耳驯化育成。

审(认)定情况：2001 年黑龙江省农作物品种审定委员会认定(黑认 2001-16)，2007 年通过国家认定(国品认菌 2007018)。

特征特性：子实体簇生，牡丹花状；大片型，耳根较小，子实体单朵直径 6~12cm，可分成单片，厚 0.5~1mm；耳脉多而明显；耳片呈碗状，正反面差异大；腹面黑色、有光泽，背面灰褐色，绒毛短、密度中等。栽培中菌丝体可耐受最高温度 35℃、最低温度–20℃；子实体可耐受最高温度 30℃、最低温度 5℃。晚熟品种，出耳较晚，不齐，没有明显的耳潮间隔，二潮产耳很少。

产量表现：100kg 干料出干耳 10~15kg。

认定意见：经审核，该品种符合国家食用菌品种认定标准，通过认定。建议在东北地区春、秋季栽培。

3. ‘黑耳 4 号’（‘931’）

选育单位：黑龙江省科学院应用微生物研究所。

品种来源：亲本‘Au86’，黑龙江‘呼玛野生黑木耳’品种，通过双核菌丝脱壁再生育成。

审(认)定情况：黑龙江省农作物品种审定委员会认定，2007 年通过国家认定(国品认菌 2007019)。

特征特性：子实体聚生，菊花状；朵形大，单朵直径 6~10cm，厚度 0.5~0.8mm，耳根较大，耳片稍小；腹面黄褐色、有光泽，背面灰褐色，绒毛短、密度中等。早熟品种，出耳快、齐，生长期短，45~50d 采收完毕。栽培中菌丝体耐受的最高温度为 35℃、最低温度－20℃；子实体可耐受的最高温度为 30℃、最低温度为 5℃。肉质脆嫩、柔滑清香，耳片稍黄，水分少时不易开片。一般没有二潮耳。

产量表现：100kg 干料出干耳 10~15kg。

认定意见：经审核，该品种符合国家食用菌品种认定标准，通过认定。建议在东北地区春季栽培。

4.‘黑木耳 5 号’（‘Au86’）

选育单位：黑龙江省科学院应用微生物研究所。

品种来源：黑龙江省呼玛县三卡林场野生黑木耳驯化育成。

审(认)定情况：黑龙江省农作物品种审定委员会认定，2007 年通过国家认定(国品认菌 2007020)。

特征特性：子实体聚生，菊花状；朵形大，耳根较大，耳片稍小；耳片直径 6~12cm，厚 0.5~0.8mm；腹面黑色有光泽，背而灰褐色，绒毛短，密度和粗细中等。栽培中菌丝体耐受最高温度 35℃、最低温度–20℃；子实体耐受最高温度 30℃、最低温度 5℃。肉质脆嫩、柔滑清香。早熟品种，抗杂能力弱，水分小时不易展片，耳根较大。一般没有二潮耳。

产量表现：100kg 干料出干耳 10~15kg。

认定意见：经审核，该品种符合国家食用菌品种认定标准，通过认定。建议在东北地区及相似生态区春季栽培。

5.‘黑木耳 6 号’（‘黑威 9 号’）

选育单位：黑龙江省科学院应用微生物研究所。

品种来源：黑龙江省牡丹江东宁县野生黑木耳品种驯化育成。

审(认)定情况：黑龙江省农作物品种审定委员会认定，2007 年通过国家认定(国品认菌 2007021)。

特征特性：子实体簇生，牡丹花状；大片型，单朵直径 6~12cm，可分成单片，厚度 0.5~1mm，耳根较小，耳片呈碗状，有耳脉；正反面差异大，腹面黑色、有光泽，背面灰褐色，绒毛短、密度中等。晚熟品种，出耳较晚，耳根小、单片状，肉质厚。栽培中菌丝体耐受的最高温度为 35℃、最低温度－20℃；子实体可耐受的最高温度为 30℃、最低温度为 5℃。

产量表现：100kg 干料出干耳 10~15kg。

认定意见：经审核，该品种符合国家食用菌品种认定标准，通过认定。建议在东北地区春、秋季栽培。

6. 黑木耳‘Au8129’

选育单位：福建省三明市真菌研究所。

品种来源：东北野生种驯化育成。

审(认)定情况：福建省农作物品种审定委员会认定，2007 年通过国家认定(国品认菌 2007023)。

特征特性：子实体聚生，菊花状，黑褐色；腹面有脉络状皱纹，背面基部有皱纹，色稍浅；耳片较大，多数 5~10cm，最大可达 15cm，平均厚度 1.4mm，绒毛细、短。

适温下发菌期 35~40d，后熟期 15~30d。原基形成不需温差刺激。菌丝体能耐受 5℃低温、35℃高温；子实体可耐受 10℃低温、30℃高温。耳潮明显，间隔期 15~20d。

产量表现：用木屑培养基栽培干耳得率 8%~10%。

认定意见：经审核，该品种符合国家食用菌品种认定标准，通过认定。建议在四川、福建山区、东北等地区栽培。

7. 黑木耳‘吉 AU 2 号’（‘9603’）

选育单位：吉林农业大学。

品种来源：从长白山采集野生黑木耳，通过人工选育而成。

审(认)定情况：吉林省农作物品种审定委员会认定，2007 年通过国家认定(国品认菌 2007025)。

特征特性：子实体群生、菊花状；耳片直径 6~12cm，厚 0.8~1.2mm，红褐色中凹，背面青褐色，有短绒毛。菌丝长满袋后需在 20~24℃条件下后熟 25~30d。耳基形成不需温差刺激，在 15~32℃下均能分化子实体。从接种到采收需 140~150d。栽培中菌丝在 6~36℃均可生长，在 5℃以下或 38℃以上菌丝生长受到抑制，短期在-30℃低温下菌丝不致死亡，菌丝高温致死温度 40℃；子实体分化温度 15~32℃，最适分化温度 20~28℃。常规栽培方式只出一潮耳，割耳法可出二潮，间隔期 20~25d。菌丝长满袋后需要在(22±2)℃条件下后熟 25~30d。从接种到采收结束需 140~150d。

产量表现：袋料栽培条件下，生物学效率 100%~120%。

认定意见：经审核，该品种符合国家食用菌品种认定标准，通过认定。建议在东北地区栽培。

8. 黑木耳‘中农黄天菊花耳’

选育单位：中国农业科学院农业资源与农业区划研究所。

品种来源：大巴山野生种，通过常规人工选择育成。

审(认)定情况：2007 年通过国家认定(国品认菌 2007026)。

特征特性：菌丝纤细，菌落呈绒毛状；耳片聚生，菊花状，色泽较黄，半透明，耳根稍大；耳片直径 6~12cm，厚 0.8~1.2mm，背面呈黄褐色，绒毛短，新鲜时几乎不见绒毛，腹面平滑，有脉状皱纹。质地清柔，口感轻柔。菌丝生长温度范围 6~36℃，适温 22~32℃；出耳温度 15~32℃，最适温度 20~26℃；耳片分化大气适宜湿度 90%~95%。发菌期 40~60 天，后熟期较短，为 7~10d。栽培周期为 90~120d，需低温刺激和光照形成耳基，基质中菌丝体耐受最高温度 38℃。

产量表现：以木屑为主料栽培条件下，生物学效率 110%左右。

认定意见：经审核，该品种符合国家食用菌品种认定标准，通过认定。建议在东北、华北、长江流域栽培。

9. 黑木耳‘吉杂 1 号’（‘丰收 1 号’）

选育单位：吉林省敦化市明星特产科技开发有限责任公司。

品种来源：‘长白 2 号’与野生黑木耳单孢杂交选育。

审(认)定情况：吉林省农作物品种审定委员会认定，2007 年通过国家认定(国品认菌 2007027)。

特征特性：子实体丛生、单片耳状，耳片直径 8~15cm，厚 1.3~1.5mm，耳片黑色，低温强光下颜色深。商品耳片皱褶多。抗烂、出耳早，转潮快。

产量表现：袋料栽培条件下，生物学效率 100%~120%。

认定意见：经审核，该品种符合国家食用菌品种认定标准，通过认定。建议在吉林、黑龙江、河北、山东、辽宁、山西、河南、湖北、陕西、内蒙古、新疆、江苏等地栽培。

10. 黑木耳‘丰收 2 号’

选育单位：吉林省敦化市明星特产科技开发有限责任公司，吉林农业大学。

品种来源：‘长白 7 号’和野生黑木耳单孢杂交选育。

审(认)定情况：2006 年吉林省农作物品种审定委员会登记，2007 年通过国家认定(国品认菌 2007028)。

特征特性：子实体聚生，单片耳状；商品耳单片簇生，耳片直径 8~15cm，厚 1.4~1.6mm，耳片黑色，低温强光下颜色深。发菌适温 25℃。从出现耳基到采耳 20~30d，从接种到采第一潮耳为 115~120d。

产量表现：袋料栽培条件下，生物学效率 100%~120%。

认定意见：经审核，该品种符合国家食用菌品种认定标准，通过认定。建议在吉林、黑龙江、河北、山东、辽宁、山西、河南、湖北、陕西、内蒙古、新疆、江苏等地栽培。

11. 黑木耳‘黑 A’

选育单位：河北省平泉县希才应用菌科技发展有限公司。

品种来源：采集于吉林省蛟河、黄松店镇的高山中野生品种，宿主为腐朽柞木，人工驯化育成。

审(认)定情况：2007 年通过国家认定(国品认菌 2007029)。

特征特性：子实体丛生，菊花状，单朵直径 10~12cm，耳根小于 0.2cm，耳片厚(鲜)大于 3mm，耳片腹面乌黑色，有光泽，背面略白，无肉眼可见的绒毛。生存温度范围较广。后熟期为 10~15d，温差刺激可加快出芽，栽培周期为 6 个月。耳潮明显，间隔期为 20d 左右。二潮耳占比例较大，成熟时孢子弹射少。

产量表现：袋料栽培条件下，生物学效率 190%。

认定意见：经审核，该品种符合国家食用菌品种认定标准，通过认定。建议在东华北地区栽培。

12. 黑木耳‘延特 3 号’

选育单位：吉林省延边朝鲜族自治州特产研究所。

品种来源：长白山野生菌株、组织分离法。

审(认)定情况：2008 年通过国家认定(国品认菌 2008010)。

特征特性：晚熟品种。耳片散朵状至单片，耳根小；耳片直径 8~15cm，厚 0.8~1.0mm，新鲜时黄褐色，晒干后颜色变黑，脉状皱纹明显；高温高湿不烂耳，出耳芽慢。抗杂能力强，适合袋栽和段木栽培。丝生长温度为 6~36℃，适宜温度为 22~30℃；出耳温度为 15~32℃，最适温度为 20~28℃。耳片分化大气适宜湿度为 85%~95%。发菌期 40~50d，后熟期 30~40d。

产量表现：100g 干料出干耳 8~12g。

认定意见：经审核，该品种符合国家食用菌品种认定标准，通过认定。建议在东北地区栽培。

13. 黑木耳‘延特 5 号’

选育单位：吉林省延边朝鲜族自治州特产研究所。

品种来源：吉林省汪清县仲平乡野生品种组织分离法。

审(认)定情况：2008 年通过国家认定(国品认菌 2008011)。

特征特性：中晚熟品种。子实体散朵状、根小、圆形边；耳片直径 6~10cm，厚 0.8~1.2mm，反正面明显，腹面极黑、有光泽，背面灰褐色。高温高湿不烂耳，见光易出耳，出耳芽快，抗杂能力强。菌丝生长温度范围 6~36℃，适温 20~28℃；适温下发菌期 40d 左右菌丝长满袋，15~20℃条件下后熟 15~20d。出耳温度 14~32℃，最适出耳温度 22~28℃。春、秋耳栽培皆可，易催耳，出耳齐，适于代料栽培和段木栽培。

产量表现：100g 干料出干耳 8~12g。

认定意见：经审核，该品种符合国家食用菌品种认定标准，通过认定。建议在东北地区栽培。

14. 黑木耳‘浙耳 1 号’

选育单位：浙江省开化县农业科学研究所。

品种来源：野生品种驯化系统选育。

审(认)定情况：2001 年浙江省农作物品种审定委员会认定，2008 年通过国家认定(国品认菌 2008012)。

特征特性：子实体单生，片状，初期呈杯状；菌丝萌发快，生长旺盛，抗逆性和分解能力强，适温范围广，可在 15~30℃正常生长；子实体最适生长温度为

20~26℃，对湿度要求较高；子实体初期呈棕黑色，干制后背面凸起，暗青灰色，耳片大且厚，肉质细嫩、可口，胶质丰富；产量较高，流耳较少。

产量表现：每立方米段木可产干耳 18~27kg，每千克代料可产干耳约 0.13kg。

认定意见：经审核，该品种符合国家食用菌品种认定标准，通过认定。建议浙江、湖北等省海拔 300m 以上地区栽培。

15. 黑木耳‘单片 5 号’

选育单位：华中农业大学。

品种来源：浙江缙云县野生黑木耳菌株经分离驯化育成。

审(认)定情况：2008 年通过国家认定(国品认菌 2008013)。

特征特性：子实体单生，少有丛生；耳片直径 3~8cm，厚 1.0~1.4mm，干后边缘蜷缩成三角状；耳片边缘平滑，腹面浅黑色，背面灰褐色至黄黑褐色，有细短浅色绒毛，脉状皱纹无或不明显。段木栽培为主，亦可用木屑作主料进行代料栽培，树种以枫香、核桃最为适宜，栓皮栎、麻栎、青冈栎、板栗等树种均可。出耳较快，产量较高。菌丝较稀疏，定植和抗杂能力较弱，菌种生产时注意防止杂菌污染。

产量表现：在适宜栽培条件下，每根直径 6~8cm、长 1.2m 的栎木可产干耳 165~200g；代料栽培(15cm×55cm 塑料袋)每袋可采干耳 65g 左右。

认定意见：经审核，该品种符合国家食用菌品种认定标准，通过认定。建议在湖北、安徽、浙江、江西、陕西、河南、四川、重庆等地段木栽培。亦可用木屑作主料进行代料种植。

16. 黑木耳‘新科’

选育单位：浙江省丽水市云和县食用菌管理站。

品种来源：浙江省云和野生黑木耳品种经分离驯化育成。

审(认)定情况：2008 年通过国家认定(国品认菌 2008017)。

特征特性：子实体单片；中温型品种，菌丝生活力强，菌丝生长温度 5~36℃，最适生长温度 27~30℃；耳基形成温度为 15~25℃，最适生长温度 18~22℃；菌丝生长基质含水量 50%~55%，耳芽发生期基质最适含水量 55%~60%；耳片肉质厚，具光泽，浸泡系数大；在湿度偏低时，菌丝生长速度慢，耳片过成熟时颜色不很黑，甚至会产生红棕色。

产量表现：段木栽培生物学效率 70%左右，代料栽培生物学效率 135%左右。

认定意见：经审核，该品种符合国家食用菌品种认定标准，通过认定。建议在浙江、湖北等地栽培，不适宜东北地区栽培。

17. 黑木耳‘黑威 981’

选育单位：黑龙江省科学院应用微生物研究所选育。

品种来源：大兴安岭呼中林场野生黑木耳。

审(认)定情况：2008 年通过国家认定(国品认菌 2008018)。

特征特性：子实体单片聚生，牡丹花状；子实体大片型，耳片呈碗状，正反面差异大；大片小根型，没有明显的耳基；耳片直径 4~12cm，耳片厚 0.8~1.2mm；耳片背面筋脉多而明显；干耳腹面黑色有光泽，背面灰至灰褐色；绒毛短。中晚熟品种，采用熟料栽培，基质含水量 60%~65%，碳氮比为 20：1~40：1，发菌适宜温度为 22~26℃，空气相对湿度为 60%，pH5.5~7.0；发菌前期培养温度为 22~25℃，后期为 20℃左右；开口后 18~23d 形成耳芽。子实体可耐受的最高温度为 30℃、最低温度为 10℃，耐高温性较‘黑木耳 2 号’稍差，喜水，不耐旱。二潮耳产量很少。

产量表现：100g 干料出干耳 8~25g。

认定意见：经审核，该品种符合国家食用菌品种认定标准，通过认定。建议在东北地区春、秋季栽培。

第五章　黑木耳高产高效栽培技术

一、黑木耳露地全日光代料栽培技术

用木屑、棉籽壳、甘蔗渣、玉米芯、麦麸等农副产品为原料代替段木生产黑木耳的方法就叫做黑木耳代料栽培。代料栽培黑木耳栽培原料广泛，多为工农业生产中的废料，利用这些废料栽培黑木耳好处很多。第一，可间接地节省大量木材，加强林业建设、保护生态环境；第二，变废为宝，降低黑木耳生产成本；第三，扩大了黑木耳生产原料来源，特别在代料比较丰富的城乡及平原地区，利用代料栽培黑木耳，扩大了副业生产，增加收入；第四，栽培工艺简便，栽培方式多样，生产周期短，整个周期仅需 5~6 个月，生产出的黑木耳品质较好。

20 世纪 80 年代末期，福建、浙江等地用甘蔗渣代用培养料在蔗田内套种黑木耳试验成功。90 年代以后，吉林、黑龙江等地逐渐利用棚室开展大面积黑木耳代料栽培，后来栽培设施越来越简化，由蔗田套种、塑料棚栽、遮阳棚挂袋栽培、室内吊袋栽培、室外瓶栽、露地遮阴栽培等栽培中得到启发，经过反复实践，发展到露地全日光栽培，并从根本上抑制了杂菌，解决了保湿和通风、产量低而不稳等关键难题。目前，露地全日光间歇喷雾代料栽培已经成为我国黑木耳生产中应用最广泛的一项栽培技术。

(一)栽培季节控制

利用自然温度生产黑木耳时，科学安排生产季节尤为关键。黑木耳的栽培季节因地而异，在这里主要介绍东北短袋栽培和浙江长袋栽培两种模式的栽培季节，其他地区可参照这两个地区选择栽培季节。

1. 栽培季节选择原则

黑木耳属于喜温喜湿的胶质食用菌，选择栽培季节时，既要考虑适于菌丝和子实体生长的温度和湿度，又要考虑到产品的产量和品质。根据黑木耳的生活习性，栽培期可以选择在春、夏、秋三季，但由于夏季温度过高，导致产量和品质的相对低下，污染率较高，所以一般选择春、秋两季栽培居多。秋耳质量最好，伏耳最差，春耳介于二者之间。

由于我国南北方温度差异较大，因此各地必须按照当地气温高低选择适宜栽培黑木耳的季节。栽培季节选择原则以出耳期为参照，根据黑木耳菌丝生长天数倒推 40~50d，即栽培季节应选择在接菌结束45d后，当地自然温度稳定在10~25℃、40~50d为宜。

2. 东北短袋栽培季节

(1)春季(春耳)栽培

以黑龙江、吉林地区为例，一般在12月至翌年1月制作原种，待2月原种长好后，后熟15~20d，3月初接种到栽培袋，4月中旬长满袋，经过后熟，根据当地当年气候条件于4月末至5月初露地摆袋、开口催芽。6月上旬、中旬采收第一潮木耳，以后每10~15d采1潮，共计采收3潮以上。

(2)秋季(秋耳)栽培

4月中旬制作原种，5月下旬至6月中旬接种制作栽培袋，8月初下地开口催芽，9月下旬至10月出耳采收。

(3)夏季(伏耳)栽培

春耳与秋耳之间，采收季节主要在高温高湿的伏季。

3. 浙江长袋栽培季节

浙江等南方地区，春季气温回升快，容易形成高温合并高湿环境造成杂菌滋生、流耳等问题；夏季易出现黑木耳菌丝体和子实体生长极限高温，造成菌丝体或子实体死亡。因此，南方地区尽可能避免高温炎热季节生产黑木耳。南方适宜推广秋冬季栽培。

秋季黑木耳露地全光间歇喷雾栽培(秋耳)：在浙江一般6~7月制作原种，8月上旬至9月下旬接种制栽培袋，10月中旬至11月中旬排场。具体时间因海拔而确定，在低海拔地区于7~8月制种，9~10月中旬接种制袋，11~12月排场；高海拔地区于6~7月制种，7月下旬至8月下旬接种制袋，9~10月排场；中海拔地区6月下旬至7月制种，8~9月下旬接种制袋，10~11月排场。

(二)品种选择

品种选择一般要根据当地气候条件、栽培季节、市场需求等情况，选择优质、高产、抗逆性强、市场容量大的适宜品种。在选择菌种时，还应选择通过省级以上种子部门审定的品种，而且在选种时应明白所选品种的种性。

(1)根据生育期性状选择

选择生育期短的品种可以提早栽培抢占市场，而生育期长的品种往往抗性强、产量高。在北方地区秋季栽培时，一般选择生育期短、产量高的品种，因为秋天气温越来越低，而晚熟品种后熟时间太长，时间比较紧张，如提前生产可能赶上高温季节困菌，那样感染率会提高，所以建议秋耳生产最好选择早熟或中晚熟品种，不适宜选择晚熟品种。如‘黑木耳1号’、‘黑耳4号’、‘黑耳5号’、‘中农黄天菊花耳’。秋季栽培时，还应注意避免下地过晚、生育积温不足等因素，造成不易正常出耳等问题。春季栽培时，一般选择生育期长、综合性状优良、出耳采收潮次多的品种，如选用‘黑 29’、‘丰收 2 号’、‘吉 AU2 号’、‘延特 5 号’等品种。

浙江等南方地区栽培黑木耳品种较少，主要使用‘916’和‘新科’两个品种，生育期相差不大，秋季栽培和春季栽培均有使用。

(2)根据市场需求选择

菊花型耳片进行小孔出耳，可以减小耳基的比重，如‘黑木耳 1 号’、‘黑耳 4 号’、‘黑耳 5 号’、‘中农黄天菊花耳’；单片簇生型耳片在北方地区推广面积大，商品性状优良，进行小孔出耳可以充分表现其优良性状，如‘黑 29’、‘丰收 2 号’、‘吉 AU2 号’、‘916’、‘新科’。

(3)根据栽培地区适应性选择

北方地区应选择要求温差大、产量高、品质好的优良品种，如‘黑木耳 1 号’、‘黑耳 4 号’、‘黑耳 5 号’、‘中农黄天菊花耳’、‘黑 29’、‘丰收 2 号’、‘吉 AU2 号’、‘延特 5 号’等主要北方品种。浙江等南方地区则应选择耐高温高湿、抗性强、适宜小孔栽培的南方主要品种，如‘916’、‘新科’等。

(三)生产计划制订

黑木耳生产计划应根据菌丝生长和子实体发育所需的最适环境条件，特别是温度条件进行合理安排，应充分考虑黑木耳菌丝培养期、子实体培养期的时长和环境气候的变化规律，尽量避免高温期养菌和出耳。同时也应考虑不同品种类型、不同装料形式和封口方式、不同培养环境等因素对黑木耳生长期的影响。

不同地区由于气候条件差异，黑木耳生产安排时间也不同。袋栽黑木耳多实行制种场和栽培场“两场制”，且分开管理，其生产计划安排一般应以排场出袋的时间进行推算。

以北方地区吉林为例(表 5-1)，春季出耳排场出袋的时间尽量“抢早”，只要气温条件达到要求，就要及早排场出袋，避免出耳后期高温气候对出耳质量和产量的不利影响。而秋季生产，中晚熟品种 3 月开始生产原种，5 月生产栽培袋，早熟品种 4 月生产原种，6 月生产栽培袋。一般 7 月末至 8 月初下地摆袋。

表5-1 吉林全日光地栽黑木耳栽培期参照

<table>
<tr><th>时间/月</th><th>11</th><th>12</th><th>1</th><th>2</th><th>3</th><th>4</th><th>5</th><th>6</th><th>7</th><th>8</th><th>9</th><th>10</th></tr>
<tr><td>平均温度/℃</td><td>−1</td><td>−8</td><td>−10.9</td><td>−7</td><td>−1</td><td>9.6</td><td>16.5</td><td>21.6</td><td>23.5</td><td>21.7</td><td>15.2</td><td>7.4</td></tr>
<tr><td>春栽</td><td>母种制作</td><td colspan="2">原种制作；栽培袋制作</td><td colspan="2">栽培袋制作、养菌</td><td>养菌、催耳</td><td>下地摆袋，出耳、采耳</td><td>出耳、采耳</td><td>—</td><td>—</td><td>—</td><td>—</td></tr>
<tr><td>秋栽</td><td colspan="3">—</td><td>母种制作</td><td colspan="2">原种制作；栽培袋制作</td><td colspan="2">栽培袋制作、养菌</td><td>养菌、催耳</td><td>下地摆袋、出耳、采耳</td><td>出耳、采耳</td><td>出耳、采耳</td></tr>
</table>

南方黑木耳露地全日光春季和秋季栽培，排场一般选择在气温 15~25℃或以下最为适宜。秋季栽培在 7 月中旬至 9 月底，随着海拔升高，栽培时间相应提早。海拔 800m 以上地区在 7 月中旬开始制袋接种，海拔 300m 以下地区一般选在 9 月较为合适，春季栽培选在 11~12 月。

(四)栽培种制作

1. 栽培原料要求

代料栽培黑木耳所需基质比较复杂多样，培养基配方和原料用量各有不同，但培养原料都要无脂类等化合物污染、无霉变、无虫蛀。适宜的基质不但要提供黑木耳菌丝生长所必需的各种营养物质，还要提供适宜的菌丝生长环境，如透气性和持水性，这就要求培养料颗粒大小要适度，粗料含水性不好，细料通风不良，粗细料混搭，既可增加培养料在发菌时的通气度，又可保持培养料的含水性。石膏、磷酸二氢钾等添加剂的用量和比例较少，但却是调节基质酸碱度和某些微生物酶代谢不可缺少的原料。

黑木耳属腐生类真菌，所需营养均靠吸收分解获得，且对金属元素具有富集效应，像镉、砷、汞等对人体有害物质。因此，在黑木耳基质配方中，严禁使用有毒、有害、受过污染的原料。

(1)主料类

碳源最好选择材质坚硬、边材发达的阔叶树种木屑，混合硬杂木一般好于单一品种的木屑。由于带锯锯下来的木屑细，透气性差；圆盘锯锯下来的木屑粗，易扎袋，两种木屑最好混合使用，既透气又保水。木屑使用要求不高，只要不发霉都可使用，但如果在木屑中混有柴油和化工原料等就不要使用。在树种选择上，以柞树、曲柳、榆树、桦树、椴树等硬杂木为好，杨树木屑次之，松树、樟树、柏树等树种的木屑，因为其中含有抑制黑木耳菌丝生长的物质，不宜使用。另外，因新鲜木屑不易彻底灭菌、易遭受隐性污染，及可能含有影响黑木耳菌丝生长的活性物质等因素限制，锯木屑放置 1~2 个月使用为宜。

其他农副产品，如玉米芯、玉米秸、高粱秸、棉籽壳、废棉、棉秸、豆秸、花生秸、花生壳、甘蔗渣等农作物秸秆皮壳，以及糠醛渣、酒糟、醋糟等，只要新鲜、洁净、干燥、无虫、无霉、无异味，都可部分替代木屑用于黑木耳栽培生产。我国北方盛产玉米，玉米芯可与木屑混合使用。选择玉米芯最好用当年的，玉米芯添加量一般不高于培养料使用总量的 30%。

尽管可以栽培黑木耳的基质种类繁多，但在产量和品质上与硬杂木木屑栽培的黑木耳有着很大的差异，口感、风味、色泽、质地均有变化。另外，段木栽培的黑木耳较代料栽培的品质好，主要表现在泡发后段木栽培的黑木耳柔软而富有弹性、光亮而黝黑、吸水率大、泡发率高。

(2)辅料类

辅料与主料不同，在黑木耳栽培中所占比例较小，而且品种也较多，用来满足黑木耳生长发育对氮素营养和磷、钾、硫、钙等矿质元素及维生素的需要。麦麸是黑木耳栽培中的主要氮源，是最主要的辅料。稻糠一般使用米业加工时的细糠，又称油糠。豆粉和豆粕也是黑木耳栽培中氮源的主要提供者，可以替代部分的麦麸和稻糠使用，添加量一般为 2%~3%。在使用豆粉和豆粕时，应注意粉碎的粒度要尽量小，拌料时要均匀一致。各种辅料也要求新鲜、洁净、干燥、无虫、无霉、无异味。

(3)添加剂及其用量

石膏和石灰是黑木耳栽培中钙离子的主要提供者，也是调节培养料酸碱度、维持酸碱平衡的调节剂，在使用中可用双飞粉代替。其添加量依据原料的不同而适当调整比例，普通培养料的添加量为 1%。但要注意不得使用含有植物生长调节剂或成分不清的混合型基质添加剂。

黑木耳栽培基质各种常用化学添加剂种类、功效、用量和使用方法见表 5-2。

表5-2　黑木耳栽培基质常用化学添加剂种类、功效、用量和使用方法

添加剂种类	使用方法与用量
尿素	补充氮源营养，0.1%~0.2%，均匀拌入栽培基质中
硫酸铵	补充氮源营养，0.1%~0.2%，均匀拌入栽培基质中
碳酸氢铵	补充氮源营养，0.2%~0.5%，均匀拌入栽培基质中
氰氨化钙(石灰氮)	补充氮源和钙素，0.2%~0.5%，均匀拌入栽培基质中
磷酸二氢钾	补充磷和钾，0.05%~0.2%，均匀拌入栽培基质中
磷酸氢二钾	补充磷和钾，用量为 0.05%~0.2%，均匀拌入栽培基质中
石灰	补充钙素，并有抑菌作用，1%~5%均匀拌入栽培基质中
石膏	补充钙和硫，1%~2%，均匀拌入栽培基质中
碳酸钙	补充钙，0.5%~1%，均匀拌入栽培基质中

2. 培养基配制

(1)培养基配制原则

要坚持目的明确、营养协调、条件适宜、经济节约的总体原则，根据栽培种的不同原料配方、添加成分和比例，确定适宜的酸碱度、水分等培养条件，同时要本着以粗代精、以废代好、以简代繁的原则降低生产成本。

根据培养基的配制原则，结合当地的资源特点和品种特性，确定培养基配方和选用原辅材料。合理的碳氮比一般为 20∶1~40∶1，不要盲目添加营养物质，过量添加营养物质易引起杂菌感染和发菌过程中的烧堆。

(2)培养基配方

长期以来普遍使用的木屑培养基，其栽培料配方为：木屑 78%，麦麸 20%，石膏 1%，蔗糖 1%。目前随着生产规模的扩大和生产技术水平的提高，栽培种配方也进行了调整，很多新型的农副产品在黑木耳栽培中得到应用，所用原料因地制宜，灵活掌握，更加有利于黑木耳袋料栽培的推广应用。不添加蔗糖；玉米芯、豆秸粉添加比例逐步增加；米糠、豆粉、豆粕等逐步替代麦麸。目前生产上常用的栽培种培养基配方有以下几种。

①木屑培养基：阔叶树木屑 78%，麦麸或米糠 20%，蔗糖 1%，石膏 1%。

②木屑棉籽壳培养基：阔叶树木屑 63%，棉籽壳 15%，麦麸 20%，蔗糖 1%，石膏 1%。

③棉籽壳培养基：棉籽壳 79%，麦麸 20%，石膏 1%，。

④木屑玉米芯培养基：木屑 58%，玉米芯 30%，麦麸 10%，豆粉 1%，石膏 0.5%，白灰 0.5%。

⑤木屑豆秸粉培养基：木屑 58%，豆秸粉 30%，麦麸 10%，豆粉 1%，石膏 0.5%，白灰 0.5%。

以上配方在栽培时含水量要求在 60%~63%，pH 为 5.5~6.5。

各种配方在生产实践中都有应用，栽培效果差别不大。但不同菌种及不同地区对培养基配方要求可能有差异；盲目添加一些所谓的营养物质，会导致培养基碳氮比失调，影响生长和产量。因此，培养基配方的选择要灵活，同时要根据试验栽培效果最后确定，配方不要随意改变，不可盲目听信他人的经验，照抄照搬。

3. 栽培袋制备

(1)栽培袋的选择

北方常采用短袋栽培，所选用菌袋有 17cm×33cm×0.005cm、15cm×30cm×0.005cm 等规格，个别地方尝试推广应用 17cm×38cm×0.005cm 规格的菌袋，以提高单位面积的生产能力。菌袋厚度与强度和菌袋收缩性都有关联，应根据具体栽培模式选用合适厚度和材料的菌袋。若采用高压灭菌则选用聚丙烯塑料菌袋，若采用常压灭菌则选用聚乙烯塑料菌袋。一般 17cm×33cm×0.005cm 规格的菌袋可装干料 0.5kg 左右，15cm×30cm×0.005cm 规格的菌袋可装干料 0.3kg 左右。

南方常采用长袋栽培，所选用菌袋规格一般为 15cm×55cm×0.005cm，用聚乙烯塑料袋，每袋装干料 0.4~1.0kg。

(2)物料定量标准

袋栽黑木耳季节性很强，栽培所需原料必须在生产季节前准备好，木屑、塑料筒袋需要在生产前 1 个月准备好，不易长久保管的麦麸、糖等辅料也应在生产前数天备好，每万袋菌棒生产原料数量见表 5-3。

表5-3　物料定量标准

原料名称	数量	原料名称	数量
杂木屑	8 000kg 125 000kg(湿柴)	塑料筒料 塑料套袋	11 000~12 000 只 12 000 只
麦麸	1 600~2 000kg	酒精	5 瓶(每瓶 500mL)
糖	100~200kg	气雾盒	30 盒
石膏粉	100~200kg	生产种	700~800 瓶
石灰	50~100kg	新洁尔灭	2 瓶
塑料绳	2.55kg	药棉	2 包

(3)原料处理

原料处理按照：称量→过筛→混合→拌料→调 pH→焖料→装袋等步骤进行操作。

①称量：按配方要求尽可能准确称取各种原、辅材料。对于杂木屑因数目大且含水量变化大可采用量体积的方法，即先将盛满木屑的箩筐用菌袋试装，得出一筐木屑能分装得袋数，再扩展至一锅需要多少箩筐木屑。加水可用铁皮油桶或木桶称量做好容量刻度线。

②过筛：先把杂木屑用 2~3 目的竹筛或铁筛过筛，剔除小木片、小枝条及其他有棱角的硬物，或拌料将较大的木块等易刺破袋的硬物剔除。对于新鲜的麦麸若无鼠害无须过筛，若有鼠害留下粪粒要用米筛过筛。

③混合：先将石膏粉、麦麸等不溶于水的辅料混匀，把木屑堆成山形，把混合好的辅料从堆顶均匀撒开，然后将干料拌匀，将糖、添加剂溶于水，倒入干料中。

④拌料：根据灭菌锅的有效容积，按选定的培养料配方称料。先将木屑、甘蔗渣、棉秆粉、棉籽壳、麦麸、糠、石膏、碳酸钙等不溶性干料混拌均匀，再将糖、尿素等可溶性辅料溶化在少量清水中配成母液，分次加混入干料；然后按比例量取所需要的水，加水搅拌。人工拌料需要用铁锹来回翻拌 5 次以上，大规模生产可采用拌料机搅拌数次。

水分控制在培养料配制过程中是极为重要的，如果培养料含水量过大，培养后期菌袋下部积水，菌丝因缺氧而停止生长，不能长满菌袋；如果培养料含水量过低，接菌后菌种不易萌发，菌丝生长不良，往往表现为长势细弱，菌丝不白。北方黑木耳进行全日光地摆的出耳方式，保证培养料的含水量是非常必要的，料与水的大致比例为 1∶1.3~1∶1.2，培养料含水量控制在 60%~65%。因培养料含水量测量仪尚需完善，目前多用简便的“握料法”。具体做法是：用手抓取料堆中部的培养料，仔细观察紧握后指缝有无水痕或水滴、松手后料团紧实情况、自 1m 高处落地时的状况等，并依此做出判断。若指缝间无水痕，料不成团者，含水量在 54%

以下；若指缝间仅有水痕，松手时无水滴下，伸开手掌料成团，落地即散者，含水量为 55%~60%；若指缝间有 1~2 滴水，表示含水量为 60%~65%；若有数滴水滴下，表示含水量超过 65%，则表明含水量较大，应添加些干料重新搅拌。当制作菌袋时气温较低(20℃以下)和(或)主料颗粒较大，菌袋较小时，可将含水量调至 60%~65%；若制作菌袋时气温较高，和(或)主料颗粒较细，菌袋较大时，宜将含水量调至 55%~58%。

⑤调 pH：黑木耳菌丝生长最适 pH 为 5.5~6.5，拌料后检测培养料的 pH，特别是使用新的栽培原料时更要检测培养料的 pH。若拌料后 pH 偏低，可在培养料中添加适量石灰，以调高培养料的 pH 高于最适范围；若拌料后 pH 偏高，先不用急于调配 pH，待闷堆 l~2h 后再测一次 pH。灭菌前培养料 pH 不超过 8，可不调配酸碱度，灭菌后培养料 pH 会有所下降，仍适于黑木耳菌丝生长。

⑥焖料：拌完培养料后焖 1~2h，使培养料充分吸收水分。

⑦装袋：将配制好的培养料装入塑料袋中的操作称为装袋或填料。

在大规模生产生产中，装料时一般采取装袋机与窝口机同时使用，使拌料、装料、装袋、打孔接种等环节一气呵成，操作熟练的每小时可装 800 袋。用薄袋生产的菌袋，可使用卧式防爆装袋机，菌袋装的紧实又不至于破裂装袋技术标准要求“五达标”。

一要松紧适中。装袋时培养料上下松紧一致，料装过少时剩余过长的塑料袋窝口时易曲折将培养料封死，接种后菌种接触不到培养料，造成菌种干涸而死，影响成品率。培养料的松紧度标准，应以成年人手抓料袋，五指用中等力捏住，袋面呈微凹指印，有木棒状感觉为妥，如果手抓料袋而两头略垂，料有断裂痕，表明太松。

二要不超时限。装袋要抢时间，从开始到结束时间不超过 3h。无论是机装或是手工装，应安排好人手。

三要扎牢袋口。封口方式多种多样。无论哪种封口方式，袋口要求扎牢、不漏气，防止灭菌时代料受热膨胀，气压冲散扎头，杂菌进入。

四要轻取轻放。装料和搬运过程要轻取轻放，不可硬拉乱摔，以免料袋破裂。

五要日料日清。培养料的配量与灭菌设备的装量相衔接，做到当日配料、当日装完、当日灭菌，不能放置过夜，以免滋生杂菌。如当天不能灭菌，应放到冷凉通风处。

4. 灭菌冷却

黑木耳料袋制作要求流水作业，当天拌料、装袋，当天灭菌。黑木耳培养基灭菌，既可使用专业厂家生产的高压蒸汽灭菌锅，也可以自行搭建制造简易的常压灭菌锅。目前，代料栽培多采用简易灭菌锅进行常压蒸汽灭菌。补水时应添加热水，且一次添加量不宜过多，防止造成向灭菌锅内蒸汽供应的骤减。

灭菌锅的生产周期为 1~2d，容量 1000~2000 袋的中小型灭菌锅，每天 1 锅；容量 2000~4000 袋的大中型灭菌锅，每隔 2d 出 1 锅。同一个地区一个栽培季节，料袋的生产日期一般为 20~30d。若当年计划栽培 30 000 袋，每天应制料袋 1000~1500 袋。简易灭菌锅应提前 30d 左右建造，以保证灭菌效果，并注意延长灭菌锅使用寿命。

锅内料袋的摆放方式有两种：一种是在锅内的栅格上先铺一层麻袋，然后将料袋呈“井”字形堆叠在麻袋上，顶部堆间留 5~10cm 空隙，千万不要塞得太满，以利于蒸汽流动。另一种是将料袋放入周转筐(铁丝筐或塑料筐)中，周转筐高度稍高于料袋，周转筐大小规格为长 60cm、宽 45cm、高 30cm，或视灭菌锅的容量而合理制作，然后把周转筐堆码在锅内的栅格上。后一种方式进出袋方便，料袋搬动次数少，且蒸汽环流通畅，灭菌效果更好。生产中，通常边堆码装锅，边生火加热，1~2h 装妥，3~4h 将锅内温度升至 100℃。然后，维持工作温度(98±2)℃，6~12h，中间不许停火，以免温度波动太大，影响灭菌效果。具体灭菌时间应根据培养料状态、培养料装量、批次灭菌规模等因素适当确定灭菌时间。结合各地的经验，容量 1000 袋以下的小型灭菌锅，(98±2)℃，4~6h；1000~2000 袋的中型灭菌锅，(98±2)℃，8~10h；2000 袋以上的大灭菌锅，以 1000 袋 10h 为起点，每增加 100 袋，灭菌时间相应增加 1h。生火加热的原则是：大火攻头快升温，旺火恒沸保灭菌。灭菌期间，应经常定点检查温度，稍有下降即应补救。若是初次使用的新锅，还应注意锅内水位。一旦低于安全水位线，即应通过连通管补充热水，以免发生烧袋事故。

灭菌技术标准要求“五关键”。

一是及时进灶。培养料营养丰富，装入袋内容易发热，如未及时上灶灭菌，酵母、细菌加速增殖，将基质分解，导致酸败。因此，装料后要立即进灶灭菌。

二是合理叠袋。采用周转筐集装料袋，以竖直摆袋入筐。采取料袋直叠灭菌的，应自上而下重叠排放，上下袋形成直线，前后袋形成直线。前后袋的中间要留有空隙，使气流自上而下流通，蒸汽能均匀运行。叠袋后罩紧薄膜，外加麻袋或篷布罩密，然后用绳索缚扎于灶台的钢钩上，四周捆牢，上面压木板加石头，以防蒸汽压力把罩物冲飞。

三是控制温标。灭菌温标要依据灭菌灶的类型，若是砖砌的蒸仓，料袋上灶后，立即旺火猛攻，使升温至 100℃过程一般不超过 4h，防止长期温度过高而又未达到灭菌温度引起培养基中杂菌生长。长时间烧不开锅，锅内温度偏低，时间稍长利于杂菌滋生，滋生的杂菌产生的代谢产物使培养料酸败，不利于黑木耳菌丝存活，影响菌种的成活率。当温度升到 100℃后，要保持 16~18h，中途不得停火，不掺冷水，不降温，使之持续灭菌，防止“大头、小尾、中间松”的现象。

采用大型罩膜灭菌灶的，由于气体膨胀，膜内升温较快，从点火至100℃不到2h。但因容量大，所以上升至100℃后应保持20~24h，才能达到彻底灭菌的目的。

四是认真观察。用棒形温度计插入温度观测口内，观察温度。确保温度100℃不下降，注意及时补充锅内热水，防止干锅。

五是卸装搬运。达到灭菌要求后，转入卸袋工序，卸袋前先把灶内热源撤出，然后揭开罩物，待温度降至60℃以下时，方可趁热卸袋。如发现袋口松散或袋面出现裂痕，随手用纱线扎牢袋头，胶布封裂口，卸下的料袋用板车或拖拉机运进冷却室内，车板上要铺麻袋，上面盖薄膜，防止刺破料袋和雨水淋浇。

5. 散热冷却

灭菌结束后，暂缓出锅，借助余热进一步灭菌，待其冷却至60℃左右时再行出锅，可以提高灭菌效果。出锅时工作人员戴手套，将装筐灭菌的整筐搬出，将散堆的逐袋取出，轻轻装人垫有衬布的筐内或平板车上，运到接种室或冷却室冷却。冷却期间，料袋呈“井”字形堆码，堆高6~8层，堆间预留通道，以利于散热。

黑木耳菌丝耐低温，不耐高温，因此灭菌完毕后不能马上接种。必须在料温降到30℃以下时方可进行接种，以免接种时烫死菌丝。为达到冷却效果、提高接种的安全性，有条件的种植户应该在接种室外面设一个专门的冷却间，要求通风、洁净，面积视每次灭菌量而定，可将菌袋从灭菌锅拿出后，在专门的冷却间中冷却，通常冷却时间需18~24h，直至手摸料袋无热感，袋内温度降至30℃以下为宜，监测方法用棒形温度计插入袋料中观察温度。生产规模较大时，也可在工棚内冷却，但冷却场地必须在使用前24h进行清扫和消毒处理，以保持料袋的无菌状态。如果没有条件，也可以在已消毒过的接种室或培养室里冷却。

6. 接种

(1)接种操作程序

接种操作流程：操作台面清洁消毒→被接种物摆放→使用接种药物对操作空间消毒→接种物的表面清洁消毒→操作人员规范着装和手的表面消毒(75%酒精棉擦拭)→接种针耙蘸取酒精→接种针耙火焰灭菌→在酒精灯的火焰上打开原种和栽培种培养基→用经火焰灭菌的接种针耙将原种打碎→将接种物准确置于被接种物接种口中央→塞好棉塞。接种完毕后用记号笔及时注明品种名称和接种日期。接种操作完毕后及时将物品搬出，清理台面，清洁接种室。

(2)接种室的准备

接种前，将灭菌冷却的培养料袋移入接种帐、接种室或接种箱中，将接种钩、接种针耙、酒精灯、镊子、75%酒精浸泡的脱脂棉等接种工具放入接种箱内备用。

先用 $10ml/m^3$ 甲醛与 7g 高锰酸钾混合将接种室内进行消毒，也可以用菇保或气雾消毒盒进行消毒。密闭门窗，熏蒸 24h 后打开门窗将有害气体排出后方可使用。再用 75%酒精擦拭整个超净工作台或接种箱，将要接种的栽培袋及接种工具放入超净工作台或接种箱中，打开紫外灯，灭菌 30min。最后，操作者用镊子镊取 75%酒精浸泡的脱脂棉擦拭双手消毒。

一般进行大规模的生产，用接种帐、接种室接种，操作方便，效率高。但要严把消毒灭菌这一关，否则料袋污染率会增高，给生产带来损失。

(3)接种实施

①接固体菌种：接种室(接种箱或接种帐)灭菌结束后，关闭紫外灯，若是超净工作台则打开无菌风。点燃酒精灯，用酒精灯外焰灼烧整个接种钩，前端钩处要烧红。等接种钩晾凉后，准备接种。然后，取一原种，将上表面的原接种块及气生菌丝或表面老化菌皮抠除，在酒精灯火焰 5~7cm，将原种捣碎(约高粱粒大小)，拔出塑料棒(或打开盖子)，用接种钩迅速钩取适量菌种放入栽培袋中，菌种量约为可以将接种口填满为止。立即用灭过菌的棉花将接种几塞好(盖上盖子)，完成接种过程。接种量为每袋 10g，750ml 罐头瓶菌种可接 15 袋左右，17cm×33cm 塑料袋菌种可接 25~30 袋。

接种时，接种工具要在酒精灯上反复灼烧，使之无菌，然后拔出接种棒进行接种，接种后袋口用棉塞塞紧或套环后加上封盖。每瓶菌种接完后必须重新处理接种工具，以防出现交叉感染现象。接种完毕后将菌袋搬入养菌场所培养。箱内进行清扫和消毒处理后再准备下一箱接种。

②接液体菌种：当液体菌种培养好并检测正常后在接种室内进行接种。首先将接种管和接种枪接好，用 8~10 层纱布包好，高压蒸汽灭菌，在 0.12MPa 压力下(锅内温度 121℃)，灭菌 40min。然后在火焰的保护下把接种管接到培养器的接种口上。接种时，调整培养器压力为 0.03~0.05MPa，打开接种阀，开始在接种室的接种机前进行接种。先将料袋接种棒抽出，再用接种枪接种，最后塞紧棉塞。菌种要求接到料袋的中孔内，这样可缩短养菌时间，每袋接种量 12~15ml。接种后把菌袋搬到养菌室，进行养菌管理。

(五)发菌管理

菌种培养是指菌袋接种后菌丝长满袋的整个过程。菌种培养是黑木耳栽培中进行营养生长的过程，在此阶段应根据黑木耳菌丝生长所需的条件进行管理，使黑木耳菌丝生长健壮，达到生理成熟。只有菌丝生长阶段管理得当，才能为子实体的优质高产打好基础。

1. 培养室的选用

培养室是黑木耳接种后入室培养的场所，也称发菌室。空闲房屋、简易棚、日光温室等均可作为培养室。培养室要求清洁卫生，保温、保湿、遮阴、通风性能良好，周围环境洁净无污染、空气清新。

2. 培养室的准备

每季发菌前培养室要用高锰酸钾和甲醛彻底熏蒸，尤其连年生产的老发菌室。摆放菌袋的菌架多以木质材料搭建，缝隙多，杂菌易滋生，每季生产前方便拆卸的菌架利用阳光照射处理，不易拆卸的菌架可撒施石灰粉消毒。保证菌架平滑避免毛刺戳破菌袋，引起杂菌污染，可以铺设报纸。

将接种完毕的菌袋要及时移入发菌室，上架码放。上架时，菌袋摆放不要过密也不要过疏，过密会造成菌袋集中的部分温度过高，使菌丝生长过快而影响菌丝生长的整齐度，而温度过低又使菌丝生长缓慢，从而错过了最佳的下地时间。菌袋的排放视当时温度的高低和菌袋的大小而定，北方菌袋培养多数是层架式摆放，层架式接种口朝上立式摆放，每层摆放一层，便于温度和通风的控制；也可采用卧放式码放，以 3 层为宜，一般不要超过 6 层，行间需留有 5cm 间距。无培养架可直接摆于地面，可摆放 8~10 层，袋与袋之间成品字形排列。如果有周转筐，可利用周转筐直接在地面上堆叠，一般可放 5~6 层，有利于通风、保湿、降温。上架时一定要轻拿轻放，避免造成污染。菌袋以直立培养为佳。

3. 发菌期间的管理

在发菌期间，要经常检查菌丝的生长状况，发现杂菌污染的要及时处理，处理杂菌时要轻拿轻放，防止杂菌的孢子弹射造成大面积的污染。若污染不严重，可以移出发菌室进行单独培养，因为在出耳期这些菌袋仍有一定的产量；若污染严重，特别是橘红色链孢霉，则必须立即焚烧或深埋，避免造成杂菌的蔓延从而影响整个生产。

(1)环境管理

①温度：发菌室内的适宜温度一般为 22~25℃，为了更好地观察温度的变化，发菌室内一般要在不同高度、不同位置悬挂温度计。在菌种培养的过程中应掌握“前高后低”原则。萌发定植期 5~7d，温度控制在 28℃，让黑木耳菌丝尽快萌发定植、吃料，增加成品率；7~10d 后，菌丝便进入封面期，此期温度不宜过高，但也不能突然降低温度，应使温度逐渐降至 25℃；快速生长期(即菌丝长至 1/3 菌袋时)，此时袋内温度比室温高 2~3℃，室温控制在 21℃，一定要随时观察温度的变化，保证菌丝生长的温度在 22~24℃的最适条件下；后期随培养时间的延长，室温下降，培养 35d 以后菌丝进人生理成熟阶段，室温应控制在 18~20℃；45d 左右菌袋长满菌丝，可将培养室温度降至 5~10℃低温保藏。春耳发菌阶段，温度较低时要在耳房内用炉火或者空调加温，以保证最适的发菌温度。秋耳的发菌阶段外界

温度较高，所以可以通过通风来保持温度在适宜范围内。

②湿度：发菌期间，菌丝培育阶段要求室内干燥，空气湿度控制在65%左右，一般室内发菌不需要特殊调节，就能满足菌丝在发菌期间的湿度要求。但是如果在秋耳发菌阶段，湿度过高易造成杂菌污染；若开窗通风，则容易造成室内空气湿度的下降，易使培养料水分蒸发，可以在地上洒水用来增湿。

③光照：发菌室内一般要求完全遮光，在菌丝营养生长阶段对光照不敏感，但是在菌丝发育阶段则要求完全遮光，黑木耳菌丝一接触光线，容易抑制菌丝生长，会引起菌袋过早出现原基，形成耳芽，导致菌种的生活力减退，另外原基的过早出现会影响木耳的产量。但是在菌丝长满袋后，可进行曝光，从而促使原基的形成，诱发耳芽形成，利于出耳。

④空气：黑木耳是好气性真菌，在移入培养室后7~10d，即未封面前可以不通风。但以后要经常通风，使培养室始终保持空气新鲜，来提高室内的氧气含量，降低二氧化碳和有害气体的含量，以维持菌丝的正常生长，每天通风换气1~2次，每次30min左右。在培养期间通风应掌握“先小后大，先少后多”的原则。养菌后期应加大通风量；温湿度过高时，应适当增加通风次数和通风时间；装载量较大的培养室要安装换气扇，否则后期培养室温度难以控制。

(2)后熟(困菌)

在正常情况下，固体菌种一般40~50d菌丝长满菌袋，液体菌种一般30d左右才能长满菌袋。待菌丝长满菌袋后，根据品种特性调控温度、湿度等条件，将温度下降3~5℃，控制在22℃左右，强化通风降低湿度，继续培养10d左右，使菌丝充分吸收和积累大量营养物质，以达到生理成熟，这个过程称为困菌或者后熟。黑木耳后熟时间因品种特性而异，早熟品种的后熟期为7~10d，中晚熟品种的后熟期为30~40d。

黑木耳经过后熟培养过程，可以最大程度的继续分解基料营养、增加生物量、储备出耳能量，以保证出耳的生产效果。后熟阶段可以让菌袋曝光，刺激原基的形成。当发现大部分菌袋的接种块处有原基现出，即可转入出耳管理。

为了便于生产管理，现将黑木耳袋栽菌丝体培养阶段管理操作技术列表如下(表5-4)，以供栽培者参考应用。

(3)菌袋污染原因与防止措施

杂菌污染是黑木耳袋栽生产中的最大难题。如何防止杂菌污染菌袋，提高成品率，避免或减少损失，已成为耳农最关切问题。为此，应找准生产中菌袋污染原因，施行切实可靠的防患措施。

①原料品质低劣：杂木屑发霉，麦麸陈旧变质虫蛀，螨虫孳生，带来杂菌。尤其是麦麸变质、链孢霉极易侵入繁殖。为此原材料要求“三无”即无腐烂、无发霉、无变质。

表5-4　黑木耳袋栽菌丝体培养阶段管理技术日程一览表

接种后发菌时间/d	菌丝生长状况	操作技术要点	环境条件要求			注意事项
			温度/℃	湿度/%	通风状况/d	
1~3	菌丝萌发定植	菌袋重叠排放培养架上发菌，门窗遮光近黑暗	26~28	55~60	28℃不必通风	室内干燥、黑暗，气温最高不超过30℃
4~10	菌落伸入料内1~3cm	菌袋排稀，距离2~3cm	26~28	55~60	每天2次，每次30min	轻拿轻放，防止袋壁破损
11~15	呈现绒毛状，逐渐舒展接种穴	菌袋上下调换，结合通风检查杂菌	24~26	55~60	每天2次，每次30min	轻拿轻放，防止袋壁破损
16~25	蔓延穴口四周直径8~12cm	通风增氧	23~24	70	每天早晚通风，每次30min	通风散热，污染隔离
26~35	粗壮浓白，分枝密集	菌袋调换，检查杂菌	22~23	70	每天3次，每次40min	通风散热，空气新鲜
36~40	浓白纯色占袋80%左右	观察菌丝长势，衡量成熟程度	22~23	70	每天3次，每次40min	培养料颗粒大的菌丝已长满，可划口催耳
41~50	满袋白色并有少量棕色“米粒”	套环棉塞应去掉	22~23	60	每天3~4次，每次50min	光照刺激，划口催耳

②培养基酸败：杂菌喜酸性，如基料含水量过高，配料时间拖长，容易引起发酵变酸，杂菌孳生。为此要求配料时“三注意”：即注意晴天上午或傍晚气温低时配料；注意含水量控制在60%左右；从加水搅拌至装袋结束，时间不要超过5h。

③料袋破漏：袋子破裂或扎口不牢，有利于杂菌侵入繁殖。为此要求塑料袋无针孔，装袋要紧实，不留空隙，扎牢袋口不漏气。翻堆时对菌袋要轻拿轻放，小心搬运，不拖不磨，避免人为弄破菌袋，造成污染机会。

④灭菌不彻底：灭菌未按规定的时间操作，致使灭菌不彻底。为此料袋灭菌必须做到进灶要迅速，时间不宜超过2h，点火升温至100℃，时间不超过5h；视灭菌料袋数量合理确定灭菌时间，温度达标后保持15~24h不等。中间不停火，不降温；趁热卸袋，及时贴破补漏。

⑤菌种老化：常因菌龄过长，菌种老化抗逆力弱；有的菌种本身带有杂菌。优良菌种应是40d左右的菌龄，菌丝已到瓶底，浓白、均匀、粗壮、无间断，表层无变褐的菌膜，料与瓶吻合，菌丝无扭结成团原基出现。

⑥接种把关不严：接种时操作不当，易造成“病从口入”。为此接种要求做到“四消毒”：提前2d接种箱(室)消毒；料袋进房后再一次消毒；工作人员身手消毒；接种用具消毒。接种时还要做到“四注意”：料温必须在28℃下；菌种必须预先除去表层老化菌膜和扭结原基；接种室气温低，杂菌处于休眠状态，活动力弱；接种后必须开窗30min通风换气。

⑦高温危害：黑木耳菌丝生长温度超过30℃就会受到威胁，造成菌丝萎缩或

死菌。为此，要求发菌期必须控制好室内温度，使前期室内不超过 30℃，后期不超过 25℃，注意疏袋散热。

⑧环境污染：接种室、发菌室及叠袋场地，要远离畜禽舍和微生物发酵酿造厂；耳房四周清理干净，定期撒生石灰粉和喷杀虫农药；室内外均要保持干燥、清洁卫生。

杂菌污染因素很多，有的是单独原因引起，也有诸因素并存。分析时要认真观察，针对杂菌类型进行处理。

(4)菌袋培养的生理异常现象

①截料现象：即指菌袋在培养过程中，菌丝长至培养基中部或中下部，不再向下生长，使菌袋呈现断截面。这种现象与培养料和培养环境均有关联。

②拮抗线现象：由于培养料灭菌不彻底，病原微生物特别是细菌没有彻底杀灭，在接入菌种后：初期不会影响黑木耳菌丝的正常萌发、吃料。但随着时间的加长，未被杀死的杂菌开始大量繁殖，当黑木耳丝与大量繁殖的杂菌相遇时，菌丝就会停止生长，并在相遇的地方形成一道拮抗线。此时打破菌袋，未长黑木耳菌丝的培养料会有一种酸、臭的味道。

③黄印现象：黑木耳菌丝生长期间环境温度过高会造成菌丝生长缓慢，直到停止生长，在菌丝停止生长的地方会有一道黄印，打破菌袋，未长菌丝的培养料味道正常。此时如降低培养室的温度，经过 1~2d 的恢复，菌丝可重新生长。

④停滞生长：黑木耳是好氧型真菌，在养菌的过程中，需要有充足的氧气供应。如果培养间菌袋摆放过密，当菌丝生长生物量增多，通风不及时，造成氧气供应不足，菌丝就生长缓慢，直到停止。此时，增加通风、调整培养密度，菌丝可重新恢复生长。

⑤菌种不萌发或萌发后不吃料：培养期间还会出现菌种不萌发或萌发后不吃料的现象，这一现象说明菌种或培养基存在问题。一方面可能是菌种质量不好或活力受到影响和抑制。例如，遇到菌种传代繁殖次数过多，或菌龄过长，造成菌种退化；或菌种在培育过程中受到 30℃以上的高温伤害，致使菌种失去活力；或因接种操作过程高温和灭菌药物对菌种活力造成损伤，有的耳农当菌袋出锅后急于接种，仅仅靠手摸菌袋表面温度不高了就开始接种，当菌种接入后，菌袋中心的余热渐渐放出，使菌种受热过高，造成死亡，因此在接种时，菌袋一定要冷却彻底。另一方面培养基的质量问题也会造成菌种不萌发或萌发后不吃料。培养基水分偏干，接种后菌种本身的水分反而被培养基质吸收，加之菌种水分的自然蒸发，使菌丝干燥。也有的因接种穴打得太浅，菌种暴露穴外，造成干枯致死。再一方面培养基环境不利造成。黑木耳菌丝喜中性偏酸的环境，最适 pH 为 5.5~6.5。当培养基酸碱度过酸或过碱时，将不利菌丝生长，菌丝偏弱或不萌发，不吃料。产生培养基酸碱度不适合有可能是配料过程造成的偏差，也可能是由于灭菌时间

过长、温度过高造成培养基酸碱度变化或有毒有害物质产生。

(六)催芽管理

黑木耳完成困菌(后熟)后，菌丝长满菌袋达到生理成熟，为了整齐快速出耳，生产中多进行划口催芽处理。早熟品种一般可直接划口，中晚熟品种则需要再培养一段时间，待菌丝吃透料再划口出耳。菌丝若未达到原基形成的生理成熟程度，及早划口后就会出现耳芽形成慢、出芽不齐等现象，影响后期的管理。在菌袋的后熟培养期间，培养室内不用避光培养，可适量增加散射光，增大通风，诱导黑木耳由营养生长向生殖生长转换。

1. 菌袋划口

(1)划口方式

经过后熟后的菌袋，可将其划口，黑木耳菌袋划口的方式多种多样，有“V”形口、圆形小孔(简称小孔)、锯齿孔、“｜”形口、“／”形口、三角形口、十字形口、条形口等多种。目前以“V”形开口和圆形小孔为主，采用专用工具或机器划口。

(2)“V”形口开口与特征

将经过后熟的菌袋，去掉套环和棉塞，袋口用绳扎实后，用刀片或打孔机械沿袋壁划成“V”形口。“V”形开口的角度为45°~55°，角的斜线边长为2~2.5cm，开口刺破培养料的深度一般为0.5~0.8cm。规格为17cm×33cm的菌袋可在上、中、下部开3层口，呈品字形排列，每层4个口，每袋12个口左右，底部“V”形口距离地面5~6cm。

“V”形口的口形上大下小，菌袋上方的薄膜翘起，像伞一样遮盖穴口，避免浇水时直透穴口，引起杂菌滋生。划口处两条斜角连接，形成杏核大小的原基，顶起穴口的塑料膜，使它向上翘起。子实体本身封住穴口，水浇不进袋内，形成菌袋内干长菌丝，外湿长子实体的良好出耳条件。“V”形口形成的木耳子实体朵大，产量高，耳片大而舒展。但有些品种容易形成较大的耳根，需要人工撕成单片晾晒，否则会影响木耳的商品性。

斜线过长或过短对产量都有直接影响。斜线过长，培养基裸露面积大，外界水分也易渗入袋内，给杂菌感染提供机会；斜线过短则易造成穴口小、子实体生长受到抑制使产量降低。开口深浅是出耳早晚、耳根大小的关键，适宜开口深度，有利于菌丝扭结形成原基。划口过浅，子实体长得朵小，袋内菌丝营养输送效率低，子实体生长缓慢，而且耳根浅、子实体容易过早脱落；开口过深，子实体形成较晚，耳根过粗，延长原基形成时间。

(3)小孔开口与特征

为提高黑木耳的商品性，在东北的黑木耳主产区尤其是黑龙江省的东宁县，很多耳农采用了小孔出耳新技术。小孔出耳的最佳耳孔密度为孔间距 1.5~2.0cm、孔径 4~6mm、孔深 0.5cm。小孔栽培的菌袋处理多用刺孔机刺孔，每个菌袋刺 120~200 个孔。小孔栽培比“V”形口出耳优势表现在：小口栽培的黑木耳产品单片、无根、圆边，商品性大大提高，深受用户欢迎，销售市场价格可提高 30%~50%，经济效益明显。同时提高了采耳的劳动效率，不用去根、撕片；自然晾晒干得快，缩短了晾晒时间，减少了夏季阴雨造成的晾晒困难。

小孔栽培对应用菌种和辅材有特殊要求。栽培菌种应选择出耳早且齐、木耳片黑厚、圆边、碗状、单片、耐高温高湿、不宜烂耳的品种，如‘黑 29’。实践证明，小根大片类型的菌种在小口栽培种易形成单片木耳，而菊花形菌种在开小口的情况下也会形成朵状子实体。

小孔栽培出耳期需要菌袋与培养料紧密配合。因开口较小，如果袋料分离，所生长的耳芽很容易被塑料袋挡住，长不出袋外。因此要选用原材料优质、袋薄且拉力强的聚乙烯菌袋，这样菌袋与菌丝亲和力好，袋料不易分离，可降低由于袋料分离引起的水分过高、杂菌污染和病害发生，提高产量。菌袋拉力强，培养料才能装得紧，菌袋才不易破损。菌袋的正确选择是袋料小孔栽培成功的关键环节。装袋最好用防爆装袋机，要装得上下一样紧。

小孔栽培一般采用刺孔机，主要有滚筒式钢钉刺口机和板式刺口机。开孔大小、数量、形状各有不同，管理方法、产品形态和质量也有所差别。用直径 0.4~0.5cm 的钢钉刺口，产出的木耳无根，采摘省工，不用割根，一碰即掉，耳型好，不用撕片；用直径 0.6~1.0cm 的钢筋磨成三棱锥打孔产出的木耳根部略大，需要撕片，但管理难度低。用彩钢板制成的钢笔尖式的打口器，刺口开成月牙形，出耳快、耳型好(刘敬春等，2009)。一般 17cm×33cm 的菌袋装到 18cm 高，圆形口和三棱形口，以每袋刺 80~100 个口为宜；月牙形口，以每袋刺口 70 个左右为宜，可根据菌袋大小和口径大小灵活掌握刺口数量。

(4)“｜”形或“／”形开口与特征

为提高黑木耳的商品性，特别是耳根的大小，有的地方割口采用“｜”形、“／”形，两种割口方式，耳根较小，商品性能较好。菊花品种划 6 个“｜”形口，口长 10~12cm，距袋口和袋底各 3cm。

(5)划口时间与消毒

不要在强光、高温、大风、雨天划口。

开口时可直接将长满菌丝的菌袋搬到出耳场地集中，因雨天容易污染杂菌，所以，必须选择在晴天开口。不要在强光、高温、大风、雨天划口。在开口前必须对袋面进行消毒，划口时用 0.1%克霉王或高锰酸钾溶液消毒菌袋表面，然后倒立划口出耳。尽量在料袋紧贴处划口，不要在料袋分离处、皱折处、杂菌污染处(污染重的菌袋捡出另畦出耳)、袋内形成原基处及无菌丝处划口。开口刀片用酒精棉擦干净备用，特别是新刀片，需将表面机油擦掉。

(6)划口促原基形成

划口后进入原基形成和耳芽发生阶段，耳芽在未形成之前的原基形成期是由营养生长阶段向生殖生长阶段转变的过渡时期，也就是黑木耳由营养生长转入生殖生长阶段。划口后管理的首要任务是促进菌丝愈合并快速形成原基，由于人为地开口后菌丝断裂，对外界环境的抵抗能力下降，要促进菌丝愈合并形成原基，需要相对温和的培养条件。这个时期管理要求相对恒定的空气相对湿度、适宜的温度、微弱的通风及散射的光照等外界刺激。如果处理的不得当会出现不出耳、红根烂耳和霉菌发生，严重时还会使黑木耳栽培失败，造成经济上的损失。为确保原基迅速形成，必须认真掌握以下 5 点。

①集中复壮：由于菌袋从室内搬到野外，又经搬动和划口工序，菌丝受到一定挫伤，为使其迅速恢复，划口后必须采取集中培养复壮。把菌袋密排在 1~2 条畦床的排袋架上，罩紧薄膜，让菌袋在小气候内放 5~7d，使穴口菌丝尽快复壮。如果划口后直接把菌袋排放于各个畦床上，穴口菌丝容易干燥，喷水又易霉烂。

②保湿摆袋：经过集中复壮后，及时把菌袋分别摆放排袋架上，罩好盖膜。保湿发育保湿为主，保持穴口培养基表面湿度，以免干燥板结。空气相对湿度以 85%~90%为宜。一般不往菌袋的穴口上直接喷水，只可用 0.7mm 孔径喷水片的喷雾器，在架床四周及空间进行喷雾。如果空气湿度过大或水喷在穴口上，菌丝就会加速生长，形成一层白色菌皮，影响原基出现，或者菌丝易胶质化。

③干湿交替：干湿交替是促进原基形成的一种手段，经过上述保湿和微量喷雾后，穴口滋润。此时可进行揭膜通风，每天早、晚各 1 次，时间 15~20min，使畦床内更新空气。穴口表面湿度稍降，干干湿湿，袋内菌丝接触氧气后，加速新陈代谢，原基迅速显露，并逐步形成耳芽。

④温差刺激：冷热的温差刺激十分有利于出耳。当原基形成后，夜间可把畦床上的罩膜揭开，使白天与晚上形成温差。同时，夜晚空间细雾蒙蒙，适于原基分化成子实体。

⑤散射光照：黑木耳菌丝见光原基易现。散射光能诱发原基的形成，而且还能调节空气相对湿度，抑制霉菌孳生。因此，排袋后遮阳棚要有散射阳光透入，更好地促使原基迅速形成，并逐步分化。

2. 催芽

(1)催芽场地准备

出耳场地选在周围开阔、环境清洁、通风良好、地势平坦，易排水防涝、靠近良好水源、交通方便、便于管理的场地，如草地、平地、缓坡地或六阳四阴的林地，切忌低洼地。

①场地准备：地势较低易涝排水不好的地块应做高畦，坡地及排水良好的地块可做平畦或低畦。畦床宽 1~1.2m，畦间距 30~50cm，起垄做高畦的垄高 15~20cm，长度不限，床面平整，保证不积水。催芽时床面上可以暂时不用铺塑料膜，直接将菌袋置于菌床上面，利用地面的潮度促进耳芽的形成。

②场地处理：做畦时，先将床面上的杂草和杂物清除干净，在床面上浇透水。摆袋前 1d，床面用克霉灵 500 倍液喷雾或均匀地撒上生石灰消毒，并将盖菌袋用的稻草帘用克霉灵 500 倍液喷雾消毒。然后，铺上地膜或者纤维袋子或者稻草等，避免积水及浇水、下雨、揭帘时耳片溅上泥沙。南方为防高温主要覆盖稻草。地膜以渗水性好的有孔膜为宜，也可以摆袋时每个菌袋下方打一个孔。

③场地设施：根据黑木耳出耳期对水分的大量需求及北方地区早春干旱的气候特点，在摆袋前挖好贮水池，供微喷系统用水。南方高温多雨地区，在露地栽培的基础上，提倡塑料大棚或遮阳网用于临时覆盖，以利高温、强光、阴雨季节进行遮光避雨栽培，降低环境的急剧变化对黑小耳生长发育的影响。

④雾灌设施：雾灌设施在场地处理后铺设完毕。雾灌设施由干、支、毛三级高压聚乙烯塑料管微型雾化喷头及管件组成，干管直径 40~50mm，支管直径 25~32mm，毛管直径 10~12mm。干管连接水源垂直于支管，支管垂直于栽培床，毛管(一般长为 15m)平行于栽培床，悬挂在其上部。雾化喷头间距 1.5~2m，安装在毛管上面，喷雾时使耳干受水均匀，或者直接安装微喷管。

旋转式喷头需在各菌床间铺设塑料输水管道，在距地面 30~50cm 高度安置喷头，保证每个喷头可覆盖半径 6~8m，水在一定压力下经过喷头呈扇形喷出。这种浇水方法水大，子实体吸水快，节水效果较好。

(2)催芽方式

划口后 2~3d，菌丝恢复生长并在划口处形成愈伤组织，逐渐将划口线封住，形成“黑眼眉”，黑木耳由原基形成期进入耳芽分化生长期。此期管理重点是促进耳芽分化和生长，尽快生长出锯齿状曲线耳芽(珊瑚状黑线)。

催芽是促进耳芽分化和生长的关键措施。常用催芽方式有：室内集中催芽、室外集中催芽和室外直接摆袋催芽 3 种。耳农可以根据不同的气候条件、自家经济和技术条件，选择不同的催芽方式。

(3)室内集中催芽

为避免室外气温、环境的剧烈变化对菌丝愈合的影响，菌袋划口后采取在室内(或大棚内)床架上立式摆放催芽。室内催芽易于调节温度、湿度，保持较为稳定的催芽环境，菌丝愈合快，出芽齐，比较适合春季室外温度低、风大干燥的地区。

室内催芽要求培养室内污染菌袋少，杂菌含量少，并且光照、通风条件好。催芽时将开完口的菌袋松散地立式摆放在培养架上。割过口的菌袋，菌丝体吸收大量的氧气，新陈代谢加快，菌丝生长旺盛，菌温升高。为了避免温度快速升高而烧菌，菌袋之间留 2~3cm 的距离，以利于通风换气。如果室内温度过低，菌袋开口后先卧式堆码在地面上，一般 3~4 层，提高温度有利于开口处断裂菌丝的恢复，培养 4~5d 待菌丝封口后采取立式分散摆放，间距 2~3cm，如菌袋数量过多也可以双层立式摆放。

室内催芽以控温保湿为管理重点，同时兼顾光照、通风等因素。

①温度：开口后的前 4~5d 是菌丝体恢复生长的阶段，室内温度应控制在 22~24℃，促进菌丝体的恢复。5d 左右菌丝封口后，可将室内温度控制在 20℃以下，并加大昼夜温差，白天温度高时适当降温，夜间温度低时可以开窗降温刺激出耳。如果室内温度长时间过高，开门、开窗也降不下来，则不适合继续在室内催芽，应及时将菌袋转到室外。

②湿度：通过向地面洒水或用加湿器等增加湿度。菌丝体恢复生长的阶段，割口处既不能风干失水又不能往割口上浇水，空气相对湿度要控制在 70%~75%。之后逐渐增加室内空气的湿度，空气相对湿度要提高到 80%左右，每天地面洒水，空间、四壁上喷雾。具体操作方法是每天早、午、晚喷水 3~5 次，喷水前打开门窗通风 30min，然后喷水喷雾，再关闭门窗保温保湿。菌丝愈合后有黑色的耳线形成并已经封口后，可以适当向菌袋喷雾增湿。

③光照：耳芽形成期间需要散射光照，若光线不足影响原基的形成，延迟出耳；但是较强的光线会引起菌袋身上出现原基，造成不定向出耳。如果大棚或室内光线过强要适当的遮挡门窗，或者菌袋上苫盖草帘等遮阴物进行遮光。

④通风：室内空气新鲜可以促进菌丝的愈合和原基的分化。适当通风还可以调节环境的温度、湿度。室内温度、湿度过低时应以保温保湿为主，少开门窗减少通风，尤其是在开口后的菌丝愈合期应防止过大的对流风造成开口处菌丝吊干。如果室内温度高于 25℃可全天敞开门窗，让空气对流降温，防止烧菌。

室内催芽一般经过 15~20d，开口处形成耳基，这时就可以摆放到出耳床上，进行出耳管理。出袋之前室内停止用水并打开门窗通风 2~3d，使耳芽干缩与菌袋形成一个坚实的整体，再运往出耳场地进行出耳管理。

(4)室外集中催芽

北方地区春季气候干燥、气温低，风沙大，为使原基迅速形成，采取将菌袋隔畦密集排于室外催耳床内，盖上消毒湿草帘(用克霉王或甲基托布津 1000 倍液浸泡，控净水分)和塑料薄膜(或用小拱棚)催耳，待耳芽形成之后再分床进行出耳管理。

划口后把菌袋集中摆放在室外耳床上，间隔 2~3cm，摆放一床空一床，以便催芽环节完成后分床摆放。盖上草帘，如气温低可先覆盖一层塑料薄膜，上面再苫盖草帘。依靠地面、草帘的湿度保持环境湿度，靠草帘和塑料薄膜保温，保证开口处菌丝不易干枯，尽快愈合扭结原基。催耳温度掌握在15~25℃，一般15~20d原基就可以形成。

集中催芽主要是解决气候干燥、风沙大、原基形成缓慢、出耳不齐影响产量的问题。对于自然湿度大、风力缓和的地区，集中催耳时应加强通风。还需要注意的是集中催芽后要适时分床管理。分床疏散管理的最佳时期是原基上分化出锯齿曲线耳芽时，此时耳片生长需要较大的温差、干湿差和适当散射光。分床时应在晨曦或夕照中揭开草帘．将袋疏散开，按常规出耳摆放。若分床过晚，会造成耳片粘连，严重时导致互相感染。

经过集中催芽后的菌袋，在管理上掌握好：耳基形成期以保湿为主，使穴口培养基表面湿润，以免干燥板结，空间相对湿度以85%左右为宜。喷水一般不往菌袋的穴口上直接喷，只可对空间进行喷雾。如果空间湿度过大或往穴口上喷水时，菌丝就会加速生长，形成一层白色的菌皮，影响原基出现，或者菌丝易胶质化。向草帘喷水保湿时不允许草帘上有水滴淋入开口处，夜里可将草帘掀开通风。林区早晚雾大时，可掀开草帘，更有利于原基形成并分化耳芽。

黑木耳原基形成与分化耳芽，需要人为进行干湿、温差、光照刺激。干湿交替是促进原基形成的一种手段，经过自然地湿和微量喷雾后穴口滋润，此时可进行接膜通风，每天早晚各1次，时间15~20min，使菌床内更新空气，穴口表面湿度稍降，干干湿湿，袋内菌丝接触氧气后，加速新陈代谢，原基迅速显露，并逐步形成耳芽。冷热的温差刺激十分有利于出耳，因此，当原基形成后，夜间可把菌床上的覆盖物去掉，使白天、夜晚形成温差。同时，夜雾也适于原基分化耳芽。菌丝见光原基易现，散射光能引诱原基的形成。

催芽过程中耳芽形成的条件及管理要点。

①湿度：原基形成期需空气相对湿度80%以上，开口处一经风干后，再形成原基的能力就差。为解决这一问题，在原基形成期摆袋后保持出耳床面湿润，保持草帘湿润，地面与草帘之间的空气相对湿度即可满足需要。保持床内的湿度，要少喷水，勤喷水，一般用喷水带喷水每次不超过5min，每天需喷4~6遍，做到草帘的水分湿而不滴为宜，在湿度较高的情况下，要将塑料薄膜揭开，傍晚时重新盖好。

②温度：黑木耳出耳时的温度范围是10~25℃．原基形成和分化为15~25℃。如耳床内长期处于15℃以下温度，菌丝活力较差，原基形成自然缓慢。如遇温度偏低时，可罩大棚膜，利用光照增温，但要注意定时通风。要严格控制菌床内的温度不能过高，出现高温及时通风，发现菌袋出黄水或者霉菌污染，要及时撤掉草帘，进行晒床。

③温差：黑木耳耳芽形成过程要有一定温差，即夜间的温度与中午的温度差距应大于10℃左右。如昼夜温差过小也会造成原基形成过慢。用地下水或井水浇灌，由于水温较凉，可起到加大温差的效果。也可根据栽培地温度情况，可盖或

不盖草帘或加盖塑料布等办法增加温差。夜间掀开覆盖草帘，可充分利用北方昼夜温差大的特点，刺激原基形成。

④光照：适当的散射光可诱导耳基形成，因而草帘不应过密，以“七阴三阳”为宜，这样菌床内有适当的光线。可视温、湿度情况于早晚掀开草帘 30~60min。

⑤通风：耳芽形成期间既怕不通风造成缺氧，又怕通风过大引起水分过度散失，应按照“保湿为主、通风为辅、湿长干短”的原则进行。既要防止通风过大把开口处的菌丝吹干，造成出耳困难，又要防止菌床内高温高湿引起菌袋伤热，造成开口处杂菌感染，出现流红水、霉菌感染等现象。

(5)室外直接催芽

在室外菌床上铺地膜，然后将菌袋直接按照出耳方式摆放在耳床上，上面盖塑料薄膜和遮阳网(稻草帘)。

室外直接摆袋催芽适用于低洼地块或林间，按照室外集中催耳方法将耳床处理好，床面覆盖有带孔的塑料薄膜，也可用稻草、单层编织袋等覆盖，防止后期喷水时泥沙溅到耳片上。将长满菌丝且经过后熟的菌袋运到出耳场，在耳场割口后将菌袋均匀地摆放到菌床上。菌袋间隔 10~12cm。摆放后菌袋上苫盖草帘或遮阴网直接进行催耳，如果春季气温低、风大可在菌床四周用塑料膜围住，整个菌床再盖上草帘避光。床内温度控制在 25℃以下，湿度控制在 70%~85%，两天后开始喷水，一般早晚温度低时喷水，即上午 5~9 时、下午 5~7 时，每次喷水 5~10min。雨天不喷水、中午高温不喷水、阴天少喷水。经过 15~25 天就有耳基形成。耳基形成后应将草帘和塑料膜撤掉，进行全光管理。

(七)出耳管理

1. 排场出耳

(1)地摆方式

全日光地摆式出耳一般采用菌袋立式摆放，分为倒立式摆放出耳和正立式摆放出耳。倒立出耳是去掉棉塞、颈环而将菌袋底部朝上倒立放置出耳方式。倒立出耳操作较简便，袋内菌丝与床面湿气互为补充成为一体，但袋放置后易倒伏。正立出耳是去掉棉塞、颈环后，用绳或胶圈扎紧袋口，袋口朝上直立放置出耳出耳方式。正立出耳在菌丝距袋底 1~2cm 处划口，划口偏向上部，把口的上部装实，防止菌龄过长和含水量偏高，缩短了养菌时间，放在地上稳定，便于后期管理，但多一道程序、费人工。无论哪种出耳方式，在菌袋排放前耳床铺上打孔专用膜或稻草后再进行排袋，然后最好用一个与袋底同样大小的木槌先在地面砸一下，使摆上去的袋比较平稳。

(2)分床排袋

分床排袋是指将原来催芽时的1床菌袋按一定间距和格式排放成2床菌袋的出

耳管理措施。分床排袋时间要根据气温变化、耳芽形成情况、栽培品种类型等因素来决定。如北方地区春季旬平均气温保持在15℃以上时，即5月初至5月中旬就要下地排袋；而当催芽结束、割口处耳芽已经隆起并将割口处封住的时候，则要及时分床。

分床时间拖后容易导致木耳还未出完就面临高温期，感染杂菌机会增多，而且在高温下生长的木耳薄且黄，品质不好。但分床也不可以过早，因为分床太早室外气温低，耳芽生长缓慢，时间长会增加感染杂菌及病害机会。从耳芽形成情况看，耳芽一旦形成，就要及时分床。若分床过晚，因催芽时菌袋摆放较密集会导致相邻袋之间的耳芽互相粘连，这时菌袋再分开时会使一部分耳芽被粘到另一个菌袋的耳芽上，不仅会使丢失耳芽的菌袋出现缺芽孔，而且由于粘连的耳芽随着浇水烂掉而给粘连耳芽的菌袋也带来病害，所以观察耳芽隆起接近1cm的就要及时分床进行出耳期管理。

东北等北方地区短袋栽培下地出耳时，菌袋排放的行与列原则上按照“品”字形摆放，菌袋直立排放在畦床上，排袋时袋与袋间距10cm左右，每平方米排放25袋，每亩可利用400m^2，排放1万袋左右。

浙江等南方地区长袋栽培时，畦床消毒杀虫后铺上干草或稻草、遮阳网。用小木(竹)杆或铁丝搭纵向3排、高30~35cm、行距40~50cm的支架，菌棒与地面成60°~70°角斜靠在支架上均匀排布，间距10~15cm。

2. 出耳田间管理

当原基逐渐长大，耳芽生长并逐步展开分化成子实体，就进入了出耳管理阶段。这个阶段要根据黑木耳子实体对温度、湿度与水分、光照、氧气等环境因子需求开展管理。

(1)温度

温度对子实体生长关系密切，温度高，子实体生长快，成熟早，总产低；温度低，子实体生长缓慢，生长期长，总产量反而高。由珊瑚状原(耳)基长至2~3cm(杏核大)，开始伸出小耳片。这个时期要保持温度15~25℃，以18~23℃最佳。至耳片生长阶段所需温度为15~28℃，这个阶段温度主要受外界气候控制。若自然温度过低，则可在上面覆盖上草帘用来保暖。子实体生长期7~10d，即从开片到子实体成熟期，这期间耳芽生长较快，几天后便长成不规则波浪形耳片，形成“鸡冠”、“菊花”状耳丛，此期以保持床温15~25℃为宜。温度过高地区需要遮阴降温，床温超过26℃也可增加喷水次数以降温，但要注意湿度过大合并高温易烂耳。

(2)水分及湿度

黑木耳袋料全日光地摆式栽培耳片生长期间，湿度的控制和水分的管理极为重要。水分管理遵循“见干见湿，干湿交替”的原则，对耳片生长不同时期、不同天气气温状况和不同耳片及菌袋状态等情况，通过间歇喷雾浇水管理办法，合理调节浇水的频率、时长等，从而创造黑木耳子实体生长的最佳环境。

①耳片生长不同时期水分管理：黑木耳子实体生长发育可分为幼耳期、成长期、开片期和成熟期，不同的生长阶段对空气湿度和水分的要求也有差别。

幼耳期　黑木耳子实体主要依靠菌丝体从培养基内吸取养分和水分，输送供养幼耳生长。这个阶段水分管理原则上让菌袋所处环境的空气相对湿度为85%，用水以轻喷、微喷为主，不能直接向菌袋穴口喷水，只可用0.7mm孔径喷水片的喷雾器，在空间喷雾化水，尽量保持地面湿润。如果空气相对湿度过大或喷水穴口上时，菌丝加速生长，形成一层白色菌皮，就会影响原基出现或者菌丝易胶质化。

一般情况下，有遮阴的地块，每天早晚浇1次水，每次15min；全日光的地块只有少量多次浇水才能保持住湿度，管理上要求早晚各浇2次，每次15~20min。幼耳期注意浇水不能过多，否则子实体基部总是处于较湿状态，不适合菌丝生长，有的甚至使基部离开袋体，造成离袋现象，严重的会造成耳芽脱落。另外湿度过大容易引起霉菌侵袭，导致烂耳。

成长期　黑木耳子实体生长旺盛，所需养分、水分较集中，菌丝体必须加速降解基内物质，满足耳片快速生长的需要，子实体呼吸作用加强，对空气相对湿度和氧气的要求也随之增加。此时喷水量要逐渐增加，空气相对湿度由原来的85%提高到90%~95%，如喷水量不足，空气干燥，则干缩部位的菌丝常易老化衰退，耳片僵化，影响分化。向菌袋喷水，以耳片湿润不收边为准，但也不可喷重水或过头水，喷水同时应结合通风，以免高温高湿而烂耳。浇水控制在早晚各浇2~3次，每次20~30min，最好浇水有一定间隔期。湿度过大，菌丝有退菌现象，甚至子实体腐烂，造成流耳、烂耳现象或绿藻发生。成长期一定要给予黑木耳“干干湿湿”的条件，需要在此期间晒床3~5次，当发现黑木耳生长速度明显放慢的时候就要及时晒床2~3d，然后再浇水，此时会发现黑木耳又能很快生长。

开片期　应通过加大空气相对湿度至90%以上和通风来保持耳片迅速生长，每天早晚各浇水3~5次，以夜间浇水为主。以黑木耳向外展片为标准，浇水频率以干湿交替为特征。湿时浇水使耳片吸饱水，表现为膨胀、外观发亮和伸展。湿度若低于80%，耳片会生长迟缓、变薄、颜色不正；若超过95%容易滋生杂菌，划口处菌丝停止生长而退菌，子实体也会失去菌丝体营养供应而停止生长，造成杂菌感染或烂耳、流耳。

成熟期　经过科学的管理，菌袋上耳朵越来越大，当耳片展开、边缘内卷、腹面略有白色孢子时，标志木耳已经成熟，就要停止喷水，转入采收。如果管理得当，从小耳形成到采收需半个月左右。采收前一天停止喷水，便于采耳、晒耳。采完后停水3~5d，以利菌丝恢复生长。以后再轻度喷水，适当增加空气湿度，这样有利于二潮耳芽出现。

②不同天气气温的水分管理：晴好天气要正常浇水，按照子实体发育不同时期水分要求进行管理；若遇高温天气，气温超过26℃，则白天尽量不浇水，而在夜间温度低时浇水；如遇干旱天气一定要在夜间多次浇水；遇阴天要少浇，遇雨天则不浇水。

要根据实际气温情况，灵活水分运筹。在温度低于15℃时，可少浇水，因温度低，木耳生长慢，还不需要大量的水分，只要保持菌袋处于微湿的环境即可；在黑木耳正常生长温度范围内，要根据发育阶段水分要求进行管理；如果气温超过25℃，应安排早晚浇水，一般上午9时以前、下午4时以后等菌袋温度基本降至接近气温条件时再喷水，因为温度高时如果湿度也很大，杂菌滋生的机会就大，出现病害就多。遇有高温且不可盲目喷水降温，可先加大通风，降低湿度，待高温期过去后，再增加湿度，一定不要"高温高湿"。否则极容易大面积感染木霉菌，造成减产甚至绝产。

③菌袋及耳片不同状态的水分管理：生产上要经常检查菌袋变化情况，依照菌袋情况确定浇水频率和时长。如果菌袋有稍微变轻或脱水的情况要浇水；菌袋较沉，用手握住菌袋感觉袋内及耳芽根部水分尚可时少浇水，另外菌袋温度高时不要浇水。还要仔细观察耳片的状态，如果耳片失水卷缩、耳基根部缺水时要浇水；待耳片伸展发亮，充分膨胀时可停水。同时，还要注意在温度较高的情况下不能让耳片长时间保持膨胀，否则会导致流耳现象发生。一般在出耳期最好避开高温浇水，选择在夜间温度低时浇水。

④干湿交替的浇水管理方法：黑木耳耐旱性强，耳芽及耳片干燥收缩后，在适宜的湿度条件下，又可恢复生长发育。停水时子实体干缩、生长停滞，袋内菌丝继续分解吸收培养基内养分，为子实体生长积累营养和能量；浇水时子实体膨胀生长，空气相对湿度为85%~95%，进一步消耗培养基和基内菌丝中的养分。根据栽培者的实践经验，喷水必须掌握"五多五少"，即耳芽多时多喷，耳芽少时少喷；耳萎缩多喷，耳湿少喷；晴天多喷，阴天少喷；冬天多喷，春天少喷；气温高多喷，气温低少喷。所以在整个出耳时期水分管理应"干干湿湿，干湿交替"，充分协调菌丝和子实体的生长。

黑木耳子实体生长一个阶段后长得慢或根本不长，并出现发软、发红、烂耳、弹性下降和流耳等现象，这是长时间湿度过大，造成子实体根部积水、菌丝停止生长，子实体失去了营养供应所致。为避免这种现象，在木耳成长期和开片期，实行干湿交替管理措施，有利于根部菌丝恢复生长并能有效控制霉菌繁殖。如发现子实体长得过慢或不长，可停止浇水，让阳光直射2~3d，让耳根的菌丝提供大量营养供给子实体，从而使子实体吸足水分快速生长。

(3)光照

黑木耳子实体生长阶段需要足够的散射光和一定的直射光。增加光照强度和延长光照时间，能促进耳片的蒸腾作用，并提高其新陈代谢，有利于耳片色素形成，使耳片变得肥厚，色泽变黑，品质好。如光线不够，耳基不易形成，耳片颜色浅，子实体为浅黄色，商品价值低。此外光对霉菌有一定的抑制作用。据试验，光照强度在400lx下，黑木耳是浅黄色；1000lx以上，黑木耳为黑色。出耳阶段光线要求“三分阳，七分阴”的花花光照。

(4)氧气

黑木耳属好氧型真菌，在长耳阶段呼吸作用加强，需要大量的氧气，要经常保持空气新鲜。特别是在气温高、湿度大的情况下，更需要通风换气，促进出耳和耳片分化。黑木耳生长过程出现的各种问题，往往都与通风有关，如耳片生长缓慢，并生长漏斗状耳柄，则说明通风换气差，应及时揭膜通风，使耳片尽快恢复生长。此外，感染杂菌、耳片畸形、根部大，以及流耳、烂耳、拳耳等现象的发生，主要是通风不良引起。有句俗话：“通风治百病”，说的就是这个道理。为防止这些病害的发生，要从预防开始，最主要的就要时刻注意通风管理。低温季节，应缩短通风时间，并选择中午通风10~15min，以满足子实体新陈代谢中对氧气的需要，才能确保正常的生长发育。注意盖膜切不可密不透风，如果畦床内的二氧化碳浓度超过0.1%时，就会影响子实体生长。通风量大，光照强，则黑木耳颜色深、耳片大、肥厚、品质好。

菌床出耳后期，随着浇水量增加，杂草大量长出，所以出耳期还要注意人工除草，改善通风环境。

(八)采收与采后处理

1. 黑木耳成熟标志

黑木耳的耳芽刚长出来时，颜色深褐，通常呈粒状或杯状，子实体褐色，耳片内卷，富有弹性。当黑木耳的耳片充分展开，边缘起皱变薄变软，耳色变淡，耳基收缩，肉质肥软，个别耳片腹面略见白色粉状物(孢子粉)，说明耳片接近成熟或已经成熟，应及时采收。

2. 黑木耳采收

凡已长大成熟的黑木耳，均应及时采收，这是实现丰产丰收的最后一个环节。

(1)适时采收

黑木耳从分床到完全成熟采收，需要30~40d的时间，黑木耳达到生理成熟以后耳片不再生长，此时要及时采收。生产上一般提前在黑木耳达到商品成熟时采收，即当黑木耳耳片长到八至九成熟且尚未释放孢子时采收为宜。此时耳片肉厚，色泽好，产量、品质和商品性高。如耳片完全展开达到生理成熟，耳片腹面大部分产生白色孢子粉，则晾晒后的木耳形态不如碗状木耳商品性高，而且过度成熟会使重量减轻。如果采收过晚，耳片就会散放孢子，孢子弹射消耗一部分黑木耳的营养物质，生产的耳片薄、色泽差，还会降低子实体干重。孢子弹射后子实体开始衰老，逐渐自溶腐烂。所以黑木耳应在孢子刚一弹射时采收，否则会导致子实体色浅、片薄和减产。

(2)采耳时间

应在雨后天晴，黑木耳的耳片已干，耳根尚湿润时采收。若晴天采收，采耳前1~2d停止喷水，让阳光直射，使耳片收缩稍干，次日早晨趁露水未干，耳片潮软时采摘。如果耳片过干，则应先喷水，让耳片润湿后再采收，否则容易将耳片弄碎。这样采收的黑木耳，含水量少，很容易晒干，不会出现拳耳，碎耳也少。如遇连续阴雨，成熟的黑木耳也应在雨天采收，以免造成烂耳。

(3)采耳原则

应分批采收，以采大留小为原则，将成熟的耳片采下，而稍小的木耳待其长大时再进行采摘。分批采收使木耳大小均一、质量好，并且节省晾晒空间。

(4)采耳方法

代料栽培的黑木耳，有两种采收方法。

①连根摘下：采摘时一手把住菌袋，一手拇指和食指捏住整朵耳片和耳根部，稍加扭动向上一拉，即可把子实体连根完整地采下来，放于盛耳的器具中。这样采摘的黑木耳朵形完整，等级高。采后用剪刀剪去带培养基的根部，用水洗净附在子实体上的杂物，以免残根溃烂，引起杂菌和害虫的危害。这种采耳方法适应于只收一潮耳及单耳采摘。

②单割子实体：把子实体割下，耳根留在栽培袋上，待刀口几天愈合后再浇水，促使耳根长出新耳。这种采耳方法适应于收二潮耳、三潮耳。

3. 黑木耳干制

黑木耳采收后要及时晾晒或烘干，由于黑木耳是胶质体的，采摘时还在进行着生命活动，采收后的耳片还维系着有氧呼吸，如果不及时晾晒及烘干，就会释放出大量的孢子，导致黑木耳自溶、腐烂。因此采后及时干制是确保黑木耳产品质量的重要一环。

(1)干制预处理

干制鲜耳务必洁净卫生、不带杂质。剪去带培养基的根部或者顺耳片形态手工撕成单片后摊于晾晒席(或纱网)上曝晒，单片木耳直接晾晒，拳耳、流耳、畸形耳等分拣后单独晾晒。如果鲜耳上溅有泥沙或草叶等杂物，可在清水中漂洗干净，再进行干制。但“过水”耳不仅不易干制，而且有损质量，因此，除极其泥污的鲜耳之外，一般的应尽量不用水洗。

(2)干制方法

①自然晾晒：黑木耳采收后主要自然晾晒干制，成本低，简便易行。生产中

多采用摊地铺膜晾晒、网架晾晒、简易覆盖网架晾晒 3 种方法。第一种方法无需固定场地、简便易行，但晾晒效果差，影响耳片卫生和质量；第二种方法通透性好，但雨天容易淋湿或无法及时干燥；第三种方法既保证了晾晒效果，遇雨又可以随时覆盖防雨，能够保证产品的卫生和质量。

目前，生产上主要提倡使用简易覆盖网架晾晒方法。黑木耳晾晒设施是用木质架子搭成，铺上纱网，把采摘下来的湿木耳摊放在上面晾晒。架高 80~100cm，宽度在 1.5~2.0m，架子上方用竹条围成拱形篷，上面可盖塑料布防雨。在床架上面每隔 1m 用竹条搭制人字架拱棚，床架一侧放置好塑料布或苫布。晴天因纱网通风好，晾晒得快；阴天由于纱网与木耳接触面积十分小，不会粘连在纱网上；遇上连雨天，将床架上的塑料布或苫布盖上遮雨，里面照样通风、透气。这种方法既适合晴天又适合阴天和连雨天，优点是成本低，通风好，晾晒时间快，晾晒出的干木耳形状美观、质量好，售价高。晾晒床架搭制的尺寸可以随着地形自由选择宽度和长度。塑料布用塑料绳或铁丝固定于床架上，每隔 1~2m 最好用绳暂时捆住，以防风大将塑料布掀开。

黑木耳品质不同晾晒时间不一，一般晾晒 2~4d，如果木耳片厚则晾晒时间长一些；如果木耳片薄，则晾晒时间短一些。晾晒时先基部朝上晾晒，然后翻晒。注意晾晒前期不要随意翻动，以免耳片破碎和卷朵，形成拳耳，影响感观质量。一定要使耳片干燥一些再慢慢翻动。夏天害虫较多，应将伏耳多晒一段时间，晒干了再翻晒几次，以便晒杀躲在耳片里面的害虫。

②机械烘干：如果采收期间内遇连阴天，就应考虑烘干加工，用引风机排湿。烘干起始温度以 35℃为宜，以每隔 2h 升温 5℃，最高温度不应超过 60℃，否则容易使耳片变薄，失去价值。烘干过程中的关键是排湿，排湿措施不好，也会使耳片质量下降，按科学烘干方式，才能烘制出质量好的黑木耳产品。

4. 黑木耳采收后管理

正常情况下，黑木耳代料栽培的菌袋一般可采收二潮耳，甚至三潮耳。头潮耳朵大，片厚，色深黑，品质好，产量可占整个采收期产量的 85%~90%。为了挖掘代料栽培黑木耳多潮次出耳生产能力，进而达到高产优质的生产目标，采收后的科学管理尤为重要。

(1)翻转耳木

采耳后，耳木要上下倒转，原来的阴面转向阳面，使耳木均匀地接受温度、湿度和阳光，促使黑木耳菌丝均匀生长，耳木周身出耳。

(2)适时采收

适时采收是黑木耳多潮出耳的关键。有的耳农为了争取多产耳，无限度的拖延采收期，以致子实体成熟过度、营养消耗过大、产量降低，并造成烂耳和引起杂菌感染，使耳木丧失了再生能力。所以，一潮耳一般在商品成熟期(八成至九成熟)采收，不能在孢子弹射后或过于成熟时采收。

(3)养菌促芽

一潮耳采收后，要停止喷水 2~3d，使开口处培养基稍干，让新菌丝经过 3d 左右恢复再生后进行喷水，喷水后可促进新的原基分化与幼芽形成，管理方法同一潮耳。

(4)及时补水

经出一潮耳后，菌袋内含水量会明显下降，通常会降低 15%~20%。如果一潮耳管理不善，水分下降 30%以上，则水分不能维持菌丝自身需要，无法为子实体输送水分，造成二潮耳出耳困难或不出耳。同时，采后伤口处经强光曝晒，使袋内水分蒸发，表面菌丝发干。易造成原基难现，不长耳。因此，2~3d 向空间喷雾化水，3d 以后可向菌袋上喷雾水，使袋面和原出耳口粘有细粒状水珠，空气相对湿度保持在 85%。温度控制在 15~25℃。当原采收口长出黑粒状原基时，按照一潮耳出耳管理方法，即可诱发耳芽并分化成耳。

5. 消毒灭菌

采收后耳根必须挖净，不留残耳，还要把耳床上的残留耳根、木屑及草帘碎屑清理干净。采收后将污染严重、没有出耳价值的废菌袋剔除，将剩余菌袋按长耳多少、基质强弱重新分类摆放。重摆前用石灰或克霉灵等药物对耳床进行彻底消毒。

黑木耳划口出耳至子实体成熟，通常需 60d 左右。在这 60d 管理措施得当就可获得高产、优质产品。这期间包括划口、诱基、幼耳、中耳、成熟、采收加工等过程，每个环节稍有疏忽或管理失误，都会直接影响产量和品质。为了便于栽培者在生产中直观参考和应用，特对黑木耳子实体生长阶段管理日程列表如下(表 5-5)。

表5-5　黑木耳袋栽子实体生长阶段管理技术日程表

划口增穴后时间/d	子实体长势	作业内容	环境条件要求			注意事项
			温度/℃	湿度/%	日通风次数	
1~5	透明粒状原基分化	菌袋消毒，开洞增穴，喷雾空间	24~26	85~90	2 次，每次 20min	增光诱饵，空间喷湿，空气流畅
6~10	耳芽伸展膨大	每天喷水 1~2 次于菌袋及空间	23~25	90	2 次，每次 40min	幼耳期防止穴口积水和菌丝缺氧
11~20	日长 0.5cm，耳片肥厚，色黑	每天喷水 2~3 次于菌袋及空间	20~25	90~95	3 次，每次 30min	成耳期温度不超过 30℃和不低于 18℃，防止流耳

续表

划口增穴后时间/d	子实体长势	作业内容	环境条件要求			注意事项
			温度/℃	湿度/%	日通风次数	
21~25	耳根收缩，耳片起皱，光面粉白	停水 1d，采收第 1 潮耳后，再停水 1~2d	23~25	85~95	3 次，每次 1h	采收期防止闷热，选择晴天采收，不留耳根
26~30	二潮耳芽初露喇叭状	每天喷水 2~3 次于菌袋和耳片，边采收边管理	23~25	90	2 次，每次 30min	控温保湿，防止洞口积水，注意空气新鲜
31~40	耳片逐渐膨大呈朵状，色深黑	停止喷水，边采收边喷水，每天 2~3 次	23~25	90~95	3 次，每次 1h	保湿保温，稻草、甘蔗渣为培养料的采收结束
41~60	幼耳逐渐膨大成熟	每天喷水 2~3 次，采前 2d 停水，让养分输送进耳片	23~25	90~95	2~3 次，每次 40min	棉籽壳、木屑为培养料的继续长耳，控温保湿，干湿交替

二、黑木耳段木栽培技术

黑木耳段木栽培是把适于黑木耳生长的树木砍伐后，将树枝、树干截成木段，放在适宜的场所进行人工接种、培养和栽培管理，这种生产方法叫做黑木耳的段木栽培。

黑木耳段木栽培是一种传统的栽培方式，操作简单，管理方便，生产成本低，其产品口感软嫩、营养丰富，适于林木资源丰富或具有木耳专用林的地区栽培。目前，由于国家实施“天然林资源保护工程”，木段砍伐受到限制，东北黑木耳段木栽培越来越少，而在湖北、陕西、重庆、安徽、河南、四川、贵州、广西等地仍延续采用。

(一)栽培季节

黑木耳属典型的腐生菌类，是木腐真菌，菌丝只能在死亡的段木上定植生长，不能在活树或尚未死亡的段木上生长，故段木砍伐后需 20~30d 的干燥脱水才能使用。从全年气候变化来看，栽培季节适合安排在春、秋两季。由于秋季降温快，大面积生产管理难度大，所以一般安排在春季接种和栽培适宜。

接种时间一般掌握在气温稳定在 10℃左右。在长江流域一带，一般在冬季或立春前砍树，惊蛰后接种，立夏时进入出耳管理期。北方地区则可推迟 1 个月左右进行接种，即春季 3~4 月进行接种，最好选在雨后初晴，空气湿度大，气温较高的时候进行；若选择立春节气接种，此时温度较低，可在接种后加盖塑料薄膜，使堆内温度适当提高。由于段木质地较坚硬，接种后至菌丝发育完成需要 50~60d，此期当地年平均气温稳定在 18~22℃，而菌种制作至菌丝发育完成需要提前 70~90d，即在接种前 20~30d 开始安排制做栽培种。

不少种植者由于生产季节延误，造成黑木耳减产，质量降低。在栽培季节上，应根据自然气温的变化，合理安排接种期和出耳期。

(二)场地选择与整理

1. 黑木耳段木栽培工艺流程

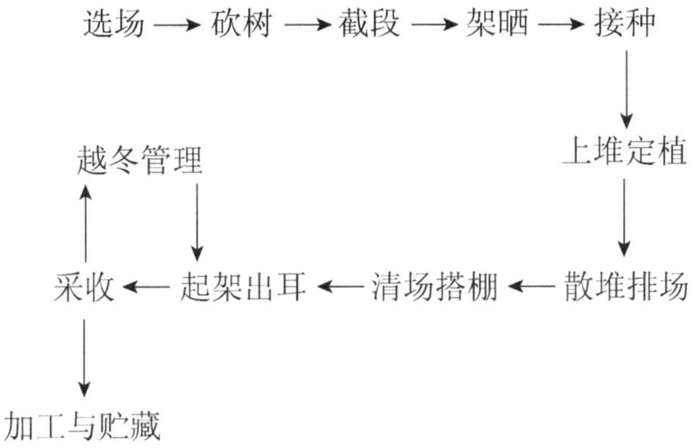

2. 黑木耳段木栽培场地的选择

黑木耳的栽培场是排耳木、架耳木、子实体生长发育及出耳的场所，又称耳场、耳堂或排场。

黑木耳栽培场地直接影响黑木耳的产量、质量及生产成本。理想的栽培场，一般应符合以下几个条件。

①四周耳树资源丰富，便于就地取材，有稀疏的阔叶林或竹林遮阴的大面积场地。

②靠近水源，以便取水喷雾。

③通风良好，空气清新，能较好地防止杂菌滋生。

④耳场应坐北朝南，光照充足，地面平整，背风向阳的山坳、山角、15°~30°的缓坡地带，控制在海拔 300~1000m，具有冬暖夏凉的特点。

⑤土壤为沙质土或带有沙砾的场地。如果利用河沟两边的沙滩做耳场，下面有鹅卵石，地下水位高，既利水又保湿，经常受雨水冲洗，杂菌也少，这也是理想的耳场。只是耳场的地势不能太低，以防止耳木被山洪冲走。土质黏重、寸草不生的地方和积水的洼地不能做耳场。因为排放在这些地方的耳木，容易被泥浆溅污或受锈水浸渍，不仅影响菌丝体和耳芽生长，还会加速耳木腐烂和孳生杂菌。

在有条件的地方，可采用两场制，即养菌场和出耳场。耳木砍倒后，就地接种，以节省搬运劳力和减少杂菌感染。待菌丝生长发育良好，分化为子实体后，搬运至潮湿肥沃的山坡上起架。实践证明，两场制的管理方法成本低，黑木耳的产量高。

3. 黑木耳段木栽培场地的整理

首先，除去耳场上的灌木、刺藤、茅草等，清除乱石和枯枝烂叶，保留少量枝叶不太繁茂而树木较高的阔叶树，以便适当遮阴，其余树木则全部除去。

其次，对于场地凸凹不平的场地要加以修整，在耳场四周开设排水沟，水源较远的修渠引水，并在耳场附近挖一蓄水池，以备干旱时进行喷雾。

再次，合理栽植遮阴树木。日照时间较长的地方，按照黑木耳生长的需要和排、架的距离栽植遮阴树。树木要横直成行，便于黑木耳栽培管理，树木不可过高，叶片不宜过大，以造成"花花太阳"。适合黑木耳生长的自然条件，最好是落叶树和常绿相间。这样，在夏季温度高、阳光强时，两种树木枝叶并茂，能够给耳木提供较多的荫蔽；到了冬春季节，气温低、眼光弱时，落叶树失去了树叶隐蔽，耳木易接受到较多的阳光。

此外，还要保留地面上的草皮、苔藓等不易腐败的植被物，以利于耳场保持湿度，防止水土流失和泥水溅污耳木。有条件的地方，在冬季火烧耳场，并用敌百虫、漂白粉、生石灰等药物进行耳场消毒，减少杂菌和害虫发生。耳场如果连续使用，会使杂菌、害虫越来越严重，可实行耳场 3 年以上轮休的办法，使用前对耳场的杂物彻底进行清除，并在冬季将耳场翻挖 1 次，在场地和周围撒一些杀虫和杀菌剂。

(三)段木准备

1. 耳树选择

生长黑木耳的树木通常称为耳树。将耳树截成用来接种黑木耳的木段称为耳木或段木。耳木(段木)是黑木耳生产的营养源，必须提前选择树种并砍伐。适宜黑木耳生长的树种很多，其中资源较多、产量较高、质量较好的树种有 60 多种，除松、杉、柏等针叶树和含有芳香性杀菌物质的樟树等树种外，绝大多数阔叶树都可用于黑木耳段木栽培，但不同树种的产量和质量有差异。目前，黑木耳段木栽培常用的树种有栓皮栎、袍栎、麻栎、浆栎、千年桐、拟赤杨和构树等，东北地区主要有柞树、槭树、桦树、胡桃楸、千金榆、毛赤杨、榆树、枫杨、山槐、白杨、悬铃木、柳树、桑树等，其中以栓皮栎、麻栎为最好。另外，果园更新的废弃果树(以仁果类树为好)、林荫树修剪下来的粗树枝，也可以生产黑木耳。一般应用当地资源丰富，容易生长黑木耳，价廉适用，而又不是重要的经济林木的树种。

由于不同树种的木材结构、养分含量的不同，对黑木耳产量和质量影响很大。

适宜栽培黑木耳的耳树，应是边材发达、树皮厚度适中且不易剥落、树木和木耳亲和力强的树种。这些树种边材发达，木质坚硬，木栓形成层能不断产生新的木栓组织，组织紧密，能保持耳木中的水分透气性和吸水性差，菌丝蔓延慢，所以出耳略迟，但一经出耳，便可收获数年。而材质疏松的耳树，导管粗，透水透气性能好，菌丝蔓延快，出耳早，但树木易腐朽，生产年限短。

在选择耳树时，还应考虑适当的树龄和粗度。树龄过小，皮层嫩薄，保湿和吸水性能差，材质养分少，虽能早出耳，但产耳期短，产量低；树龄过大，树皮厚，心材粗，有用的边材反而少，导致出耳慢且少，甚至不出耳。因此，一般应选择 5~15 年生，直径 4~15cm 粗的耳树比较合适。选用段木时要注意保护好林木资源，砍大留小，适当疏划，以利于林木快速更新生长，特别是对于板栗、苹果、漆树、油桐树等经济树木，应充分利用弯曲不成材的树木或枝丫，以免影响经济作物产量。

黑木耳生长不仅与树种有很大关系，而且与耳树的生长季节、生产场所等生长环境密切相关。生长于阳光充足、土壤环境肥沃地方的耳树，叶茂茎干粗，营养丰富，木质松，边材大，心材小，皮厚且松，用于栽培黑木耳生长快，朵大、肉厚，产量高，质量好；而生长 在荫蔽过大和土壤贫瘠地方的耳树，树木瘦小，木质坚硬，皮薄而紧，营养较差，黑木耳产量和质量也受到影响。

2. 耳树的砍伐

(1)砍伐季节

树木砍伐期对耳木的产量影响很大，一般应在冬季至翌年立春休眠期间砍伐，尤以 12 月到翌年 2 月为好(图 5-1)。此时树木正在休眠期，树木内的养分处于不流动的“收浆”状态，含量丰富；树干内含水量较少，树皮与木质部结合紧密，砍伐后树皮不易剥落。还可以保护菌种定植，因而接种成活率高，有利于黑木耳菌丝生长。农谚云：“进九砍耳山，六九要砍完”。不少耳农为解决粮、耳争夺劳力矛盾，减少因初春温度急剧升高而引起的污染率上升，把“进九”砍树改为叶黄“迎九”砍树，把 3 月接种改为 2 月开始接种。

正确选择砍伐期，一是根据当地的气温情况；二是要考虑树种、土质和土壤肥力；三是要根据接种期而各有不同。总之，砍伐期取决于接种期的安排。如果树木砍伐以后离接种时间相隔太久，原木会过干，接种后，不利于菌丝生长而造成失败；砍伐后立即接种，又因为原木的含水量太多，也会影响黑木耳菌丝成活。试验证明，适当地提前接种，既解决了粮、耳争劳力的矛盾，可提早出耳，也保证了黑木耳菌丝发育必需的温度，减少了杂菌的为害，提高了接种成活率。

(2)砍伐树龄

宜选择树龄 8~12 年，胸高处的直径 10~12cm 较为适宜。如果用速生林做耳木，树龄可小些，生长 5~8 年的树即可。直径较小的耳木产耳期短；直径较大的材质坚硬，菌丝生长慢，产耳期长，可达 3~4 年，但盛产期产耳不多。有些树皮太厚，不易出耳，木材不能充分利用，易造成浪费，也不便于管理。按照行业标准的规定，对材质的要求：第一，树皮与木质部结合紧密，树皮完好率在 99%以上；第二，边材厚度 0.8cm 以上；第三，枯立木、腐朽木不得做耳木；第四，表皮光滑，幼嫩的木材不得做耳木。

砍伐时，要与植树造林、发展林业生产结合起来，一般砍弯留直，砍密留稀，做到砍、养、造相结合，以利于黑木耳生产的连续性和林木资源的充分利用。

(3)砍树的方法

砍树的工具，一般用斧头或油锯。砍树的部位要低，但不能砍伤树蔸。因为接近树蔸的部位直径较粗，所含的营养也较多，用来生产木耳较好。用斧头砍树的砍口要注意两面下斧，砍成“鸭雀口”，呈“V”形，茬口底部一端略低。这样的砍口不积水，有利于老树蔸的萌蘖更新。如果砍法不当，会造成积水烂芽，或多芽竞发，树芽又细又弱，并使蚂蚁孳生，影响树蔸更新。砍树时，一般要老树蔸留茬 13~16cm，新树蔸留茬 10~13cm。砍伐耳树最好在晴天进行，树干要倒向上坡。

3. 剔枝和截段

(1)剔枝

把耳木上的侧枝削去称为剔枝。剔枝的时间因地区而异，南方气候湿润，树木含水量高，为加速树木的水分散失，一般在耳木砍伐后 10~15d 进行剔枝；北方气候寒冷干燥，树木含水量低，砍伐后可立即进行剔枝(图 5-1)。

剔枝方法是用锋利的砍刀将不能用来栽培黑木耳的侧枝(树杈)全部剔去。剔枝时，砍刀应自下而上顺着主干将枝丫全部削除，但不能削得过深而伤及主干的皮层，伤口不要过深，宜保留长 1cm 左右的枝座，以免损伤树皮。

为了充分利用资源，无论是主干还是侧枝，凡是直径在 6cm 以上的，都可以用来作为耳木栽培黑木耳。剔枝完成应随即将耳木集并在一起，便于截断。集木时一定要保护树皮，不能把树皮撞打成伤口，以免感染杂菌。

剔枝后的耳木运到耳场，要自然风干一段时间。风干时间的长短应根据不同树种的含水量而定，耳木含水量为 40%左右时接种，最适于菌丝生长发育。含水量大小可根据耳木横断面裂纹来判断，一般细裂纹达到耳木直径地 2/3 时，就达到了适合接种的含水量，此时可将耳木进行截段处理。

(2)截段

未截断的树干称为原木。原木运到栽培场后，直径较粗的应及时截段，使它干燥；直径较小的、短期又不接种的，不急于截段，先将其按顺序堆垛，等到临近接种时再截段。这是因为细的原木含水量少，易于干燥，截段后如果长时间不接种，以后会影响菌丝体成活(图 5-1)。

截段后的原木称为段木。剔枝后，再将耳木锯成长 1~1.2m 的段木。段木长短要一致，便于架晒排放管理，排场时又便于贴地吸潮。截干的工具可用油锯、弯把锯或砍刀。剔枝和截断时截面要平滑，截面和伤口上最好用石灰水涂抹，减少和预防杂菌感染。

图5-1　砍树、剔枝、截段

4. 架晒

架晒是段木栽培中非常重要的环节。架晒的目的是加速木材组织死亡，让段木适当干燥，调节内部含水量，将所含的水分晒至适合接种的程度，以利于接种后菌丝体定植和生长发育。架晒场所应选在地势高燥、向阳、通风的地方。架晒的方法，应当根据不同的树种及段木粗细分开堆放。粗大的段木架成三角形；直径 10cm 左右的段木架成“井”字形，堆高 1m 左右，上面或四周盖上枝叶或茅草，防止暴晒而致树皮脱落。在架晒过程中，每隔 10d 或半月须翻堆 1 次，将上下内外的段木调换位置，以利于段木干燥均匀。若遇到雨天，应用塑料薄膜覆盖以免淋雨回潮。架晒时间一般需 30~45d，段木有六七成干时，即可进行接种。从外表观察，经过架晒，段木两端木质的颜色由白变黄；横断面出现明显的放射状裂纹；敲击时，声音由疲变脆。也可将架晒前的湿段木称重，与架晒后的干段木比较，一般树种减轻 20%左右，椴、柳等材质疏松的树种减重 30%左右，即可接种。段木不能过于干燥，过干会影响菌丝成活。如果段木数量过多，短时间内不能接种的，可将段木按“柴片”式堆垛起来。另外，在接种的次序上，先接小径木和树皮薄的段木，后接粗的和树皮厚的段木。

耳木截段后接种前如果不架晒，也可用“火熏”方法。具体的做法是挖一地槽，放入柴草点燃，将耳木架在地槽上熏烤，直至树皮表面见到火星时为止；或将耳木堆成高 1~1.5m 呈“井”字形的堆，在堆的中间及四周放柴草，点燃熏烤。熏烤后树皮疏松，透气性增加，接种后菌丝发育快，出耳早。熏烤也可杀死耳木表层附着的杂菌孢子和虫卵，减少了病虫害发生。

架晒要注意适度，过于干燥的段木，接种时打穴困难，接种后成活率也低，应在接种前先放在河水中浸泡数小时或 1d，吸收补充部分水分，取出后，再晾晒 2d，使树皮干燥而内部含有适量水分，达到外干内湿，以利于接种发菌。

段木数量的计算单位、名称和计算方法，各地都不统一，大致有下列几种计算方式：湖北以“棚”或“铺”为计算单位，每“棚”(铺)约为 50 根段木；河南、陕西以“架”为单位，每架也是 50 根段木；四川以亩为单位，每亩，约折 4000kg 段木；云南、广西以“条”为单位；贵州是用菌“瓶”数和段木重量作计算单位，即以每瓶菌种大约接种 50kg 段木进行换算；江西、浙江、辽宁则以“立方米”作为计算段木的数量单位；吉林、黑龙江以“根”、“段”为单位。这些计算方法的产生，大多来源于历史习惯。

在上述几种计算方法中，以“立方米”为单位的计算方法，能够排除因段木长度和粗度的不同而造成的计算困难，使段木数量的统计和产量的计算更精确、更科学。这种计算方法是：长度 1m，小头直径平均 10cm 的段木，每立方米有 100~120 根。

(四)人工接种

人工接种，就是将菌种“种”到段木上，它是决定段木栽培成败与否的关键工序。接种好，成活率高，菌丝可尽早占领段木，防止杂菌滋生。若接种不好，菌种定植慢或死亡，杂菌便会在耳木中蔓延，造成减产。当段木内的组织死亡后，在段木含水量为 40%时，进行接种，可大大提高接种成活率。

1. 接种时间

各地根据气温情况，因地制宜，灵活掌握。但是由于砍树时间多在冬季，因此黑木耳接种时间多在冬季、春季进行，而且以春季为主。在枯叶期砍伐的耳树，可在 12 月接种。而接种后发菌阶段恰遇气温渐降冬季，应采取保温和增温措施，如在日光温室或室内上堆。1 月砍伐耳树，一般安排在 2 月下旬到 3 月上旬进行接种为宜。

当外界气温基本稳定在 5℃以上，就可以接种。南方接种时间多安排在 2~3 月，这时气温在 8~10℃，菌丝能定植、生长、发育，杂菌少。北方接种时间略迟于南方，在无霜期短的寒冷地区，也可以在 3 月接种。在适期前提下，提倡早接种，因为黑木耳菌丝在温度稳定在 5℃时即可开始缓慢生长。提早接种后菌丝生长虽慢，但空气中的杂菌孢子少，即使杂菌孢子落到耳木上，也不易萌发；反之，接种太迟，气温高，接种点易污染，并且出耳时间也相应推迟。如果在秋季接种，可以在白露至寒露间进行。

2. 接种密度

接种的密度大小与出耳的早迟和产量高低有密切关系。合理密植，加大用种量，是提高单产，增加总产的重要因素。据试验，在环境条件和管理措施相同情况下，段木接种穴距为 7cm 的比 8cm 的产量高 21%，比 10cm 的高 30.4%。

实践证明，适当加大接种密度有利于木耳增产丰收。但是合理接种密度应根据耳木的粗细、材质的松紧来确定。一般穴深 2.0~2.5cm，除树皮外，必须深入木质部 1cm，孔径 1.5cm，穴距 10~12cm，行距 6~8cm 较为适宜。具体地说，长 1m，末端直径为 6cm 的段木，应接种 3 行，每行 8~9 穴，总穴数不少于 25 穴；末端直径 10cm 的段木，应接种 5 行，总穴数达到 40~45 穴。因为菌丝在段木上纵向生长快于横向生长，所以穴距应大于行距，以使菌丝均匀地长满段木。一般耳木粗、材质紧的，应适当密植；反之，则可适当稀植。每行穴应在同一直线上，邻行的穴应交错呈“品”字形。北方气候寒冷，生长期短，接种密度宜稍大。

3. 打孔接种

用打孔机(锤)、手电钻、台钻等打孔设备，按上述密度、深度和孔径在段木上钻孔，在孔中接入菌种块，菌种块占洞深的 4/5 左右。然后，用准备好的小木块盖住孔口，用小锤敲紧木块。

4. 所用菌种

段木栽培黑木耳，常用的菌种有木屑菌种、木塞菌种、楔形木块菌种等，而主要应用木屑菌种和木塞菌种。

5. 接种方法

(1)木屑菌种接种法

接种前，应先准备足够的树皮盖，可用皮带冲在其大树上冲出，树皮盖应较接种穴大 2~3mm。接种时，先用酒精消毒的镊子将菌种表面的菌膜挖去，再将菌种从瓶内挖到经过酒精消毒的容器中，注意不要挖碎，应尽量保持块状，以利于接种后菌丝恢复生长，避免杂菌污染。然后在耳木的每一穴中塞进菌种，装平后压紧，使菌种与穴内壁紧密接触，最后盖上 1 个树皮盖，用锤敲紧。

有些地方不用树皮盖而用石蜡封口，事先将优质石蜡切成小块，放入熔蜡罐中，加热使蜡块全部熔化，直到蜡液透明为止。也有用石蜡 70%、松香 20%、猪油 10%比例混合，熔化润和，稍冷时用毛笔涂封接种口，涂抹面应大于接种穴。或用泥盖封穴，1 份黏性黄土加 2 份锯末(按体积计)加水搅拌而成。玉米芯也可做封盖，先将玉米芯用锤子敲成 4 瓣，手拿其中 1 瓣用锤子逐个敲入接种穴即可。

用石蜡封口必须注意：①一定要使用优质石蜡。如果石蜡质量差，或者用温度低的蜡液涂抹接种口，不仅用蜡多，而且封蜡也不紧，容易脱落而造成失败。②封蜡时，段木不能被雨水淋湿，否则将会造成封蜡不牢而脱落。对接种量过多，高出段木表面的，应当先把多接的菌种刮去后，再涂上蜡液。否则，在进行操作时，与其他段木上堆接触容易碰掉，雨水浸入引起烂种。

(2)木塞菌种接种法

在耳木表面垂直打孔，孔径要略小于木塞菌种的直径，然后将木塞菌种直放穴中，用小锤敲入，逐穴进行接种。其封口方法与木屑接种发相同(图 5-2)。

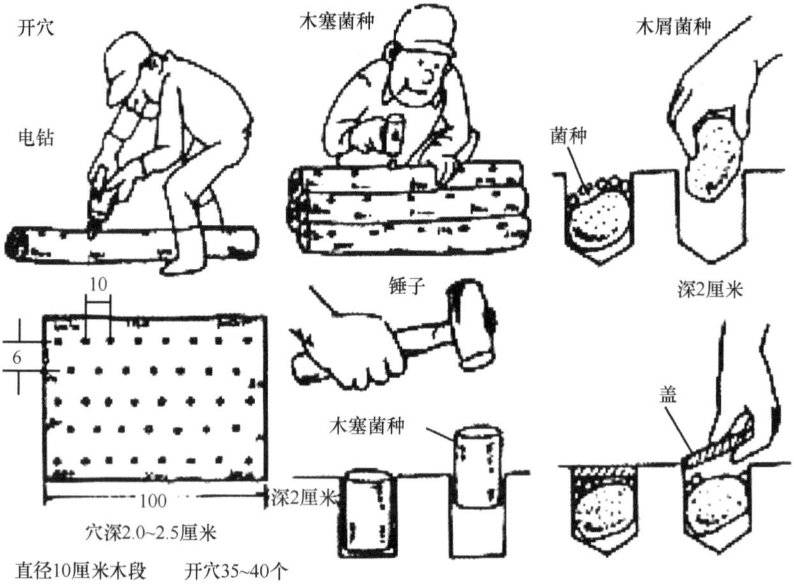

图5-2　木塞接种示意图

6. 接种中应注意的问题

①接种前应用药物进行消毒，杀灭树皮上黏附的杂菌孢子和虫卵。接种过程中，手、镊子、菌袋表面、封口的小木块等都要进行消毒。接种不同的菌种之前，切记将接种工具进行消毒。

②接种时，挑选无杂菌感染、生活力旺盛的菌种。

③接种最好在雨后天晴、空气清新、杂菌少时进行。雨天不宜点种，因为这时空气湿度大，接种孔容易感染杂菌。

④春季较早接种的段木，宜用塑料薄膜覆盖保温，促进菌丝尽快定植生长；5月或秋季接种的，可在耳木上加盖 10~12cm 厚的干茅草或作物秸秆保湿、降温。

⑤接种操作应在无风天、荫蔽处进行，避免阳光照射，以防止菌种干燥，影响成活率。接种时，若耳木过干，宜在接种前 7~8d 将耳木放在清水池中浸泡，待

其全部浸透后，再起架晒干，使水分达到适宜的程度，然后再接种。

⑥宜当天钻接种穴，当天接种，当天加盖。接种完的耳木两头截面用石灰水涂抹，以防杂菌侵入，以提高接种成活率。

(五)养菌管理

1. 上堆养菌

黑木耳接种后，菌丝体受到损伤，生活力较弱，为使菌丝尽快恢复生长，并迅速深入木材内部，要将耳木堆积在适宜条件下，使菌丝尽快萌发、定植和生长，这一过程称为上堆养菌。

(1)上堆场所

上堆的目的是为了使菌丝在段木中顺利地生长，蔓延到段木的内部，这是保证接种成功的主要步骤。由于接种的时间不同，上堆场所的要求也不一样。在冬季和早春接种的，因气温低，应特别注意保温，上堆的地方以选择地势干燥、背风向阳和没有荫蔽的地方为宜。这样的场所温度稳定，有利于黑木耳菌丝体发菌生长。

3 月以后接种的，因为气温已经上升，日照逐渐强烈，耳木容易干燥和造成高温“烧堆”。为了避免强光直射而使堆内温度过高，上堆则应选择在地势干燥、空气流通、日照适度(三四分荫蔽，有少量树木或其他荫蔽物)的地方为好。黑木耳菌丝体在这样的环境里，能够健康地生长发育。

(2)上堆方法

上堆的方法通常采用“井”字形、“山”字形和复瓦式 3 种形式(图 5-3)。其中

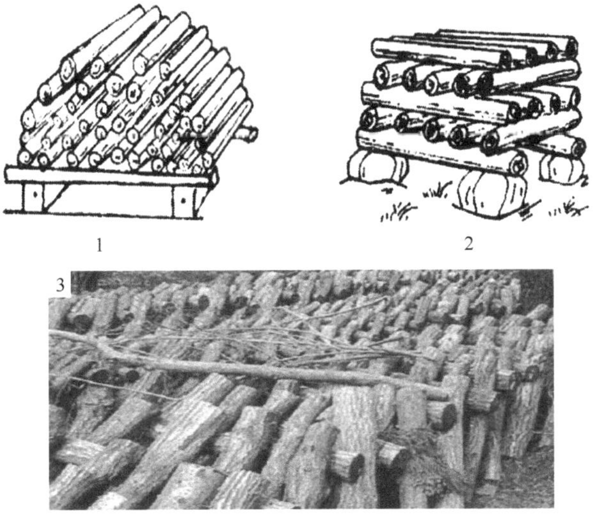

图5-3　耳木的堆叠养菌方式

1.“山”字形；2.“井”字形；3. 复瓦式

“井”字形堆垛法最为普遍。上堆前，先将地面打扫干净，用横木或石块作垫脚，在垫脚上摆放接种后的耳木。垫高10~15cm的枕木或石块做堆脚，再将已经接种的耳木，按树种、粗细、长短，分别排列在横木上，第一层横放，第二层与横木垂直交叉，即上下两层耳木呈“井”字形堆叠。以此类推，堆成1m高的小堆。排放时，耳木与耳木之间应有2cm的间隙。如果接种时气温低，耳木可以排放紧密一些，以利于保温。随着气温的增高，耳木间的间隔可适当放宽，以利于通风。这种方法适用于场地较湿、耳木湿度较大，或者是温度较高的时候。

“山”字形堆垛法，就是把耳木一律顺放堆叠，中间高、两面低呈“山”字形。这种方法保温、保湿条件比较好，在温度较低，耳木湿度不大的情况下最为适宜。

复瓦式摆放法，就是把耳木按45°~60°倾斜角摆放，每摆放1层耳木，在耳木上方4/5处加1横隔段，如此层叠。这种方法保温、保湿条件比较好，在有一定坡度，背风向阳，土地空旷，耳木数量较多的情况下最为适宜。

(3)盖堆

上堆后，堆的上下四周用覆盖物覆盖，有利于保温保湿。覆盖物的种类因气温高低有所不同。冬季和早春，用塑料薄膜盖堆，能提高和保持堆内较稳定的温度；同时，它还具有保湿和防雨的作用。3月以后接种的耳木，气温已上升至20℃左右，这时可改用树枝叶或干草等物覆盖，通气性较好。若使用塑料薄膜盖堆，则必须加强管理。一是要避免阳光直射，低温季节，先在堆上盖干草或草袋，再覆盖塑料薄膜，对保温有利；气温升高以后，阳光强烈，应在堆上搭盖树枝叶遮阴，以避免薄膜直接接触耳木而使菌种被阳光灼伤而死。同时，薄膜上凝聚的汽水滴在耳木上，会给霉菌的繁殖造成良好的条件。二是要定时揭开薄膜通气。在上堆密闭1周后，从第二周开始，每隔3d左右就要揭开薄膜通风换气1次。气温低时，通风换气应在中午进行。当菌丝生长旺盛时，揭膜通气的次数应逐渐增多，每次通气的时间也要逐渐加长，20d以后，每天揭膜通气1次。

(4)翻堆发菌

耳木上堆发菌的目的在于创造和保持菌丝生长发育的适宜的温度、湿度、空气等环境条件，以促使菌丝体尽早定植、尽快出耳、减少病虫和杂菌为害等。

①堆温控制：堆内耳木的温度维持在22~28℃为适宜。早春接种后，上堆发菌夜间堆内温度会降低，若温度达不到15℃时，菌丝生长慢，低于5℃时菌丝就停止发育，需要覆盖薄膜进行保温。而晴天中午前后，堆内温度会出现短期的高温，容易发生“烧菌”现象，使菌丝体因高温而活力下降，甚至死亡，需要注意通风散热降温。上堆后应在堆内挂一支温度计，每天定时检查，温度不足时要加强光照，傍晚时增加覆盖。在晴天中午温度太高时，在中午前后揭开覆盖物进行通风换气，并在木堆上盖些枝叶或者草帘遮光；下午堆内温度较高时，应将塑料薄膜四周掀开或全部取走，以利于通风降温。

②湿度控制：黑木耳菌丝生长期间，不需要过高的湿度，空气相对湿度达 80%，耳木含水量保持在 60%左右即可。接种后 1~2 周，耳木含水量基本能满足菌丝恢复生长及发育的需要，不必喷水。随着气温的升高，每隔 3~4d 需结合翻堆适当喷水。每次喷水后，应晾晒，待耳木表皮稍干时再重新覆盖，防止湿度过大，引起杂菌生长。

③通风换气：黑木耳为好氧性木质腐生菌。上堆发菌后 1 周内不必换气，之后应经常揭开覆盖物通气，气温低时中午将塑料薄膜底边卷起，气温高时将其全部揭掉。上堆 20d 后，气温进一步升高时，每天应至少换气一次。

④翻堆处理：上堆 1 周后进行翻堆，即将每堆耳木上下、左右、内外调换位置，促使菌丝发育均匀。以后每隔 7~10d 翻堆 1 次。翻堆时要轻拿轻放，不要损伤树皮或碰掉接种孔上的木盖和菌种。第一次翻堆时不需要补充水分，随着气温的升高，耳木内水分蒸发较多；同时，第一次翻堆后，菌丝愈长愈旺盛，呼吸作用增强，必须增加揭膜通气的次数，在通气的同时，根据耳木的干湿程度，喷细水调节耳木的湿度。喷水时，必须用干净水均匀喷洒，每次的水量不可太多，巡回喷水，使堆的上下、内外的耳木都能接受到水分而不致流失。喷水后，待耳木表皮稍干再覆盖薄膜，以防杂菌孳生。

为了掌握黑木耳菌丝体在耳木中发育的状况，接种后 20d 左右，结合第二次或第三次翻堆进行一次检查。检查方法：取开接种孔上的木盖或菌种观察，若菌丝体与接种时的颜色、形态相似，表明湿度不足，发育慢；若菌种表面产生了白色菌膜，表明菌丝体已经定植成活；接种穴内木屑菌种过于干燥，颜色发黄、松散或因积水而变黑的，应重新补种；接种穴内有黄、褐、红、绿等颜色，系杂菌污染所致，严重时应挑除后重新接种。若发现耳木上已经生长了杂菌，应随时用小刀刮除病部，并涂上 1%~3%生石灰液或 0.1%的多菌灵消毒杀菌。

有些地方接种后不上堆，采用直接排杆定植。具体做法是：接种后的气温在 20℃左右，7~10d 不下大雨的情况下，将已接种的耳木，直接排在经过整理的耳场上，一端加垫枕木，使耳木不直接接触地面，这样可以使接触地面的一端能接受地面的潮气，而且朝地表的一面也能吸收土壤中蒸发的水汽，有利于黑木耳菌丝体均匀地蔓延。耳木排下后的第一个月，每隔 10d 翻动 1 次，使耳木各部位的菌丝体生长发育均匀，并勤洒水，促进菌丝体的成活。

若在耳木排下后的 7d 以内遇到大雨，要用塑料薄膜将耳木覆盖；在阳光强烈的季节，则应用树枝叶把耳木薄薄地覆盖一层，这样既可以防止强光直射，又有利于保湿，20d 后揭去覆盖物。

采用排杆定植方法，对气温的要求较高，日间温度达 20℃左右。接种时间以 3 月下旬至 4 月上旬为宜。在严冬和初春的低温季节，不宜用此法。

在低温季节接种或北方地区在春季接种的耳木，在自然条件下，由于气温低，黑木耳菌丝体不能很快地发菌生长，可以采用室内发菌的方法。这种方法便于增温、保温和保湿，对提高菌丝体成活率，加快蔓延生长有利。

室内发菌，可以根据生产量的多少，建造塑料薄膜房。房址应背风向阳，三面筑土墙，朝阳的一面和上方覆盖塑料薄膜，设有门窗。也可以利用温室和普通用房上堆发菌。在室内发菌，耳木除采用“井”字形或“山”字形的堆垛方法以外，还可以采用“斜立法”，即在室内地上先竖 2 根立柱，在离地 70cm 高处，绑上 1 根横杆，将耳木斜靠在横木的两侧，每侧各斜靠 5~7 排为宜，利于通风。每隔 7d 翻堆 1 次，上下倒头，里外掉换位置，以调节干湿度。如果湿度过大，可改为每靠 1 排，在接近上端处横放 1 根段木，再靠上 1 排耳木，形成双面覆瓦式。另外，应按时打开门窗，使室内空气新鲜。

(5)上堆时间

上堆定植时间的长短，按温度、耳木种类、直径及点种密度等情况而定。当气温在 20℃以下，堆内温度为 15~20℃时，上堆定植时间约为 1 个月；而当气温 20℃以上时，定植时间 15~20d 即可。耳木上堆发菌，在南方一般需要 3~4 周；北方气温低，需要 4~5 周。黑木耳菌丝体在接种穴内发菌和蔓延定植之后，菌丝已逐渐伸延到木质部，并产生少量耳芽，即达到了上堆的目的，随后可揭去遮盖物，及时将耳木散堆排于地面，继续培养菌丝。

2. 散堆排场

散堆是指将“山”字形、“井”字形或复瓦形耳木堆拆开处理过程。排场则是将耳木一根根平铺或斜铺在湿润的耳场上，让耳木贴近地面摆放。散堆排场的目的是使耳木接受地面潮气、接受阳光、雨露和新鲜空气，以利于菌丝向耳木深处迅速蔓延，并促使其由营养生长逐渐转入生殖生长阶段，并促进耳芽大量发生。散堆排场的要求是既要保证耳木内部温度和湿度，以满足黑木耳生长发育的需要，又要使耳木表面保持干燥，以减少杂菌的危害。

(1)排场方式

对于排场场地，各地可因地制宜选用。湖北房县耳农的经验是：“地肥湿润坡朝阳，二荒地是好排场，茅草扒地是好地方；切莫排在枯沙岗，浸水湖里最遭殃，松树下老树扒，阴坡深沟更不强”。耳木排场前，应将场内枯枝烂叶、烂树蔸及有杂菌的陈耳木彻底清除，以减少害虫和杂菌的来源。

排场方式有平铺式和复瓦式两种。最常用的方法为平铺式，即用枕木将耳木的一端或两端架起，使耳木一根根顺场地的坡度平铺于地面，整齐地排列在栽培场地上。根据耳场干湿条件和坡度大小，采用不同的耳木排场方法。如果耳场是平地，以东西方向排成行；耳场是斜坡，耳木的小头向上呈横行排列。枕木可用松树或其他杂木，直径为 7~10cm。耳木与耳木之间相隔 5cm，排与排之间留间距 50cm 的作业道。这种排场方法，将耳木排在枕木上，既离地面，又接近地面，既能接受地潮，又可避免吸水过多，能均匀地得到阳光的照射，有利于黑木耳菌丝体的生长发育，也利于耳芽生长。覆瓦式是在平坦的地面上先放枕木，再将耳木摆上，并将其一端或两端架起，高 10~15cm，棒间相距 7~9cm。复瓦式排场方法通风透光均匀，有利于耳木吸潮和段木周身出耳。耳木末端着地，杂菌少，树皮也不易腐烂。

(2)排场期间管理

排场期间管理的目的是使黑木耳菌丝体在耳木中迅速蔓延，健壮生长，从而早现耳芽，力争当年获得 50%以上的产量。排场期间，应具有适宜的温度、良好的通气、“干湿交替”湿度等环境条件，并以加强水分管理为首要问题。

排场期间耳木需要的水分比上堆发菌期高，而且此时气温逐渐升高，光照增强，春季风力较大，水分蒸发快，容易缺水。同时，菌丝生活力旺盛，也会消耗大量水分。因此，散堆排场后，应视耳木的干湿程度适当喷水，耳场内的空气相对湿度要求为 75%左右。排场初期，每 5~7d 喷 1 次，以后改为每隔 2~3d 喷 1 次，阴天或雨天，少喷或不喷。随着气温的升高，菌丝生长越来越旺盛，从 6 月开始至 7 月中旬，每天傍晚喷 1 次，到 7 月下旬，为了促使黑木耳菌丝体向耳木中部蔓延生长，并提高耳木的成熟度，喷水的次数可适当减少，改为 5d 左右喷 1 次。如果遇到伏旱，应适当增加浇水次数。总之，要使耳木表面保持干燥。经过精心管理，到了 8 月中旬即可长出大量的耳芽。这时可连续浇水，直至大部分耳芽长大为止。

露天耳场主要靠自然条件调节气温。为了更好地调控温度变化，耳木温度过高时，可用遮阴网等在场地上搭棚遮阴，并酌情增减喷水量，降低温度。

(3)翻转耳木

排场阶段每隔 7~10d 把耳木翻动一次，将原来着地的一端放在枕木上，将贴近地面的一侧转向上面，使耳木周身都能均匀地承受阳光、雨露，达到根根出耳，周身结耳。避免出现“下面烂、上面干，木耳只有两边出，通杆长满牛皮箍(杂菌)”的现象。在此期间，还要加强耳场的除草和对杂菌及害虫的防治工作，减少杂菌和害虫为害。

必须注意菌丝蔓延情况，确定起架适期。菌丝检查的方法：取一根耳木，在距离耳木端部 10cm 左右纵切，从纵切面观察穴之间的菌丝是否已经连接。一般菌丝沿木棒纵向生长快，横向生长慢。菌丝长到的部位木质颜色变白而且疏松。若发现在上堆定植后期或排场前期，仅在接种的菌种块或接种穴四周长出一些幼耳耳芽，切忌立即起架管理，或为了促使少数耳芽开片而喷水过多。过早起架和过早喷重水将严重影响菌丝向耳木的深层延伸和再出耳。因为上堆发菌后期和散堆排场前期，菌丝尚未蔓延到木质部深处，早期的耳芽多数发生在接种部位，生活力较弱，过早地大量浇水，不仅会使幼耳烂掉，而且还会影响菌丝体的正常生长，使黑木耳生产受到损失。只有经过 1 个月左右的排场，当菌丝向耳木的木质部里面蔓延的时候，它才可以吸收到更多的养分和水分，这就为大量出耳打下物质基础。

从耳木接种到出耳的时间，一般需 2~3 个月。排场后 30~60d，有 50%的接种穴四周耳芽长出后，便可起架管理。

(六)出耳管理

耳木中菌丝体不断发育成长，50%的接种穴四周长出耳芽，基本上完成了菌丝生长发育的营养生长过程，转入子实体生长发育的生殖生长过程，进入到“结实”采收的阶段。这个阶段黑木耳的生长发育需要“三晴两雨”和“干干湿湿”、“干湿交替”的外界条件。主要采用起棚上架(起架)管理措施。

1. 起棚上架的标准

一般情况下，接种后，段木材质坚实的要 3~4 个月，材质疏松的只需 2~3 个月就基本上完成了菌丝体生长而进入“结实”阶段，即耳木上长满耳芽。只要加强管理，4 个月以后就能收到第一茬木耳。因此，在耳芽出到 80%，部分耳片已长到 2~3cm 时，实行分批起架。在科学管理条件下，当年可采收 3 茬木耳。

2. 起架的栽培场

起架的栽培场要选择地势平坦、向阳背风、雨后不积水、水源方便的地方。最好选择稀疏的幼栎树林或竹林，创造一个“七分阳，三分阴，花花太阳照得进”的散射光条件，也可以采用搭简易遮阳棚的办法，即用竹竿搭成高 1.7~2m 的棚架，上面搭放枝叶或黑色遮阳膜。在海拔 800~1000m 的山坡上，由于雾气较大，则可将耳木架放在山旁的林地外侧。在海拔 300~600m 的地方，可将耳木排在小溪沟的岸旁。

3. 起架方法

养好菌的耳木出耳前要进行起架管理。起架的形式有多种，如鱼鳞式、复瓦式、“人”字形及“一”字形等。

耳木起架一般多采用“人”字形架(图 5-4)。即先用 4 根长约 1.5m 的木杆做成两个“人”字形木架，或者将 2 根主干带枝杈的木杆插入地下，把横梁放在交

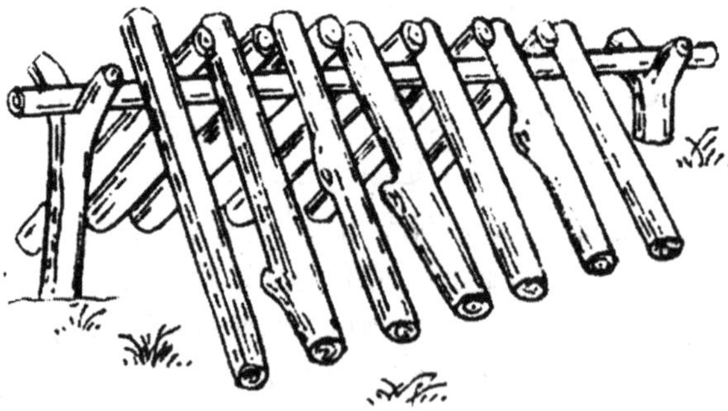

图5-4　“人”字形架木示意

叉(枝杈)处上面，横梁距地面 40~60cm，然后将耳木交叉斜靠在横梁的两侧，呈“人”字形。耳木斜靠排放的以 45° 左右为宜。一般少雨地区和产耳前期排放角度可小些，多雨地区和产耳后期排放角度可大些，相邻耳木之间要有 7~10cm 的距离，架与架之间设置管理通道。耳木要经常换面，以利出耳。

起架时，为使横梁两侧的耳木受光均匀，架子最好南北走向。这样阳光在上午可以照射到横梁东侧的耳木，下午照射到横梁西侧的耳木。

4. 起架后的管理

(1)温度和光照

黑木耳菌丝体生长发育的适宜温度是 22~28℃，子实体形成的适宜温度为 20~28℃，栽培管理中应把温度控制在这个范围内。夏季阳光强烈，气温很高，晚秋和春季阳光较弱，气温较低，为了提供黑木耳菌丝生长和子实体形成与生长发育的适宜温度，必须调节温度和光照的关系。有些地方在阳光强烈的夏季，气温常超过黑木耳生育的高温极限，容易出现烂耳和树皮爆裂脱落等现象，可采用在耳场上搭盖简易凉棚遮阴或加遮阴网的办法。同时，适当增加喷水次数和水量，实行综合管理，使耳场的小气候适应黑木耳生长的需要。在春、秋季节阳光较弱，温度较低时，可将耳木排放在阳光充足的地方，增加光照的时间，以提高耳木的温度，促进黑木耳正常生长发育；有些地方采取喷水后，待耳木表面水分晾干，在耳架上搭盖塑料薄膜，或者利用塑料薄膜棚进行栽培，也能起到增温的作用。

(2)水分

水分要求达到“三晴两雨”和“干干湿湿”的干湿交替的外界条件，出耳时栽培场地空气相对湿度应为 90%~95%。在黑木耳生长发育过程中，如果隔 3d 有一场小雨，半个月有一场中至大雨，就可以促进菌丝的发育和幼耳的生长。若遇到干旱，应人工喷水确保耳木“干干湿湿”的水分要求，以及环境中有较大的空气湿度。

喷水原则：一般晴天多喷，阴天少喷。气温高时，水分蒸发快，应多喷(但要避开中午前后，以免高温高湿造成烂耳)；气温低时则可少喷，若木质硬或新耳木因吸水性差而保水性好，可多喷，但喷水间隔期可长些。木质疏松及已出过 1~2 年的老耳木吸水、失水都较快，应勤喷。每天喷水 1~2 次，连喷 6~7d，然后停 3~4d，促使菌丝生长，后再喷水，促进耳芽生长，10~15d 收一次木耳。温度高时，喷水应在早晨和傍晚进行，每次约 2h。

每次采耳后应停止喷水 5~7d，让耳木在阳光下晾晒，使其表面干燥，以降低耳木内的水分，增加透气，促进菌丝体吸收养分恢复生长发育。每次晾晒时间的长短，按光照强弱、气温高低、风力大小、耳木粗细等而定，一般为 5~7d。当耳木两端截面重新出现裂纹时，即可恢复喷水。浇水应用洁净的水，不能用污水、泥水及被化学药物污染的水。喷水时雾滴要细，严禁浇泼(图 5-5)。采取这种管理方法，在5~9月，一般每月可以采收一潮耳。

图5-5　起架耳木的喷雾

(3)及时处理流耳的耳木

6~9月高温多雨期，高温高湿时成熟的耳片容易腐烂发霉，腐烂的汁液流到健康的耳芽上时，会引起大量霉烂，应及时采收成熟耳，及时处理流耳。

(七)及时采收与干制

1. 成熟度的鉴别

黑木耳成熟标志：耳片充分展开，边缘开始向上卷曲，发生“收边”现象，耳片柔软，下垂，耳根收缩变小变细；耳片颜色转浅，由黑色变成褐色；腹面产生孢子堆积而成白色的孢子层。

2. 采收

木耳从春季起架后到深秋，只要条件适宜，都会长成成熟的耳片。耳片成熟后，不论大小都要及时采收。

采收最好在雨后初晴，耳片稍干，耳根尚湿润时采收，或清晨露水未干时进行，此时耳片柔软，不易破碎。过干时易碎，过湿时易断耳根，断根处如不清除，容易滋生杂菌。采时不要碰伤附近的耳芽和耳根下的菌丝。如遇连阴雨，未成熟耳片也要采收。若雨天不能完成采收，可用塑料薄膜将耳木盖住，防止继续淋雨，以免造成流耳。采耳时，用手指将整朵耳片连同基部一起捏住，稍扭动，可将耳片完整地采摘下来，这样采摘的耳片朵形完整、等级高。在采收的同时，将耳木上、下、内、外翻转，使之均匀接受阳光和潮气，减少腐烂，促进多出耳。采下的木耳要放在洁净的筐篮中，采耳同时剔除耳木上的杂菌。

3. 干制

采收的黑木耳应及时晾晒，晾晒时不宜多翻，以免卷成拳耳。雨天采收的耳片，可暂时摊到干木耳上，让其吸去一部分水分，天晴后再晒干。鲜耳上若有泥沙或木屑、树皮、草叶等杂物时，用清水漂洗干净后再晒。

阴雨天采收的黑木耳，最好用烘房或烘箱烘干。烘干时要严格控制温度，一般以 55℃为宜，最高不能超过 65℃。新鲜黑木耳的耳片含水量大，一般干鲜比为 1∶10~1∶16，干木耳的标准含水量不宜超过 14%。

(八)越冬管理

段木栽培黑木耳，耳木 1 次接种可连续产耳 3~4 年。即第一年栽培，当年开始出耳采收；第二年进入生产期；第三年或第四年采收结束。经过 3~4 年的生产周期，每立方米耳木产干耳达到 15kg 左右。南方地区每年 11 月末以后、北方每年 10 月以后，随着气温下降，耳木中的菌丝也逐渐停止生长发育，当外界温度降到 5℃以下时，耳木中的菌丝进入“冬眠”状态。如果耳木继续架着，耳芽和菌丝体将因冻凌而造成损失。这时，可将耳木从“人”字形架上撤下排场，集中进行越冬管理。操作时，注意轻拿轻放，防止损伤耳木和树皮。冬季地温比气温略高，也比较稳定，耳木放到地上，有利于保温、保湿，减少冻害，使菌丝安全过冬。待翌年清明节前后，气温回升时，再起架继续生产。

越冬管理可采用以下两种方法。

1. 平铺堆放

第一年的耳木，质地坚硬，可平铺排场越冬。方法是先在地面上放一根枕木，然后将耳木一根根横放在上面，一头着地，一头架空。这样既能保持水分，又能防治霉烂和白蚁为害。在冬季雪大的地区，也可采用两头都垫枕木堆放。到第二年的三四月，气温回升，待耳芽发生后，再散堆起架，进行出耳管理。

2. “井”字形堆放

段木接种后的第二、第三年，耳木已开始腐烂，可堆叠成井字形越冬，越冬耳木可覆盖茅草保护。耳木保持比较干燥状态，可延长段木使用寿命，排场和堆放时要轻拿轻放，防止损伤耳木和树皮。

对于在排场时严重感染了杂菌的耳木，应在越冬管理时剔出烧毁。孳生少量杂菌的耳木，可用利刀将杂菌刮除干净，并在杂菌侵染的部位涂抹 1%的石灰乳液。有条件的耳场，可在越冬耳木周围撒石灰粉消毒杀菌和防治害虫。

塑料棚内栽培的耳木，入冬后，可将塑料薄膜从棚架上取下来，保藏到翌年再用。棚内的耳木可在原地堆垛起来，堆上覆盖草帘或干草，等到翌年气温回升时再恢复棚内生产管理。

三、日光温室与塑料大棚黑木耳立体吊袋栽培技术

应用日光温室或塑料大棚等设施栽培黑木耳，主要有塑料袋露地地摆栽培和

立体吊袋栽培 2 种栽培方法。为了合理有效利用温室和棚室空间，充分利用光热资源和土地利用率，延长生产周期，增加温室效益，北方地区多应用黑木耳立体吊袋栽培技术。

一个占地 $400m^2$ 的温室或大棚可以立体吊摆黑木耳菌袋 40 000 袋，年纯收入达 40 000 元以上。产出黑木耳的子实体外形好，干净无沙土，绿色无污染。同时，借助设施栽培黑木耳，不受外界天气条件影响和栽培季节、场地、资源、资金等限制，具有省工、省料、产量高、品质优、栽培难度小、周期短、效益高的优点。

温室和大棚内地摆栽培黑木耳，除增加了生产设施外，其生产技术与全日光露地栽培黑木耳有许多相似之处，在此不做详细介绍。

(一)日光温室和塑料大棚立体栽培黑木耳工艺流程

温室和大棚准备(用原有的蔬菜温室、大棚或新建温室和大棚)→栽培原料准备(锯末、玉米芯、麦麸、石膏、石灰、豆饼粉、红糖等)→菌袋制作→菌袋培养→开出耳口→封口管理→催芽挂袋→芽期管理→转潮管理→采收。

(二)日光温室和塑料大棚设施准备

日光温室或塑料大棚立体栽培黑木耳，温室和大棚准备十分关键。用温室生产黑木耳不分春夏秋冬，一年四季都能生产；用大棚生产黑木耳，根据各地的气候情况，在早春和晚秋可延长 50~65d 的生产时间。

黑木耳属中温型菌类，对温度适应范围较广。菌丝营养生长阶段需要温度高，子实体生长阶段需要温度低。而温室和大棚园艺设施，具有易保湿和升降温性能，以及防风、防雨、防霜、防轻度冰雹和虫害等功效，可以较好地满足于黑木耳生产要求。原有栽培蔬菜的日光温室和塑料大棚可以直接用于黑木耳栽培，也可以按照生产规模新设计建造温室和大棚。

1. 塑料薄膜大棚的类型与结构

(1)塑料薄膜大棚类型

目前生产中应用的塑料薄膜大棚，按棚顶形状可以分为拱圆形和屋脊形两类，但我国绝大多数为拱圆形塑料薄膜大棚；按骨架材料则可分为竹木结构、钢架混凝土柱结构、钢架结构、钢竹混合结构等类型；按连接方式又可分为单栋、双连栋及多连栋等类型。我国连栋塑料薄膜大棚棚顶多为半拱圆形，少量为屋脊形(图 5-6)，日本屋脊形连栋塑料薄膜大棚比较普遍。

(2)塑料薄膜大棚结构

塑料薄膜大棚的骨架是由立柱、拱杆(拱架)、拉杆(纵梁、横拉)、压杆(压膜线)等部件组成，俗称“三杆一柱”。这是塑料薄膜大棚最基本的骨架构成，其他形式都是在此基础上演化而来。

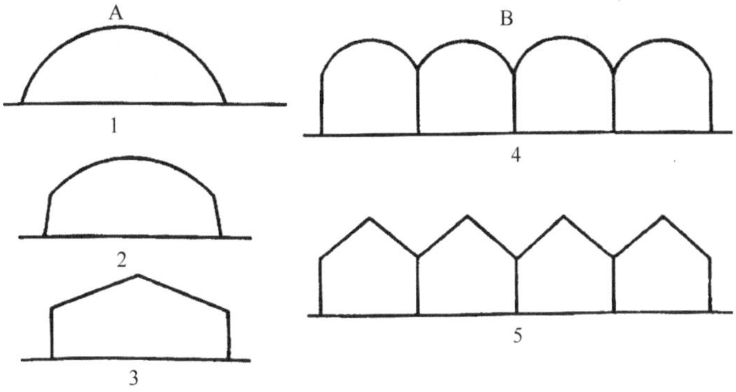

图5-6 塑料薄膜大棚截面图的类型

A. 单栋大棚；B. 连栋大棚

1. 落地拱；2. 柱支拱；3. 屋脊形；4. 拱圆形；5. 屋脊形

①拱杆：拱杆是塑料薄膜大棚的骨架，决定大棚的形状和空间构成，还起支撑棚膜的作用。

②拉杆：拉杆起纵向连接拱杆和立柱、固定压杆、使大棚骨架成为一个整体的作用。通常用直径3~4cm的细竹竿作为拉杆，拉杆长度与棚体长度一致。

③压杆：压杆位于棚膜之上的两根拱架中间，起到压平、压实和绷紧棚膜的作用。压杆两端用铁丝与地锚相连，固定后埋入大棚两侧的土壤中。压杆可用光滑顺直的细竹竿为材料，也可以用8号铁丝或尼龙绳(3~4mm)代替，目前有专用的塑料压膜线，可取代压杆。压膜线为扁平状厚塑料带，宽约1cm，带边内镶有细金属丝或尼龙丝，既柔韧又坚固，且不损坏棚膜，易于压平绷紧。

④立柱：立柱起支撑拱杆和棚面的作用，纵横成直线排列。原始型的大棚，其纵向每隔0.8~1.0m设一根立柱，与拱杆间距一致，横向每隔2m左右设一根立柱，立柱的粗5~8cm，中间最高，一般2.4~2.6m，向两侧逐渐变矮，形成自然拱形。

大棚的覆盖材料主要是塑料薄膜，一般用0.1~0.12mm厚的聚氯乙烯(PVC)或聚乙烯(PE)薄膜及0.08~0.1mm的醋酸乙烯(EVA)薄膜。塑料大棚所选用的薄膜，对其耐候性、流滴性要求比较高。当薄膜幅宽不足时，可用电熨斗加热粘接。为了放风方便也可将棚膜分成3~4块，相互搭接在一起(重叠处宽度≥20cm，每块棚膜边缘烙成筒状，内可穿绳)，以便从接缝处扒开缝隙放风。接缝位置通常是在棚顶部及两侧距地面约1m处。若大棚宽度小于10m，顶部可不留通风口；若大棚宽度大于10m，难以靠侧风口对流通风，就需在棚顶设通风口。

此外，塑料薄膜大棚两端各设供出入用的大门，门的大小要考虑作业方便和保温保湿，太小不利于进出，太大不利于保温保湿。

(3)黑木耳栽培常用塑料大棚及特点

①竹木结构单栋塑料薄膜大棚：这类大棚的跨度为8~12m，高2.4~2.6m，长

40~60m，每栋生产面积 333~666.7m²。竹木结构的大棚立柱较多，使大棚内遮阳面积大，作业也不方便，因此可采用“悬梁吊柱”形式(图 5-7)，即将纵向立柱减少，而用固定在拉杆上的小吊柱代替。小吊柱的高度约 30cm，在拉杆上的间距为 0.8~1.0m，与拱杆间距一致，一般可使立柱减少 2/3，大大减少立柱形成的阴影，有利于光照，同时也便于作业。

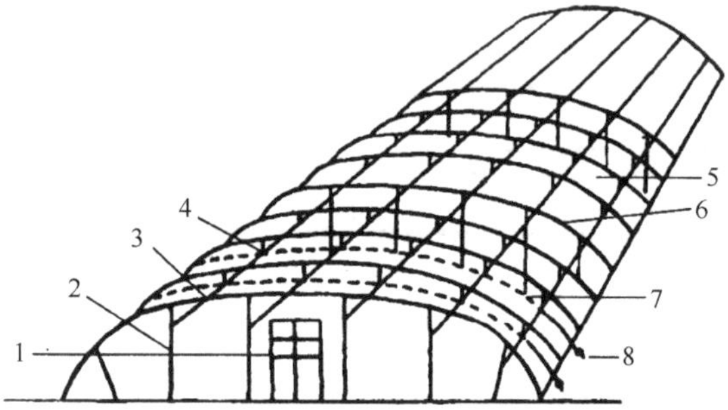

图5-7　竹木结构塑料薄膜大棚示意图

1. 门；2. 立柱；3. 拉杆(纵向拉梁)；4. 吊柱；5. 棚膜；6. 拱杆；7. 压杆(或压膜线)；8. 地锚

②钢竹混合结构塑料薄膜大棚：这种结构的大棚是每隔 3m 左右设一平面钢筋拱架，用钢筋或钢管作为纵向拉杆，每隔约 2m 一道，将拱架连接在一起。在纵向拉杆上每隔 1.0~1.2m 焊一短的立柱，在短立柱顶上架设竹拱杆，与钢拱架相间排列。钢竹混合结构塑料薄膜大棚用钢量少，棚内无柱，既可降低建造成本，又可改善作业条件，避免支柱的遮光，是一种较为实用的结构(图 5-8)。

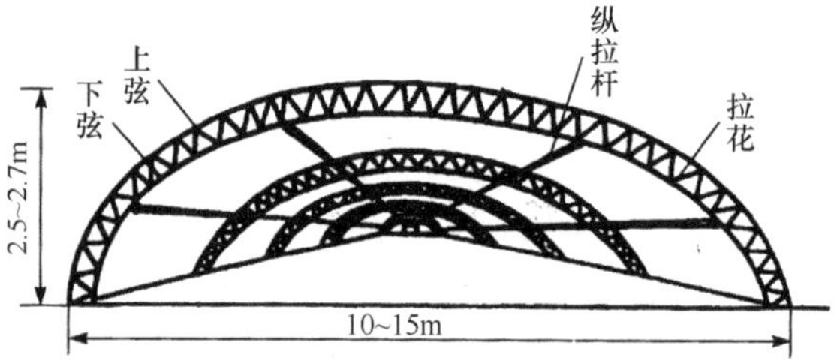

图5-8　钢筋桁架无柱塑料薄膜大棚示意图

2. 日光温室的类型与结构

(1)日光温室类型

我国温室的发展经历了由低级、初级到高级，由小型、中型到大型，由简易到完善，由人工环境调控温室到环境自动控制温室的过程，由此形成了目前我国温室结构形式和类型的多样化。按照不同划分方式，可以分成不同类型。

①按温室透明屋面的形式划分：可分为单屋面温室、双屋面温室、多角屋面温室、连接屋面温室等。其中，单屋面温室又分为一面坡温室、立窗式温室、二

折式温室、三折式温室、半拱圆形温室；双屋面温室又分为等屋面温室、不等屋面温室(3/4 温室、马鞍形屋面温室)、拱圆屋面温室；多角屋面温室又分为四角形、六角形和八角形屋面温室；连接屋面温室又分为等屋面连栋温室、不等屋面连栋温室、拱圆屋面连栋温室等。

②按温室骨架的建筑材料划分：可分为竹木结构温室、钢筋混凝土结构温室、钢架结构温室、铝合金温室等。

③按温室透明覆盖材料划分：可分为玻璃温室、塑料薄膜温室和硬质塑料板材温室等。

④按温室能源划分：可分为加温温室和日光温室。加温温室又有地热能温室、工厂余热温室、人工能源加温温室等。

⑤按温室用途划分：可分为花卉温室、蔬菜温室、果树温室、育苗温室等。

(2)黑木耳栽培常用日光温室结构及特点

目前日光温室栽培黑木耳主要采用单屋面塑料薄膜温室。单屋面塑料薄膜温室包括加温温室和日光温室。因日光温室不仅白天的光和热是来自于太阳辐射，而且夜间的热量也基本上是依靠白天贮存的太阳辐射热量来供给，所以日光温室又称不加温温室，目前日光温室已成为我国温室的主要类型。

①日光温室结构参数确定：日光温室结构参数主要包括温室跨度、高度、前后屋面角度、墙体和后屋面厚度、后屋面水平投影长度、防寒沟尺寸、温室长度等。对日光温室结构优化应重点考虑采光、保温、黑木耳生长和人工作业空间等问题，据此确定日光温室的结构参数。表 5-6 列出了优型结构日光温室与普通型日光温室结构参数的主要差别。

表5-6　普通日光温室与优型日光温室的结构参数

结构	普通型日光温室	优型日光温室
跨度	5~9m	6~8m
脊高	2.0~2.2m	2.8~3.5m
后墙	①高度一般在 1.5m 左右； ②厚度在 50cm 左右； ③散热多，贮热少，保温力差	①高度多为 1.8~2.5m； ②厚度多为 1.5m 以上(或夹心墙)； ③散热少，贮热多，夜间向室内放热，保温好
后屋面(后坡)	①较薄，约 30cm，保温力差； ②从室内看，后坡的仰角较小，冬季白天接受不到直射阳光，故反射光少，贮热少，夜间向室内放热也少	①较厚，多用秫秸或草垫子、炉渣、珍珠岩、聚苯板等为材料，厚度多为 50cm 左右，保温性能好； ②后坡仰角大(多在 30° 以上)，冬季白天可接受直射阳光，反射光多，贮热多，夜间向室内放热也多
防寒沟	无防寒沟。土壤热量自室内向室外导热量大，土温低	有防寒沟。土壤热量自室内向室外导热量少，土温较高
前屋面	①屋面角度不够合理(光线的投射角偏小)，透入室内的光热较少； ②薄膜选用不够合理，透光保温性能差； ③夜间保温覆盖差，散热多，不利室内保温	①屋面角度合理，透入室内的光热较多； ②选用透光，保温力强的无滴薄膜，室内光温条件好； ③夜间采用多层覆盖，散热少，夜间室内温度高

②几种优型日光温室结构类型

Ⅰ 第一代优型日光温室

A. 半拱圆形竹木结构日光温室。代表类型为两种，一种为短后坡高后墙砖混复合墙体竹木结构日光温室(图 5-9)；另一种为短后坡高后墙夯实土墙竹木结构日光温室(图 5-10)，这两种类型均是由辽宁感王式日光温室演化而来。

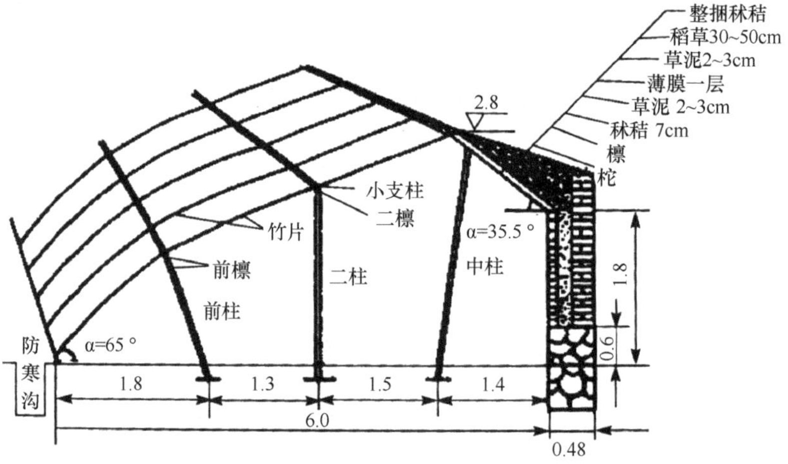

图5-9　短后坡高后墙砖混复合墙体竹木结构日光温室示意图(单位：m)

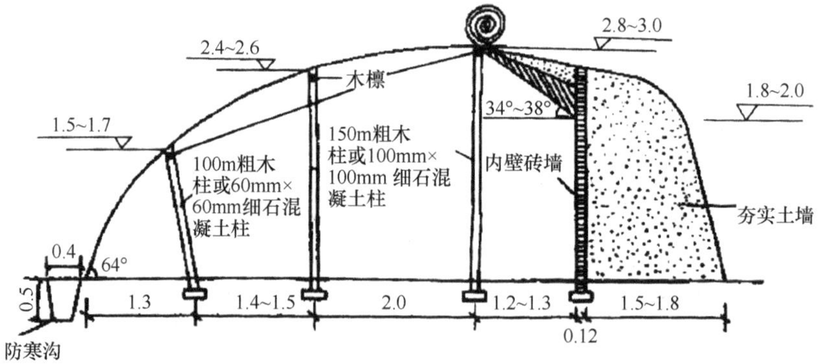

图5-10　短后坡高后墙夯实土墙竹木结构日光温室示意图(单位：m)

由于这种温室缩短了后屋面，增加了前屋面长度，提高了后墙和中脊高度，因此采光面积加大，透光量显著增加，尤其是显著增加了后墙下面的光照，但因后墙加高，后坡缩短，因此夜间保温能力降低。但白天的透光量增大，会弥补夜间保温能力下降的缺点。根据测定，短后坡高后墙日光温室内的最低气温并不比长后坡矮后墙日光温室低，而且提高了土地利用率，改善了作物生长和人工作业的空间。

B. 鞍Ⅱ型日光温室。该温室是由鞍山市园艺研究所设计的一种无柱拱圆结构的日光温室(图 5-11)。温室前屋面为钢架结构，无立柱，后墙为砖与珍珠岩组成的异质复合墙体，后屋面也为复合材料构成。采光、增温和保温性能良好，便于黑木耳生长和人工作业。目前各地应用的钢骨架拱圆形日光温室多是由鞍Ⅱ型日光温室改进而成。

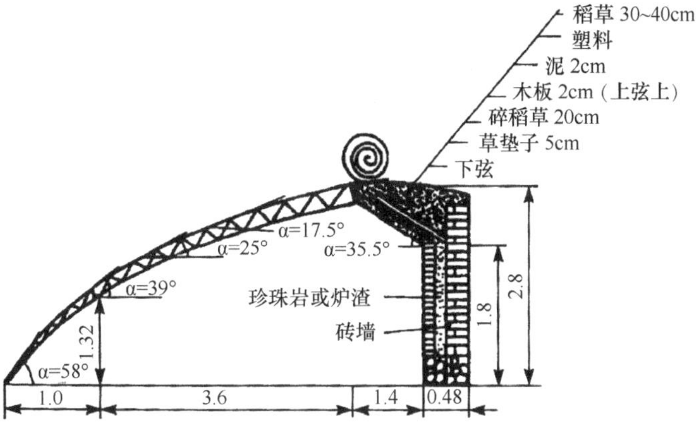

图5-11　鞍Ⅱ型日光温室结构示意图(单位：m)

Ⅱ　第二代优型日光温室

与第一代日光温室相比，跨度和高度有了一定增加，跨度在 7.5~8.0m，脊高 3.5~3.8m，后墙高度 2.5m 左右，墙体多采用异质复合墙体，代表温室有辽沈Ⅰ型、Ⅱ型日光温室、熊岳第二代节能日光温室、改进冀优Ⅱ型节能日光温室等。以辽沈Ⅱ型日光温室为例说明二代节能温室在结构上的特点：跨度 7.5m，脊高 3.5m，后屋面仰角 30.5°，后墙高度 2.5m，后坡水平投影长度 1.5m，骨架采用钢管和钢筋焊接的落地式桁架结构，后墙由 12cm 砖墙外侧加 12cm 聚苯板和防水层构成；后坡采用 2cm 厚木板和 10cm 厚聚苯板加防水层构成(图 5-12)。

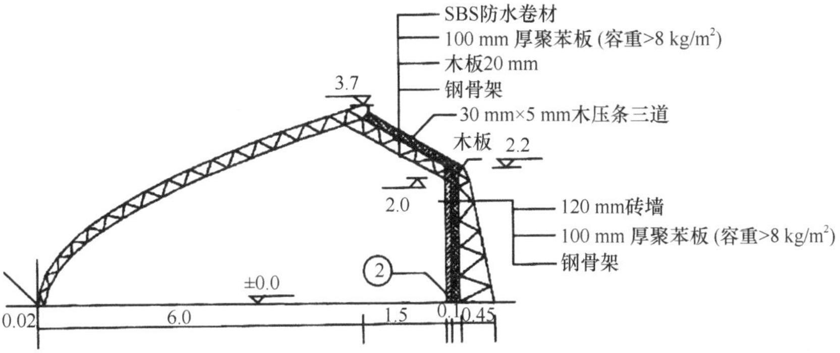

图5-12　辽沈Ⅱ型日光温室结构示意图(单位：m)

Ⅲ 第三代优型日光温室

第三代优型日光温室一般跨度为 10~12m，脊高 4.7~5.5m，后坡水平投影长度 2.0~2.5m，后墙高度 2.7~3.0m，墙体厚度 0.6~0.65m。代表性温室是 2001 年沈阳农业大学设计的辽沈Ⅳ型日光温室(图 5-13)，它的脊高 5.5m，跨度 12m，后坡水平投影长度 2.5m，后墙高度 3.0m，墙体厚度 0.65m，内外两边为 24cm 砖墙，紧靠砖墙是各 5cm 厚缀铝聚苯板，中间 6cm 厚空气夹层。这种温室性能近于辽沈Ⅰ型日光温室，但空间明显增大，有利于黑木耳挂袋增加和栽培，同时也便于实现日光温室环境控制自动化和生产机械化，是实现日光温室现代化较理想结构类型。

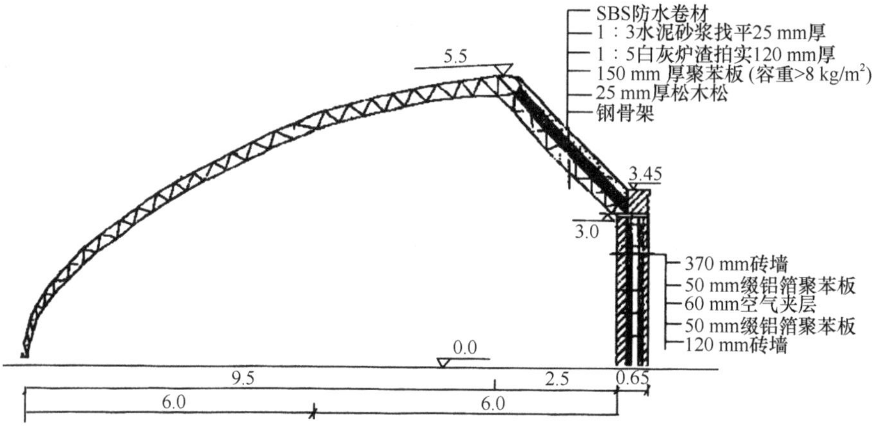

图5-13 辽沈Ⅳ型日光温室结构示意图(单位：m)

(三)黑木耳菌袋制作

日光温室或塑料大棚内栽培黑木耳的菌袋制作和地摆菌袋相同，采用相同的培养料配方，严格按照菌袋生产技术规程操作，以确保生产出合格的菌袋，吊袋棚栽的菌袋装袋要高一些，一般在 20~21cm，这样能多开几个出耳口，提高产量。

(四)菌袋培养

严格按照黑木耳菌袋生产所要求的温度和湿度培养，做好培养室的日常管理，做到养好的菌袋菌丝健壮，袋与培养料不分离。

(五)扎眼育耳

在气温回升至 10℃以上，温度降至 20℃以下时，将培养好的菌袋，用割口机扎眼，每袋扎小口 120~150 个，眼不能扎大，以直径 0.5cm、深度 0.5~1cm，把菌袋码垛放在大棚内，一般以 9~10 个菌袋高为好。棚温保持在 20~22℃，在遮光条件下，棚内湿度控制在 70%左右，使耳袋菌丝封住出耳口，不能让菌袋内水分流失，一般温度高封口就快。春耳一般在 20℃左右，3~5d 即可封好出耳口，秋耳一般在 23℃以上，3d 左右能封口为好，因为秋耳期外界气温高，棚内温度也高，菌袋长时间封不上口，菌袋易感染杂菌。菌袋封口期间要注意棚内的温度、湿度和通风换气，当菌袋口封好后就可以挂袋进行催芽管理了。

(六)吊架的搭建

无论选用哪个型号的温室和大棚，都得搭建吊袋架，用三根 14 号铁丝为一个吊袋架，一个吊袋架摆几袋就用几个立体托扣，也可用预先制好的“S”形吊钩，吊挂到栽培架的铁丝上，每 35cm，吊架一行，每架距离为 25cm，前沿头架袋吊放两层(上下落两袋)，往后排列每架加一层(加一袋)，每 5 行留 30cm 的作业道，同时也是通风道。也可以把菌袋用塑料绳吊挂在大棚顶架上，一般每串挂 8~9 袋，每两行挂袋间隔一个作业道。挂袋时最底部的菌袋距地面 20cm，平均每平方米大棚挂菌袋 80~90 袋，每个耳房力争在 3d 内挂满，以便管理。如跨度 8~12m 宽、60m 长的塑料大棚可吊 40 000 袋左右(图 5-14)。

图5-14　塑料大棚内吊袋栽培黑木耳

(七)挂袋催芽期管理

栽培袋出耳口封好后就可以进行挂袋，如果出耳口封好后没有及时挂袋浇水催芽，使袋内菌丝老化会影响产量。挂袋立体栽培木耳，在东北地区一年可生产两次。春耳生产在 3 月末挂袋，5 月中旬采收，6 月采收二潮耳。秋耳 8 月初挂袋，9 月中旬采收，10 月采收二潮耳。催芽期间注意水分管理，首先将地表面浇透水，结合喷水，保持棚内昼夜湿度达到 85%以上，才能使耳芽出得又齐又快。前期最好用喷雾器喷水，防止水进入袋内产生青苔。如果棚内温度超过 25℃以上，要加强通风，或增加遮阴度，降低棚内温度，最好保持棚内温度在 18~22℃。

(八)子实体生长期管理

当小耳长到纽扣大小时，将空气相对湿度降至 75%~85%，人为增湿使耳基刺边缘始终呈湿润状态，直到看见密密麻麻的耳基时，再拉大湿差，使空气相对湿度保持在75%~95%，可采用早晚喷水、中午断水，使耳片展开，夜晚呈生长状态，干干湿湿，子实体生长期如出现子实体长得慢，可停水2~5d，帘子早晨迟盖会儿，让袋、床面、子实体风干一些，使菌袋有几天的干燥时间，让菌丝有个休养生息的时间。为了供应子实体生长所需营养，菌丝必须向袋内深处生长。吸收和积累养分。经过几天的休养生息，积聚营养，再恢复大湿度，浇水催耳，使耳片充分展开。子实体生长期间时间在 7~10d，黑木耳生长所谓的浇水时间也主要就是这7~10d。

(九)停水采耳

黑木耳成熟的标准是耳片充分展开，开始收边、耳基变细，颜色由黑变褐时，即可采摘。要求勤采、细采、采大留小，不使流耳。成熟的耳子留在菌袋上不采，易遭病虫害或流耳。采耳时停水，温室棉被卷起，让阳光直接照射在菌袋和子实体上，待子实体收缩发干时采摘。采收时，用小刀靠袋壁削平。采收下的木耳要及时晒干或烘干。

采收后的菌袋，停止直接喷水4~5d，让菌丝积累营养，经过10d左右，第二茬耳芽形成，重复上述管理，还可采收两茬。

(十)转潮管理

一潮木耳采收完毕后，挂袋栽培木耳也要采取“干干湿湿”的水分管理方法进行转潮，采收木耳后，将大棚的棚膜卷至棚顶，晒袋4~5d，然后再浇水管理。

当木耳采收过半后应停水 2d，将木耳晒干后再进行浇水，待耳片大部分长至3~5cm，将木耳一次性采下，再晒袋2d，模仿下中雨的环境进行浇水，9d后再现二潮木耳原基，再浇水3~5d，即可采收二潮木耳，每季木耳一般可采收3~4潮耳。

黑木耳棚内吊袋立体式栽培，是一项新的生产技术，需要在生产实践中不断充实和完善，尤其是水分管理，是一项复杂而又非常重要的生产技术，既要满足木耳对水分和湿度的需求，又要合理地进行晒袋，创造时干时湿的木耳生长条件，以期达到高产优质的栽培目的。

四、黑木耳林地栽培技术

(一)林下栽培黑木耳概述

1. 林下栽培黑木耳意义

(1)拓宽黑木耳栽培地域，解决耳粮争地矛盾

黑木耳栽培具有投资少、见效快、易于操作等生产特点，使其成为广大农村经

济发展重要支柱产业和农民脱贫致富的主要渠道。近年来，我国黑木耳栽培面积的不断扩大，在粮田面积有限的情况下，耳粮争地矛盾日益显现。为此，发展林下栽培黑木耳产业，黑木耳栽培无需额外占用耕地，排放的菌渣，可供作林地有机肥料，用来改良林地土壤，加快林木生长。既缓解了林耳争地矛盾，又达到“近期得耳，长期得林，以短养长，良性循环”生态效果，促进食用菌产业和林业可持续发展。

(2)推进了林业结构调整，提升经济生态效益

黑木耳是木腐类真菌，传统的段木栽培要消耗大量林木资源，菌林资源争夺矛盾尤为突出，成为制约黑木耳产业发展瓶颈。福建古田首创了代料栽培食用菌，以棉籽壳、玉米芯、甘蔗渣、林果桑枝条等代替木料，妥善解决了黑木耳栽培原料，破解了“耳业发展与生态保护”相矛盾地生产难题。

发展林下黑木耳产业，可以充分发挥用材林正常砍伐和林地更新抚育间伐材、经济林的果桑修剪枝条，以及木材加工厂的边材碎屑等下脚料，作为代料栽培耳菌，有效地解决了种耳砍伐的焦点难题。由传统单一的木材生产，向林菌高效复作模式发展，良好的生态环境为黑木耳业发展提供了天然良地，促进经济生态化、生态经济化，优势互补，相互促进，林地综合效益倍增。

(3)开辟农民致富新门路，加速实现小康进程

林下黑木耳产业的开发，解决了耳粮争地矛盾，使耳林和谐发展，走出一条“用空间换面积，用技术求效益”的食用菌特色发展之路，更重要的是为山区广大农民开辟了一条致富新门路。

(4)林菌业得到共同发展，推广应用前景广阔

首先，产品质量优良。林下黑木耳产业最大的优势是利用夏季树枝茂盛、气候阴凉、林间晨雾弥漫、空气新鲜，为耳菌生长提供良好的天然环境。因此，其产出的黑木耳品质量优良，带有野生气息和自然风味并且无污染，清洁卫生。其次，逆季上市，消费空间大。黑木耳品种中大多数是春秋栽培，而夏季气候炎热，自然条件不宜种耳。林地种黑木耳选中温型品种夏季上市，你无我有，而且成本低廉，竞争力强，填补了夏季市场缺耳的空白，受到消费者欢迎。再次，成本低廉效益好。利用林地种黑木耳，拓宽种耳空间，利用树木郁闭度免棚或简棚种耳，利用林业木条和枝叶等作为原料，这些都带有半天然性的栽培，其成本比常规栽培会降低30%。

总之，林下耳菌复种实现高等植物-微生物之间生物循环的一个创新，其推广应用前景十分广阔。

2. 林下栽培黑木耳的基本条件

(1)林业气候资源的利用

林业气候资源是指森林分布、林木组成和林木生长地区的气候资源。林业气

候资源与食用菌繁衍生息密切相关。热带雨林、季雨林带，仅适于高温型食用菌生长；亚热带林带，大多生长中温型或中偏高温型食用菌；温带林带，多数生长低温型食用菌。了解和掌握林业自然资源，可为规划设计林下黑木耳种植制度、适宜品种等要素提供科学依据。

(2)地势林相与郁闭度的要求

利用林间套种黑木耳地势，以平坦空旷、通风向阳为宜；山区林地海拔高低不限，缓坡林为最适宜但坡度为12°~18°，陡峭凹凸不平的林地不适宜栽培。选择南北朝向种植林木，有利于夏季黑木耳得到林木枝叶的遮阴，减少热量，降低温度，使子实体在适温条件下生长。林相成片，长势整齐，疏密适中，植株行距4~7m，株距2~3m。树种用材林或经济林均可。森林郁闭度40%~60%为宜。树龄因树种和林地土壤，以及管理差异而悬殊，一般速生树种3~4年、缓慢树种7~8年达到郁闭度条件。

(3)林地土壤的要求

适于林地生长的土壤条件，均可作为栽培黑木耳菌。但林地不同，土壤中的有害物质的含量有别，因此必须进行事先抽样检测，按NY 5358—2000《无公害食品食用菌产地环境条件》中土壤质量要求每千克标准：总镉(以Cd计)含量不超过0.4mg，总汞(以Hg计)不超过0.35mg，总砷(以As计)不超过25mg，总铅(以Pb计)不超过50mg。同时要求3000m之内无生活垃圾堆放和填埋场、无工业固体废弃物和危险废弃物堆放和填埋场等。

(4)水源水质保证

黑木耳生长过程中，前期菌丝生长靠培养料中的水分维持发育所需；而进入子实体生长还需要从外界人为喷水增湿，促进正常发育。因此，作为种黑木耳的林地必须有充足的水源。

山地作为发展林下种黑木耳场地，其山泉水水质较清洁冷凉，可通过安装管道引进山间泉水；平川林地可采取打井抽地下水或建蓄水池等来解决林下种黑木耳日常用水需要。对水质要求按NY 5358—2007《无公害食品食用菌产地环境条件》中生产用水中污染物的指标要求：浑浊度不超过3度，不得有异臭、异味，总砷不超过0.05mg/L，总汞不超过0.001mg/L，总镉不超过0.01mg/L，总铅不超过0.05mg/L。

(5)交通运输方便

林下种黑木耳的主要原料有森林中的枝条、野草等，需要切碎加工，这就需要把切碎机械运进林地；种黑木耳辅助培养料麦麸、米糠、石膏或石灰等需从林外运进林地；黑木耳产品采收后鲜耳要外运，需车辆运送。因此，种黑木耳林地要交通方便。但铁路、公路主干线附近的林地，由于车辆运行速度快、风沙流量大、地区震动性波及易带来环境污染耳体和震动刺激菌丝早产等不良后果，因此不适宜。

(6)周围环境无害化

栽培黑木耳的林地必须远离有关虫源、粉尘、化学等污染的场所。要求林地3000m 以内无煤矿、石灰厂、石板材厂，沙石粉料厂等扬尘作业厂矿，以及造纸厂、化肥厂、印染、制革、皮毛等加工厂。从周围环境上排除林地黑木耳生产过程遭受水源和空气的污染，确保林地环境无害化、产品质量的安全性。

3. 林下黑木耳的栽培方式与林地要求

林下栽培黑木耳(图 5-15)主要由露地摆袋开放式全光育栽培和林间拉线吊袋仿生态栽培两种方式。

(1)露地摆袋开放式育耳的林地要求

树林种植行距要求 2~3m，空地便于整理成宽 1.3~1.4m 的摆袋畦床；土壤肥力强，沙壤土，森林郁闭度要求在 40%~50%，以满足黑木耳全光育培养长耳光照度的要求。林阴过密、光照度不足，不利于长耳的林地不宜选用。

图5-15　黑木耳林下栽培

(2)林间拉线吊袋仿生育耳的林地要求

森林郁闭度 60%较为适合，树木植株要求树干直立，树冠上部茂密有成年树龄，利用树干拉线吊袋透光长耳。树形短，分枝茂密的桃、李、柑、橘等种类的林地操作不便，不适宜选用。

(3)配套养菌棚及喷水设施

黑木耳菌袋生产和培养场所可用标准接种室和发菌室。林下黑木耳料袋制作，可在离林地较近的地方设置料袋生产操作场。通过培养料装袋，常压灭菌后，运至林下接种帐内接种，在林间用塑料围成长、宽各 3m 的“接种帐”，地面整平铺沙，覆盖 2 层地膜，形成一个无菌接种间。菌袋培养可在林下罩膜棚发菌培养。一般林下空气清新，病原菌少，安全性较好。但林下发菌要十分注意，罩膜棚四周开好排水沟，防止发菌期下雨时山水冲进发菌棚内。

黑木耳全光育露天栽培，喷水方式与其他耳菌品种不同，要求勤喷、细喷，也就是喷雾化水喷于畦床上的菌袋。因此，每畦上采取设置喷水带，安装开关，各畦连接形成微喷网络，方便喷水。

4. 林下栽培黑木耳季节安排

黑木耳栽培季节，应根据菌丝生长和子实体发育两个不同阶段所需的最适环境条件进行合理安排。传统段木栽培是"春分、清明至谷雨，木耳接种最适宜"，它是一年一季接种期。而代料栽培则在一年内分春、秋两季播种。由于我国南北气候不同，同样是春秋季节，但差异甚大，而且同一地区所处位置海拔高度不一，温度又有区别。因此安排栽培季节时，必须掌握好两个关键点：一是接种期当地自然温度不低于 20℃，最高不超过 32℃；二是以接种日起往后 40~50d 为子实体生长期，当地自然温度不低于 15℃，最高不超过 30℃。这样接种后使菌丝处于最佳环境中培养，使子实体在最适温度条件下生长发育。

根据栽培季节，可区划如下。

(1)长江以南

春栽宜 2~3 月接种，4~6 月长耳；秋栽宜 8 月下旬至 10 月底接种，10 月至 11 月底长耳。

(2)华北地区

以河北省中部温度为准，春栽宜 3~4 月底栽种，5~6 月长耳；秋栽宜 7 月上旬至 8 月中旬接种，8 月下旬至 10 月中旬长耳。

(3)西南地区

以四川省中部温度为准，春季宜 3~4 月接种，5~6 月长耳；秋栽宜 9 月初至 10 月上旬接种，10 月中旬至 11 月底长耳。

(4)东北地区

以黑龙江中部温度为准，春栽宜 4 月至 5 月上旬接种，5 月中旬至 6 月底长耳；秋栽宜 7 月上旬至 8 月中旬接种，8 月下旬至 10 月上旬长耳。

(二)黑木耳林下露地摆袋开放式全日光育耳栽培技术

1. 培养基配制

见第 4 章栽培种配方及制作。

2. 菌袋接种培养管理

菌袋接种按常规操作，500ml 菌瓶的固体黑木耳菌种可接栽培袋 30 袋，接种后进入菌袋培养。东北地区为提前出耳，充分利用室外春季自然温度出耳，多采用冬季室内集中养菌、春季室外出耳的办法。养菌室应倍增温、保温、升温(有暖气、火炉等)、保湿、通风(风扇)等条件。养菌室内刚开始发菌 7~10d，室内如不超温可不必通风。培养室温度要求 25~28℃，空气相对湿度要求 45%~60%，干燥、避光。菌丝吃料 1/3 后，应及时通风，把袋距拉开 1cm 左右，并使温度不超过 25℃。袋内温度超过 36℃时，会出现“烧菌”。超温下培养的菌丝受到严重挫伤，没等划口出耳，菌丝就收缩发软吐黄水，不长子实体。养菌室后期注意通风。在高温缺氧条件下，菌丝勉强生长，但在出耳时失去了抗杂能力，极易烂耳。只要温湿度适合，空气新鲜，一般来说液体菌种 30d 左右，固体菌种 40~50d，大部分菌丝都可长满全袋。

气温较低的北方地区，确定春天室外养菌的时间一定要考虑出耳时的温度，定好出耳时间后，往前推 40~60d 进行养菌。林间养菌要搭建遮阳棚，棚内温度不超过 28℃。春季林下养菌要采取覆盖塑料布或在塑料大棚内养菌，以提高温度，缩短养菌时间。

(1)场地选择

选择不积水、通风良好、清洁的地段。春季可选择向阳、光照好的地方，以利增温；暑期应选择遮阴好、通风的地段，或人工搭遮阳棚，以防高温烧菌。

(2)耳床整理

养菌床可以直接用作出耳床。套种黑木耳的林地，应剔除石头、杂物和野草，并进行浅翻土层做畦，注意不要伤及林木根部。可选南北走向或顺坡方向，以利于排水。床的长度根据地形地势，宽度 1~1.5m，方便采耳时单手伸至畦中采摘，避免畦床过宽，脚踏畦床采耳。床与床之间的留 40~50cm 宽作业道。床面比作业道高出 10~20cm，以利于排水。按照床的宽度，结合出耳时的要求，备好草苫遮阴、保温。畦床周围撒石灰粉消毒，并喷洒杀虫剂，以净化环境。

(3)菌袋堆垛

如果室外天冷，已接种的菌袋应在菌丝萌发定植后，再到室外养菌。北方小袋养菌卧摆在床面上，顺着床的长度方向摆袋，菌袋可垛放 5 层菌墙，两排墙之间留 10cm 的距离，以利于通风换气。每亩可摆放 4 万~6 万袋。南方长袋“井”字形堆至 1~1.2m 高即可。摆完菌袋后盖上草苫，床内放温度计，定点定位检查。

(4)养菌管理

菌袋摆入床后，北方地区 15d 内不用挪动，15d 左右掀开塑料膜、草苫检查菌丝生长情况。正常情况下床内温度应控制在 15~25℃。当菌丝占领料面、并吃料 1/4 时，掀开草苫，进行倒垛。每袋互换位置，朝上面的转到朝下面去，这样互换位置，通风半天，及时盖上草苫。床内最高温度不应超过 25℃，温度低应盖上塑料膜增温，温度高则应及时通风，搭上遮阳物。如遇雨天必须盖上塑料膜，防止雨水淋湿封盖，一般 40~60d 菌丝可长满全袋。

3. 林下菌袋排场

不同地势、不同降雨量，应做不同的耳床。排水好的场地可以做地平床；积水低洼地，畦床高出地面 10~20cm，整成中间略高、四周倾斜的“龟背”形出耳床；干旱地区可顺坡做 10~20cm 的地下床(浅地槽)。床面宽 1~1.5m，作业道宽 40~50cm，长度不限。床面可铺打孔的塑料薄膜或旧编织袋，以防子实体溅上泥沙。菌袋上床，按间隔 10cm 左右，“品”字形摆放。每平方米可摆 25 袋，预留 1/3 为作业道，每亩可摆放 1 万袋左右。

林下露地全日光育耳，早春和晚秋为适宜季节。菌袋出耳时要求阳光直射光照条件，一般采用间歇式雾喷设施加湿的方法出耳。露地全日光育耳要注意以下 5 点。

(1)适用范围

低湿季节和北方干燥地区较适宜。而高温季节和南方地区，阳光过分直射，会造成耳子薄、黄，甚至超温烂耳和污染，因此不适用。

(2)增湿设施

必须配套喷灌设备，为出耳湿度作保障。雾喷时耳床的空气相对湿度要达到 95%以上，相当于草苫保湿。

(3)催耳摆袋

已发好菌的菌袋，要在室内、地槽或草苫覆盖下集中后熟，再摆在露地耳床上，切不可划口后直接摆袋，防止划口线吊干，原基不生成，也防止沿划口线进水污染。因此，可采取草苫覆盖菌袋，催出整齐的原基后，再露天摆袋出耳，即“盖一半、露一半”。

(4)喷水管理

喷水要掌握“七干三湿”的原则，主要采用间歇式雾喷浇水的方法。浇水时，要保障耳片吸足水分；停水时，借助阳光和风能把耳片快速干燥，做到“干就干透，湿就湿透，干湿分明”，这样才能达到黑木耳子实体生长的要求。

(5)盖遮阳网

充足的光照资源和良好的通风环境，有利于促进黑木耳子实体分化。太阳光的紫外线虽有杀灭耳场表面杂菌的作用，但也要防止高温、不通风，造成烂耳与污染。全日光育耳在进入高温季节时，必须采取罩遮阳网，这样可延长出耳期，遮阳网一般距地面 1.5m 高为宜。

4. 菌袋划口出耳管理

黑木耳菌袋经过 40~50d 的培养后，菌丝体生理成熟，便转入出耳阶段。为促进子实体形成，达到速生、高产、优质的目标，出耳必须进行划口，以增加出耳穴。划口方式有三角口、十字口、长条形、圆口等多种形式。这些划口都比较大，培养阶段直接与水、空气接触，容易造成污染；而且口型大，养分易于散失，子实体不易长大，更难成朵；口型大，喷水时水分渗透袋内，袋内培养料透气性能降低，子实体虽易形成，但生长难，拖延了长耳期，影响产量。

实践表明，菌袋增穴划口，以“V”字形口为最佳。其优点：一是口型小，培养阶段与空间接触少，避免露空养分散失；二是口型上大下小，菌袋上方的薄膜，一经划破即翘起，似伞一样遮盖于穴口，培养阶段喷水时起到保护伞的作用，以免喷水直透穴口，引起杂菌污染；三是“V”形口下方三角尖部位小，正好让水分保留一小点于尖口，有利于穴口保湿出耳；四是原基形成时，划口处两条斜角一连接，1个杏核大小的原基顶起穴口的塑料膜，使它自然向上翘起，子实体本身封住穴口，水浇不进袋内，形成菌袋“内干长菌丝，外湿长子实体”的良好出耳条件；五是穴口小，耳芽集中，出耳成形美观。因此，划“V”形口最为理想。

划口时可采用刀片或打孔机械，沿着袋面划割。从左入刀下划，从下顺刀向右斜划，形成“V”形的穴口。

(1)划口角度

适宜的划口角度为45°~55°，角的斜线长度为2~2.5cm。斜线过长，一是营养分散，子实体原基很难形成大朵；二是穴口过大，培养基裸露面积大，外界水分也易渗入袋内，容易感染。反之，划口角度斜线过短，造成穴口小，子实体生长受到抑制，产量降低。

(2)划口深度

划口深浅，对出耳早晚、耳根大小影响显著。划口过浅或不往培养基内划，子实体长得朵小，袋内菌丝的营养输送不上来，长耳慢，而且耳根未伸人袋内，一碰就掉。划口过深，子实体形成较晚，耳根过粗，易延长原基形成期。适宜的划口深度为0.5cm左右，最多不超过0.8cm，这样的深度有利于菌丝扭结形成原基。在正常温度、湿度条件下，一般7d原基便可形成并封住划口处。

(3)定位定量

菌袋划口布局和划口数量多少都有讲究。由于菌袋规格不同，栽培形式不一，划口方位和划口数量略有差别。规格为17cm×33cm的短袋，为立式排放栽培，垂直于穴口，可划2~3层口，呈“品”字形排列，每层4个口，每袋8~12个口。上下3层口距离较近，中间1排可划2个口。如果划口数量过少，浪费袋内营养；划口过多，子实体分化不良，产量无保证。规格为12cm×50cm的长袋，有立式斜靠和卧式横排2种栽培方式。立式斜靠的同短袋垂直布局划口呈“品”字形，每袋划12~15个口；卧式的应采取横向布局划口，每袋划12~15个口。

5. 诱发耳芽措施

菌袋划口后，进入原基形成和耳芽发生阶段，也就是黑木耳由营养生长阶段转入生殖生长阶段。为确保原基迅速形成，必须认真掌握以下 5 点。

(1)集中复壮

由于菌袋从室内搬到野外，又经搬动和划口工序，菌丝受到一定挫伤。为使其迅速恢复，划口后必须采取集中培养复壮。把菌袋密排在 1~2 条畦床的排袋架上，罩紧薄膜，让菌袋在小气候内养菌 5~7d，使穴口菌丝尽快复壮。如果划口后直接把菌袋摆放于各个畦床上，穴口菌丝容易干燥脱水，一喷水又易积水霉烂。

(2)排袋保湿

经过集中复壮后，及时把菌袋分别摆放在畦床排袋架上，罩好盖膜。保湿为主，使穴口培养基表面湿润，以免干燥板结，空气相对湿度以 85%~90%为宜。一般不往菌袋的穴口上直接喷水，可用 0.7mm 孔径喷水片的喷雾器，在架床四周及空间进行喷雾。如果空气相对湿度过大或水喷在穴口上，菌丝就会加速生长，形成一层白色菌皮，影响原基出现，或菌丝易胶质化。

(3)干湿交替

干湿交替是促进原基形成的一种手段，经过上述自然地湿和微量喷雾后，穴口湿润。此时可进行揭膜通风，每天早晚各 1 次，时间为 15~20min，使畦床内更新空气。穴口表面湿度稍降，干干湿湿，袋内菌丝接触氧气后，加速新陈代谢，原基迅速显露，并逐步形成耳芽。

(4)湿差刺激

冷热的温差刺激十分有利于出耳。当原基形成后，夜间可把畦床上的罩膜揭开，使白天与晚上形成温差。同时夜晚空间细雾蒙蒙，适于原基分化成子实体。

(5)散射光照

散射光有利于诱发黑木耳菌丝发育形成原基。散射光还能与空气同时作用，来调节空气相对湿度，抑制霉菌滋生。黑木耳排袋时间，恰逢林地树木叶片初长成，易使林下空地有散射光透入，可以更好地促使原基迅速形成，并逐步分化。

6. 出耳管理

(1)湿度控制

黑木耳菌丝体培育阶段要求干燥，当菌丝体生理成熟，菌袋进行划口时，就需要逐渐增加空气相对湿度，在这个时期要进行第一次喷水，但不能直接向菌袋穴口中喷水，只可用 0.7mm 孔径喷水片的喷雾器，在空间喷雾化水。空气相对湿度要求 85%~90%。如果空气相对湿度过大或喷水穴口上时，菌丝加速生长，形成一层白色菌皮，就会影响原基出现或者菌丝易胶质化。

黑木耳原基发育成耳芽后，逐渐转向子实体发育，黑木耳进入了生殖生长阶段，需水量要求逐步增多，空气相对湿度要求达到 90%~95%。通常晴天，每天喷水 1 次，喷水多少应视子实体的生长状况而灵活掌握。幼耳阶段天气阴雨潮湿，应少喷水，子实体生长中期，吸水量较大，遇到天晴干燥，应多喷水，少通风。根据栽培者实践经验，必须掌握科学喷水，满足子实体在不同生长阶段、不同发育状况下的需求，才能取得高产、优质的效果。喷水的水源必须无污染，水质要清洁卫生，符合无公害栽培的要求。

(2)温度控制

出耳阶段主要分为耳芽形成和子实体生长发育两个阶段。即肉眼看到黑色隆起的耳芽长出和逐渐长成片状的子实体。温度对于实体生长关系密切，温度高，子实体生长快，成熟早，总产低；温度低，子实体生长缓慢，生长期长，总产量反而高。

(3)光照适度

黑木耳子实体生长阶段，需要有足够的散射光和一定的直射光。增加光照强度和延长光照时间，能促进耳片的蒸腾作用，并提高其新陈代谢活动，使耳片变得肥厚、色泽变黑、品质好。据试验，光强度在400lx下，黑木耳是浅黄色；1000lx以上，为黑色。出耳棚光照度要求“三分阳、七分阴”，花花光照进棚内。

(4)通风增氧

长耳阶段呼吸作用加强，要经常保持空气新鲜。尤其是气温高、湿度大的情况下，更应注意通风换气，促进出耳和耳片分化。如耳片生长缓慢，并生长漏斗状的耳柄，则说明通风换气差，应及时揭膜通风，使耳片尽快恢复生长。低温季节，应缩短通风时间，并选择中午通风10~15min。以满足子实体新陈代谢中对氧气的需要，才能确保正常的生长发育。注意盖膜切不可密不透风，如果畦床内的二氧化碳浓度超过0.1%时，就会影响子实体生长。

(三)黑木耳林间拉线吊袋仿生态栽培技术

利用林地自然生态环境条件，采取林间搭建吊架悬挂黑木耳菌袋仿生态栽培模式，形成了一种新的开放式吊袋栽培，拓宽了新的栽培空间，实现了省地、省工、高产、高效。主要技术如下。

1. 林场条件

选择地面平整，坡度较小，阳光充足，水源洁净充足，地块不积水，无洪涝的林场。林地以“六阴四阳”为宜。遮阴度过高的林间，进入出耳期因光照度不足，不利于通风换气，不利于子实体发育，因此易产生流耳、霉烂及杂菌污染危害。选定场地后进行清除杂草，并用0.1%(含量70%)甲基硫菌灵溶液喷洒消毒。

2. 搭建吊架

首先搭建一个宽6~8m、长13~15m、中间立柱高3m、两边立柱高2.5m的立体吊架。搭建时先把两边的立柱每隔2.5m左右，对齐挖埋放，并用木棍“X”形钉牢拉紧；在两边已埋好的立柱上面，用横木杆连接固定并绑紧；中间留一条人行管理道，宽 1m，用于栽培期间喷水管理。在人行道两边每隔 3m 左右，顺道两边的方向，立起同四周等高，并绑紧对齐的立柱。在固定好架子的最上面，每隔 30cm 放一根细木杆或用 10 号铁丝代替，铁丝两头必须固定在木杆架子上。框架搭好后，上面覆盖一层塑料膜，防雨。四周全部用遮阳网或草苫遮挡，一般长 15m、宽 6m、高 2m，林间可吊挂 1 万袋。

3. 吊袋方式

用尼龙绳把菌袋口绑 1 个结，多余的袋膜往下反折，再用尼龙绳绑紧系好，即吊完 1 袋。袋口绑绳处与第一袋底部相平，绑完 1 根绳后开始划口。立体吊袋栽培，不宜先划口后绑袋，避免菌料和菌丝体脱离，影响原基形成，出耳少或不出耳，且易受霉菌污染。

一般每根尼龙绳按 2m 高立体吊袋计算，可吊挂 7 袋。吊袋时每行之间按“品”字形进行，袋与袋之间距离以 25~30cm 为宜，不能少于 25cm，行与行之间距离不能少于 30cm。如吊袋密度大，栽培至中后期，通风不良，特别是在高温、高湿条件下，容易出现耳片腹面弹射孢子并停止生长，引起不开片、流耳、烂耳等现象。

4. 出耳管理

菌袋吊完后，把洁净的河水或井水放入棚内，使沙子全部湿透，每天往四周的草苫子上喷雾 3~4 次。使棚内的空气相对湿度保持在 80%~85%，有利于原基的快速形成。此期温度应控制在 20~25℃。一般按上述管理中、晚熟品种需 12~15d，早熟品种需 4~6d，可使原基全部形成。

原基全部形成后，把栽培棚四周的遮阳网及顶盖上的塑料膜全部撤掉。在棚内顶部的第二层棚顶部的粗横木棍上，分别各安装 1 根塑料管并安好微喷头，使喷水口朝上并绑紧固定。利用林间遮阴开放式栽培管理，喷水应掌握春天干旱季节，应多喷、勤喷；阴天及温度较低时，要适量少喷。在子实体生长前期，雨天棚顶不需要任何遮盖物，任雨水自然淋浇，根据雨量大小及时间长短，结合人工少喷或不喷。待子实体生长至中后期，若遇有连阴雨天，必须把棚顶上面铺放一层厚塑料膜，并用绳交叉绑紧，防止雨水浇到木耳上。耳片全部伸展，使袋与袋之间的子实体距离缩小，空气不流畅。如此期任雨水淋浇，可使子实体腹面快速弹射孢子，造成大量流耳、烂耳及严重的霉菌污染。这也是目前各地棚式立体吊袋失败的重要原因之一。因此雨天之后，应及时撤掉大棚上面的塑料薄膜，加大通风换气量。当全部展片长至八成熟时，停止喷水，选择晴天采摘。

5. 转潮续管

黑木耳正常是 1 次接种连收 3~4 潮。一潮、二潮量多质优，三潮次之，四潮少而差。采收一潮黑木耳后，为促使迅速转潮生长二潮子实体，管理上必须掌握好以下技术。

(1)铲除耳根

常因一潮子实体采收时，耳根没除净，遇温度高时，出现霉烂，导致杂菌污染，无法再生。为此采收时，要沿袋面整朵割下，并用利刀铲除穴口上的残留耳根。

(2)控湿养菌

采后的菌袋要停止喷水 4~5d，同时加强通风，并把遮阴棚上的遮盖物拉稀，增加光照度，使穴口表面水分收缩。袋内菌丝继续吸收养分，由原来生殖生长转回营养生长，此时畦床温度应掌握在 24~26℃，以促进菌体复壮，为二潮长耳提供强壮的菌丝体条件。

(3)重划穴口

黑木耳出耳不同于银耳，它不是出耳于原接种穴口上，而是通过划口露基后出耳。因此每收一批耳后，都要在菌袋上重新划口，这样才能使朵形美观，耳片伸展良好。划口必须在第一批采收后，经过 7~10d 的养菌，让菌丝重新转入生殖生长时，再划“V”形出耳口。

(4)出耳管理

由于经过一潮耳后，培养基水分已消耗一部分。因此，划口后的菌袋，为了诱导原基形成，必须微量喷水，使空气有雾化水淋沐穴口料面，每天正常揭膜通风，更新畦床内空气；同时采取温差刺激，干湿交替，促使迅速形成原基，并分化成耳芽，长成子实体。

(四)林下栽培黑木耳防止流耳及菌袋霉烂措施

1. 黑木耳流耳原因及防止措施

黑木耳出耳过程中往往会出现“流耳”现象。流耳，又称醣性耳或水烂耳，是子实体细胞充分破裂的一种生理性障碍现象。如不及时采取措施加以防止，则会导致严重减产，造成一定的经济损失。

(1)耳片自溶

发生症状：在耳基分化时有菌丝代谢物积液，导致耳片自溶而流耳。

防止措施：耳基分化时，及时用干净纸或纱布片擦掉耳基附近的代谢分泌物，可有效地防止流耳发生。

(2)耳片萎缩腐烂

发生症状：大量出耳时，遇有高温、高湿、通风不良、二氧化碳积累过多等不利因素，耳片突然停止生长，进而萎缩及腐烂导致流耳。

防止措施：对耳棚加强管理，适当降低温度与湿度，加强通风换气。

(3)耳片枯死

发生症状：正当耳片生长发育时遇到培养基过分干或出耳期受干热或干冷空

气影响等不良因素，突然停止生长并萎缩枯死；继而又遇高湿而逐渐腐烂，其腐败物导致流耳。

防止措施：对过分干燥的培养基，出耳期适量喷水，控制空气相对湿度在80%~90%，温度不超过28℃。

(4)喷水不当

发生症状：在耳片直径3~5cm时，将水直接喷在耳片上，致耳片积水过多，易引起细胞破裂导致烂耳，进而引起流耳。

防止措施：喷水时不能直接喷在耳片上，只能喷在耳棚空间、地面或四壁，靠空间适宜相对湿度供给黑木耳子实体生长；加强通风换气，即可免遭流耳之害。

(5)用药不当

发生症状：在防治病虫害时，如用药浓度过高或施药方法不当，药液直接喷在耳基或耳片上，以及误用农药等造成药害从而引起流耳。

防止措施：不要滥用农药，严格控制和掌握施药浓度；出耳时要施药，药液只可喷在培养基或耳棚四周及空间，切不可喷在耳片上。进入成熟期禁止喷药，以免造成产品污染。

(6)采耳不及时

发生症状：木耳在达到生理成熟时，不断地产生担孢子，从而消耗耳片内大量养料，使之生理活性下降。此时如不及时采收，成熟的耳片如遇高温高湿、光照度差和通风不良，便可引起感染菌，发生溃烂性烂耳而引起流耳。

防止措施：当黑木耳达到商品成熟期时，及时采耳。

2. 黑木耳菌袋霉烂原因及避免措施

(1)烂袋原因

黑木耳栽培管理不当，也会出现菌袋霉烂现象，常出现在划口处逐渐延续不规则扩大，呈黑褐色的斑块，并伴随霉菌发生、传染，严重时引起整袋报废，影响产量。其原因主要有下面几种。

①划口过大：开口处薄膜翘起，大多数农户以“X”形划口，口长3~4cm。结果由于春末夏初梅雨季节，长期雨水浸入穴口，四周湿度太大，菌丝长期被浸泡变黑，并逐渐扩展。

②湿度过高：子实体虽然需要高温高湿，但并非越高越好。出耳时空气相对湿度要求在85%~90%，如果过高，加上荫棚遮阴过密，阳光不足，容易发生霉菌，引起烂筒。

③喷水过量：喷水应视耳棚空气相对湿度情况，灵活掌握喷水量。有的盲目喷水，特别是用不洁净的水直接喷在菌袋上，带有杂菌的水不断侵入开洞口。

④雨水过多：春栽出耳时，正值连绵不断的梅雨季节，大多数耳农为了节省

成本，不用薄膜防雨水，穴口等于长期浸水，培养料被浸变黑、发烂。

⑤病毒侵染：制作菌种时由于检种不严，使整个菌种带有病毒，当湿度管理不当，水分过多时，病毒迅速延续发展，培养料变松解体。

(2)综合避免措施

菌袋划口必须采取“V”形，深浅适宜，长短适中。

耳棚遮阴不宜过密，“七阴三阳、花花光照”为宜。畦内菌袋宜用薄膜遮盖防雨。

喷水应掌握“干干湿湿”。晴天多喷，阴天少喷，雨天不喷；刮风时多喷，无风日少喷；高温多喷，低温少喷；旱地耳场多喷，烂泥水田少喷；耳片大多喷，耳片小少喷；采收后 1 周内不喷的原则。并注意水质，禁用污水喷浇。

发现有烂筒必须立即停止喷水，让菌筒适当干燥，并清除杂菌污染部位后，用 0.5%石灰水揩擦晾 4~5d。

第六章　黑木耳病虫害防治技术

黑木耳制种、栽培及干耳贮藏过程中，常会发生病虫害。黑木耳受到病虫害的侵染，轻则减产，降低产量质量，重则绝收，造成巨大经济损失。因此，只有准确识别黑木耳生产中各种病虫害的发生特征，掌握其发生规律，采取合理有效的防治措施，才能保障黑木耳生产的高产和稳产。

传统习惯中，耳农常常把杂菌和病害混为一谈，但实际上，病害和杂菌有着根本的区别。黑木耳病害是指黑木耳在生长、发育过程中，由于环境条件不适，或自身免疫力下降，造成的其他微生物侵染或生理性障碍，使其菌丝体或子实体不能正常生长发育，而产生的畸形、枯萎、腐烂甚至死亡的现象。病害可分为侵染性病害和非侵染性病害两种。杂菌则不像病原菌那样直接侵害黑木耳，而是通过在培养基上的生长，与黑木耳争夺养分；同时，产生毒素抑制黑木耳生长，相当于杂草和农作物之间的关系，因此也常被称作竞争性杂菌。

一、常见病害及其防治

(一)代料栽培黑木耳病原菌发生特征及防治

黑木耳病原菌主要是真菌、细菌和线虫。

1. 细菌

细菌是单细胞微生物，个体很小，要在高倍显微镜下才能观察到。不同细菌菌落的大小不一，形状颜色各异。细菌广泛存在于自然界中，土壤、空气、水、有机物都带有大量的细菌，高温、高湿有利于细菌的生长、繁殖，条件适宜时从污染到菌落形成只需几小时。大量聚集可形成明显菌落，有些菌落无色透明，仅在表面呈湿润的灰色斑点块，有些菌落明显呈脓状，多为白色和微黄色。细菌常污染菌种，尤其是母种，使斜面呈膜状或黏液状，致菌丝不能正常蔓延。在原种、栽培种及菌袋内生长时，使培养料黏湿、色深并伴有腐臭味，黑木耳菌丝不能正常生长。

引起污染的细菌种类很多，最常见的有以下 3 个属的细菌：芽孢杆菌(*Baillus* sp.)、假单胞杆菌(*Pseudomomas* sp.)和欧文氏杆菌(*Erwinia* sp.)。

菌种及栽培袋的细菌变质是在消毒(灭菌)过程中还存活的抗热细菌引起的，而不像气生的中温性细菌是消毒之后通过容器(瓶、袋)的间隙进入的。

这一类细菌性变质称为“湿斑”或“腐烂”，变质发生很快，过一个晚上就影响到整批或几批菌种。如果连续污染就会给菌种生产造成巨大损失。湿斑开始发生于谷(麦)粒之间接触点或谷粒与瓶壁的接触点，经过一段时间就出水，并形成湿斑。由于在适宜的条件下，细菌每隔 20~30min 就裂殖(繁殖)一次，谷粒间的污染传播很快，采用摇瓶培养的扩展尤快。

谷粒外观的变化取决于所污染的细菌的种或变种，细菌的发育阶段，菌落、瓶中的游离水，以及碳酸钙和石膏粉的用量。污染的谷粒通常变软，变为暗褐色或几乎黑色，并带灰色或暗褐色，柔软带黏液，或暗褐色、橙褐色，黏液状，瓶中溢出一股难闻的气味，类似腐烂的有机物发出的臭味，并且这种气味因细菌的种或变种而不同。分离出来的细菌是抗热的、产芽孢的、好气性的细菌。当温度从 28℃升至 32℃，细菌的芽孢就变为杆状的营养细胞，繁殖很快。

这些细菌的芽孢由于灭菌不彻底(灭菌温度不够、蒸汽压力太低，或灭菌时间不足)而存活在培养基中，在菌丝生长时(24℃)保持不变。因此，菌种生长正常，从表面上来看是健康的，假如把这些菌种放在 32~37℃环境下，细菌就开始活动，并使菌种酸败；把这些酸败的菌种再放到 2~4℃环境中，细菌的营养细胞又会逐渐消失，菌丝又再长满谷(麦)粒。

防治方法：培养基灭菌时，温度、压力、时间都要达到要求，确保无细菌污染。接种时要严格按照无菌操作要求，达到无细菌污染。及时清理病耳，清理耳床。

2. 酵母菌

酵母菌是单细胞真菌，个体比细菌大，菌落与细菌的相似。但比细菌菌落大而肥厚，多为圆形，有黏稠性，不透明，多数乳白色，少数粉色。可污染各级菌种和栽培袋，尤以母种培养基上最为常见。菌种生产及栽培中遇到的有酒精酵母、热带假丝酵母等真菌，其培养基质被酵母菌侵染并大量繁殖后会发酵变质，散发出酒酸气味，黑木耳菌丝不能生长。播期过早、气温较高、培养料含水量偏高时容易发生。

常见危害黑木耳酵母菌有红酵母(*Rhodotorula rubra*)、橙色红酵母(*Rhodotorula aurantica* sp.)和黑酵母(*Aureobasidium pullulans*)。

防治方法与细菌防治相同。

3. 放线菌

放线菌菌落在母种培养基上，与细菌菌落有明显差异。放线菌菌落较大，表面多为紧密的绒状，坚实多皱，长孢子后就呈粉末状。主要污染菌种，在栽培上放线菌通常不会大范围污染，而是污染个别瓶(袋)。放线菌往往有稀疏的菌丝，菌丝体成团、成束，浅灰色或浅白色，生长快，在培养基质温度高时易发生危害。

常见的放线菌有白色链霉菌(*Streptomyces allms*)、湿链霉菌(*Streptomyces humidus*)、粉末链霉菌(Streptomyces farinosus)和诺卡氏菌(*Nocardia* sp.)等。

防治方法：①在黑木耳生产之前，要对车间和设备进行严格的消毒处理。消毒药品可用多菌灵、硫黄进行全方位的喷洒、熏蒸消毒；②在生产过程中，无论是常压灭菌还是高压灭菌，一定在 40min 内使温度上升至 100℃，在该温度下，常压灭菌保持 4h，高压灭菌保持 2h；③接种时要认真做好消毒灭菌工作，严格执行无菌操作，接种时菌袋温度最好在 20~30℃，养菌室温度要以 18~23℃为宜。要以最快的时间让菌种吃料定植，不让杂菌有可乘之机。

(二)代料栽培黑木耳杂菌发生特征及防治

杂菌主要是霉菌类、少数高等真菌和细菌。黑木耳的杂菌与病原菌大多时候很难分开，有的既是杂菌和黑木耳争夺养料，又是病原菌寄生侵染黑木耳菌丝体和子实体，像木霉等霉菌类。

1. 霉菌

霉菌是单细胞或多细胞的菌丝状真菌，菌丝白色、较粗壮。霉菌与黑木耳生活条件类似，分布广泛，引起黑木耳菌种和栽培袋变质的概率最高，是危害最大的一类杂菌，一旦发生，很难根治。霉菌种类很多，包含真菌中最普遍的一些种，如曲霉属(*Aspergillus*)、青霉属(*Pennicillium*)和木霉属(*Trichoderma*)的种。随着生长，因种类不同逐渐产生各种颜色的分生孢子，孢子很小，直径不超过 5μm，它们长期留在实验室和培养室的空气中，是污染的潜在危险。生产上“绿霉”、“红霉”、“黄霉”等俗称，纯粹是依据真菌菌落颜色的方便名称，与生物学描述的种及分类地位并不是严格一致的。

(1)曲霉

曲霉的菌丝较粗短，菌丝初期为白色，扩展蔓延较慢，菌落较厚，之后则出现黑、黄、棕、红等颜色。其产孢组织在显微镜下形似杨梅。成串的孢子放射排列在顶囊细胞外面的小梗上。引起黑木耳菌种及菌袋污染的种类，主要有孢子头呈黑色的黑曲霉(*Aspergillus niger*)，孢子头呈黄绿色的黄曲霉(*Aspergillus flavus*)，孢子头呈灰绿色的灰绿曲霉(*Aspergillus glaucus*)等(图 6-1)。

曲霉几乎能在一切有机物上生长，适宜生长的温度为 25℃以上，多发生在菌丝阶段的培养基上，或脱袋的菌丝柱表面。这些霉菌多由原料中混进，或无菌操作不严，以及室内温度过高，易从外界侵入，抑制黑木耳菌丝生长。黑木耳菌丝生长良好时，可将其覆盖，对出耳影响不大。曲霉感染后，黑木耳菌丝很快萎缩，并发出一股刺鼻的嗅气，致使木耳菌丝死亡。曲霉不仅污染菌种和培养料，而且有些曲霉产生毒素，危害人体健康。在碳水化合物含量过高、微酸性的培养料中，以及高温、高湿、通风不良的情况下容易发生。

防治方法：①及时通风干燥，控制室温在 20~22℃，待杂菌抑制后恢复常规管理；②在规定范围内提高 0.5 pH，在拌料时加 1%~3%的生石灰或喷 2%的石灰水可抑制杂菌生长。药剂拌料，用干料重量 0.1%的甲基托布津拌料，防治效果更好。③一旦发生污染，首先要加强通风，控制喷水，降低空气相对湿度，造成不利于曲霉生长的环境。污染严重时，可喷 1∶500 倍的托布津或多菌灵溶液。

(2)青霉

黑木耳生产过程中最常见的是杂菌，危害十分严重。青霉菌丝生长得不快，菌丝前期呈白色，3d 后产生青绿色分生孢子。孢子长在帚状的孢子梗上，形成一片蓝绿色粉状霉层；能明显抑制黑木耳菌丝生长，后期还侵害黑木耳子实体，变为寄生性病害(图 6-2)。

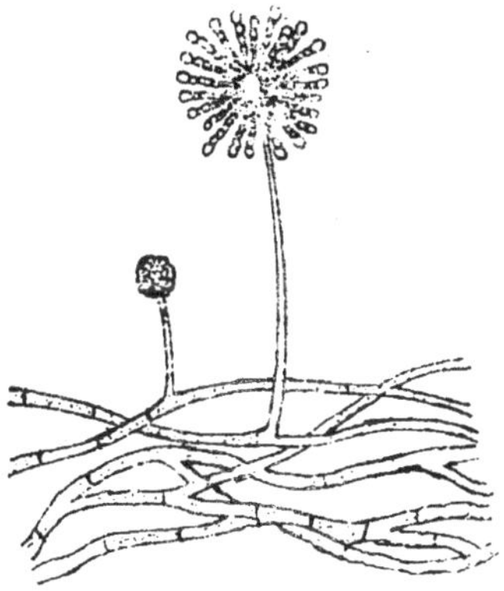

图6-1　曲霉

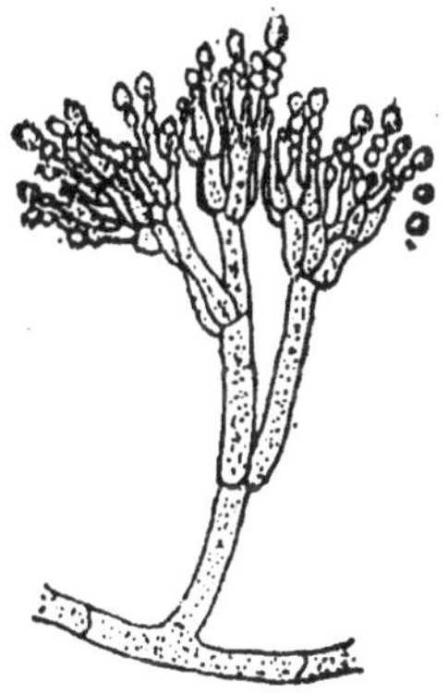

图6-2　青霉

青霉属低温性菌类，温度降至 27℃以下时，湿度较高情况下极易发生。青霉的分生孢子通过气流、昆虫及水滴等传播。青霉常发生在菌袋上，破坏黑木耳菌丝的生长，影响子实体的形成。

青霉种类繁多，常见的有产黄青霉(*Penicillium chrysogenum*)、圆弧青霉(*Pennicillium cyclopium*)、白青霉(*Pennicillium albidum*)和软毛青霉(*Pennicillium puberelum*)等。

防治办法：①要认真做好接种室、培养室及生产场所的消毒灭菌工作，保持环境清洁卫生，防止病害蔓延；②调节好培养料的 pH。栽培黑木耳的培养料可选用 1%~2%的石灰水将培养料调节至微碱性。采用后喷澄清石灰水，刺激黑木耳菌丝生长，抑制青霉菌发生；③菌袋杂菌感染严重的扔掉并深埋或焚烧，菌袋局部感染可注射 18%甲醛溶液、或用注射器将多菌灵(1∶500)液注入菌袋感染部分，并用胶带粘好，耳床上发病可用 5%~10%的石灰水喷洒防治。

(3)木霉

木霉俗成绿霉，是普遍发生且危害严重的杂菌。木霉菌丝纤细，白色透明，有分枝、分隔。菌落生长速度极快，初期在基质上呈白色斑块，以后逐步产生绿色粉状霉层。菌落中央为深绿色，向外逐渐变浅，边沿呈白色。木霉的孢子梗呈松塔状，长在菌丝的短侧枝上，常作二级或三级分枝(图 6-3)。

图6-3　木霉

1. 分生孢子梗分枝；2. 孢子着生状；3. 分生孢子

木霉广泛分布于各种腐木、枯枝落叶、植物残体、土壤和空气中，自然界到处都可找到它的家族成员。木霉的孢子借助气流、水滴、昆虫、原料、工具及操作人员的手和衣服等传播，侵入黑木耳着生的基质及耳体上，一旦遇到适宜的条件就会萌发，繁殖危害。在酸性和高温、高湿的环境中容易滋生，老耳房和带菌的工具等是主要的侵染源。木霉对黑木耳的危害很大，它适应性强，在 4~42℃都能生长繁殖，繁殖速度快，片段菌丝也能迅速分枝蔓延形成菌落，它分泌的胞外毒素可抑制菌丝的生长甚至使菌丝中毒死亡，常造成烂筒、烂袋，有时也造成黑木耳菌种和栽培袋大量报废。木霉菌丝与黑木耳菌丝争夺营养，追随黑木耳菌丝蔓延的方向伸展，最后缠绕、切断木耳菌丝。

危害黑木耳菌种和栽培袋的木霉主要有：绿色木霉(*Trichoderama viride*)、灰绿木霉(*Trichoderama glaucus*)、康宁氏木霉(*Trichoderama koningii*)、和白色木霉(*Trichoderama polyspora*)。

防治办法：①科学调配培养基配料的碳氮比和 pH，使营养全面、均衡，在灭菌后菌袋温度降至 25~30℃时进行接种，这样 24h 菌种就能萌发定植，以保证食用菌菌丝生长既快又健康并有抗性，不给霉菌侵入的机会，形成拮抗或抑制；②接种时操作要严格、规范，接菌工具必须用酒精灯火焰烧一下，接菌操作一定要在无菌台式酒精灯工作台上进行。在菌种生产、养菌及出耳期间，每周对接菌室空间和墙壁喷洒多菌灵等药物消毒，既坚持预防为主的原则；③发现木霉后，可用70%的酒精或 0.1%的多菌灵溶液，用注射器针头注入杂菌处，控制蔓延；如发现在脱袋后的菌棒上发和王母娘娘霉时，可在感染处及周围刷上石灰水，严重时可用多菌灵液涂刷。

(4)链孢霉

链孢霉也叫红色面包霉或脉孢霉，俗称红霉菌。链孢霉菌丝生长疏松，呈棉絮状，白色，分生孢子成串悬挂在气生菌丝上，呈橘红色(图 6-4)。

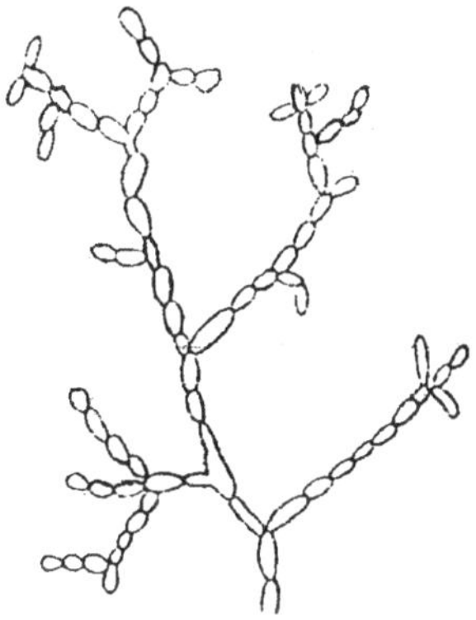

图6-4　链孢霉的分生孢子链

链孢霉菌丝广泛分布于自然界土壤和禾本科植物上，分生孢子在空气中到处飘浮，主要以分生孢子传播为害，是高温季节发生的最重要的杂菌，7~9 月为高峰期。该菌的孢子萌发、菌丝生长速度极快，有当日萌发，隔日产孢，高速繁殖之特性，在 24h 之内就能长满试管。特别是气生菌丝(也叫产孢菌丝)顽强有力，它能穿出菌种的封口材料，挤破菌种袋，形成数量极大的分生孢子团，在菌种瓶外面产生大量水红色的分生孢子。在 20~30℃，在斜面培养基上，一昼夜可长满整个试管，在木屑及棉籽壳培养料上，蔓延迅速，传播力强，发菌室内只要发现一部分菌袋感染上链孢霉 3d 后整个生产场地都布满了链孢霉孢子，有时造成毁灭性损失。该菌丝来势之猛，蔓延之快，为害之大，并不亚于木霉。

链孢霉是谷粒(高粱、麦粒)菌种的主要污染菌之一。这种霉菌能杀死黑木耳菌种和栽培袋菌丝并引起瓶中谷粒的生醇(产酒精)发酵。污染这种霉菌很容易从栽培房里闻到酒味，甚至通过棉花塞也能闻到一股浓厚的酒精香味。

常见的脉孢菌有面包脉孢菌(好食脉孢菌)(*Neurospora sitophila*)和粗糙脉孢菌(*Neurospora crasssa*)。

类似链孢霉的还有细交链孢霉(*Alternaria tennuis*)、蠕孢霉的某些种(*Hemithosporum* spp.)和弯孢霉(*Curvularia* sp.)。经常污染黑木耳菌种和栽培袋，形成巨大的淡黄色、暗灰色或灰色的菌落。以大量、暗色、粉状孢子繁殖。这些污染菌在基质表面形成刚毛状分生孢子梗，碰触后孢子很容易飞散到空气中。

细交链孢霉在瓶内形成很暗的灰色——几乎黑色的斑点，在琼脂培养基上生长很快，5d后形成短的暗色分生孢子梗，其末端有特征性的、暗色、多隔、椭圆形或卵形的分生孢子链。这种霉菌生长得相当快，在24h之内就能长满试管，致使黑木耳菌种在栽培袋不能与它争占基质——麦粒(谷粒)，而被细交链孢霉埋没掉。

防治方法：①由于链孢霉极易扩散，一旦发现链孢霉污染，不要轻易触动污染物，要用纸或塑料袋裹好后销毁或灭菌；②降低培养室温度，能显著抑制这类菌的繁殖生长；③菌袋制作时，可在培养料中加入占干料重量0.2%的25%多菌灵，或者加入占干料重量0.1%的75%甲基托布津，可以抑制培养料中残存的或发菌期侵入的病原分生孢子的萌发；④菌袋发菌初期受害，应及早向发病处注射5%可湿性托布津或500倍甲醛稀释液，或者在分生孢子团上滴上煤油、柴油等。若施加上述措施仍控制不住病害，则应剥袋重新配制，经高温处理后再利用，一般不要轻易报废。发菌后期受害，可将受害菌袋埋入深30~0cm透气差的土壤中，经10~20d缺氧处理后，可有效减轻病害，菌袋仍可出耳。

(5)毛霉和根霉

这两类杂菌，俗称“长毛菌”，常见的有总状毛霉和黑根霉。它们的特点是菌丝发达，不具隔膜，以孢囊孢子进行无性繁殖。菌落初为白色或灰白色，稀疏，较长，清晰可辨。后期菌落中出现许多微小颗粒，初为白色，后为灰白色至黑色，说明孢子囊大量成熟。毛霉和根霉的形态结构基本相似，但毛霉无假根和匍匐菌丝(图6-5)。

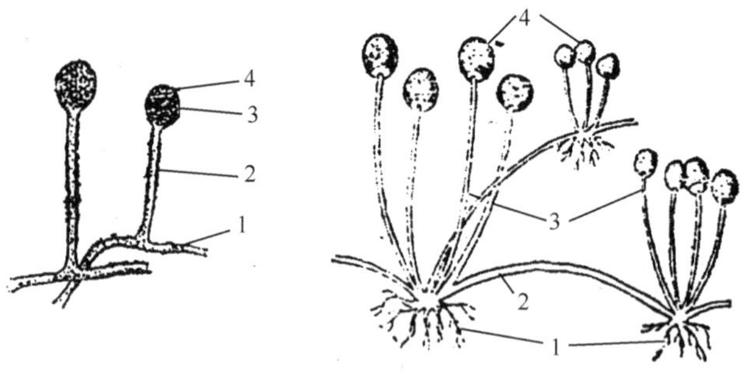

图6-5 根霉和毛霉

左：毛霉

1. 菌丝；2. 孢子囊柄；3. 孢子囊孢子；4. 孢子囊

右：根霉

1. 假根；2. 匍匐枝；3. 孢子囊梗；4. 孢子囊

该菌在土壤、粪便、生霉材料、禾草及空气中到处存在，对湿度的要求较高，属好湿性菌类。毛霉在黑木耳菌种和栽培袋的培养料及麦粒上都很普遍，根霉则时常危害黑木耳菌种和栽培袋。在温度较高，湿度大，通风不良条件下发生率高，生长速度明显高于黑木耳菌丝，菌丝每天可延伸 3cm 左右。多在菌种及菌袋培养料初期出现。发生的主要原因是，基质中使用了霉变的原料，封口材料潮湿，接种环境含毛霉孢子多，在闷湿环境中接种或培养菌种等。

防治方法：①加大黑木耳菌种接种量，造成菌种优势，以控制根霉与毛霉的生长，同时加强室内通风换气，并降低空气相对湿度，以控制其发生；②毛霉和根霉都是在潮湿和空气流通不良的环境中生长蔓延较快，主要是灭菌不彻底。可在正常灭菌时间的基础上，延长 40min 即可达到较好的灭菌效果。

2. 根腐病

根腐病是黑木耳生产时温度比较高时最容易发生的细菌病。一般在温度 18℃以上时发生。侵染初期，在培养基表面渗出白色浑浊的液滴，这种液滴多时会积满整个瓶口或袋口。最初是麦芽糖色或呈半透明，后菌盖变成黑褐色，最后，黑木耳菌丝不但停止生长，而且长出的子实体也会干枯而死。

防治方法：培养料水分过多是发生根腐病的主要诱因。感染上根腐病的黑木耳菌袋，长出的子实体会干枯而死。如果发生根腐病，该菌瓶、菌袋要立即弃除或烧掉，以免感染其他菌瓶、菌袋。而且培养基的水分一定要控制在 55%~60%，同时要定时通风换气，保持耳房空气新鲜。

3. 细菌斑点病

细菌斑点病是一种荧光假单胞大肠杆菌引起的细菌病，病症局限于菌盖上。在菌盖上产生黑褐色斑点，当凹陷的斑点干枯后，有时菌盖开裂，还会形成畸形的子实体，菌杆上偶尔也发生，但菌褶很少受到感染。这种细菌斑点病也是在高温高湿条件下发生的一种病害。

防治方法：在黑木耳生产过程中，潮湿不透气，菌丝纤弱，也极易产生斑点病。子实体表面的水分，与发病有很大的关系。因此，在栽培过程中，要注意控制水分，相对湿度不可过大。天冷时，不能用冷水直接喷在子实体上，这样也容易产生此病。也可以在水中加入漂白粉、土霉素或氯气来杀死病原菌。

4. 其他杂菌

(1)牛皮箍

常见的耳木上有黑、白两种，黑的呈栗褐色，白的为笋片色。牛皮箍的发生特点是紧紧贴生于耳木上，状似贴膏药，边缘不翘起，以此可与金边蛾杂菌区别。牛皮箍是一种危害木耳较为严重的杂菌，阴湿、连雨天气容易发生，严重时贴满耳木，引起耳木粉状腐朽，被害耳木不长耳芽，为木段栽培黑木耳中的一种毁灭性病害。

防治措施：耳木避免阳光直射，耳堆注意通风换气，加强管理，做到勤翻杆、勤洒水、勤除草，剔除荫蔽过大的树枝、灌木，雨后要特别注意清沟排渍，严防耳场积水。及时用小刀把菌体及附近被腐蚀的木质刮除，刮削的伤口可用 3%~5% 来苏儿液涂刷，抑制杂菌蔓延。感染严重的要及时剔除，送到耳场外焚烧或掩埋。

(2)褐轮韧革菌

俗名金边蛾，初期子实体革质，平伏于耳木表面，后期边缘反卷，往往相互连接成覆瓦状，基部突起，边缘完整，菌盖表面有绒毛，黑褐色，边缘浅灰褐色。有数圈同心环沟，外圈绒毛较长，成熟后逐渐变得光滑并褪至淡色。耳木上普遍发生的有害菌，严重时可使木耳绝收。该病与菌丝生长时多雨及木段含有较多水分有关，子实体的形成与阳光直射有极显著的关系。

防治措施：降低空气湿度和木段含水量，防止光线直射。

(三)代料栽培菌种和栽培袋常见杂菌污染的原因与防止措施

1. 杂菌感染的原因

(1)料瓶(袋)制作不当

如原材料受潮发霉、培养料含水量过大，袋料太满或料袋扎口不紧等。

(2)培养基灭菌不彻底

培养料灭菌不彻底，一般在接种 2~3d 后便可发现。其具体特征是：杂菌不仅在瓶壁或袋壁上出现不规则的杂菌群落，更多的是在培养料内的不同位置出现，即黑木耳菌丝尚未延伸到达，杂菌就在培养料的上、中、下各部位捷足先登。这往往是由于灭菌时间或压力不够，灭菌时装量过多，过紧不透气或摆放不合理，或高压蒸汽灭菌时没放尽冷空气造成的。

(3)菌种带杂菌

若由于菌种不纯，造成污染时，杂菌最初不是在培养料上出现，而是在菌种块上最先发生，然后接种块周围污染杂菌，此类污染往往成批出现且污染的杂菌类型比较一致。

(4)接种操作造成的污染

在种源纯正的条件下，若发现杂菌的始发部位是培养料表面的接种区内，那么这类污染现象多属于无菌操作不严，接种时将外部的杂菌带入而造成的。接种污染在袋栽黑木耳生产中最为常见，绝大多数是由于接种操作时马虎大意，或缺乏无菌操作基本知识所引起的。

(5)培养料拌和不匀

在栽培袋制作过程中，培养料配制时掺水不匀，湿料中夹有干料、木钉或枝条，即使灭菌过程符合常规要求，也会造成培养基灭菌不彻底而引起污染。

(6)培养过程中污染

灭菌时棉塞受潮，培养室环境不卫生，高温、高湿等均是造成培养过程污染的原因。

(7)破口污染

灭菌操作或运输过程中不小心，使容器破裂、出现微孔，或由于鼠害等使菌袋破损造成污染。

(8)出耳期污染。

菌袋管理期间，高温高湿，通风不良，尤其是采完一潮耳后，残留耳根多，残耳未清理干净，很容易造成杂菌趁机而入，迅速蔓延，发生杂菌污染。

2. 主要防止措施

(1)严格挑选场地，净化环境

选择地势较高、通风良好、水源清洁、远离禽畜舍等污染源的场所做菌种厂和栽培场地。菌种保藏室、接种室、培养室、冷却室，应与原料仓库、耳房、配料场保持一定距离，或有良好的防污染隔离障碍物。周围环境应尽量减少污染源，如畜舍禽棚、化粪池、污水坑、垃圾场、废料堆等，并做好日常性的卫生清理和定期消毒。生产环境净化程度愈高，控制病虫侵染的措施愈严格，对提高和稳定成品率越有利。

(2)培养料配制要合理，装袋要迅速

把好培养基和栽培袋的制作关，培养料配方要合理，选择新鲜、干燥、无霉变的培养料，用前暴晒 2~3d。培养料含水量要适宜，料要拌匀，料拌好后要及时装袋，间隔时间愈长，培养料愈易酵解变质，引起杂菌污染。因此，培养料配制后，要在 4h 之内装完。

(3)培养基质灭菌要彻底

培养料装入塑料袋后，要及时灭菌。生产中使用常压灭菌灶灭菌，当灶内温度达 100℃后，要保持 16~24h 的灭菌时间。袋在灶内摆放要平稳，装量不能太满，容器之间要有孔隙，留有气道，在整个灭菌过程，灶内温度不能下降，高压灭菌时排放冷空气要彻底。

(4)黑木耳菌种要纯

用于大批量商品生产的黑木耳菌种，从种耳选择分离到扩大繁殖阶段都应慎之再慎。出售菌种的单位或个人，都应具备严格的菌种检验管理制度和操作规程，保证菌种的纯度。用作首次繁殖的菌种，一定要反复做好菌丝形态的微观镜检和出耳试验，严格检查菌种质量，选用无病虫害、生活力强、抗逆性强的优良菌种。

(5)接种要严格按无菌操作进行

无论是接种室、接种箱、接种工具等场所设备，还是接种人员都要严格彻底消毒。接种时严格无菌操作，灭完菌的料瓶(袋)应直接进入洁净的冷却室或接种室。

接种动作要迅速准确，一次不接完，不要进出接种室，防止杂菌侵染。

(6)改善黑木耳生长发育的环境条件

搞好培养室和出耳场的环境卫生。培养室和出耳场事先要严格消毒，培养过程中要加强通风换气，严防高温、高湿。

(7)定期检查，发现污染及时处理

污染的菌种要立即销毁。对污染轻的栽培袋可用浓石灰水冲洗抑制杂菌，或用 75%的酒精注射污染处，均可控制病菌蔓延；然后，将处理的栽培袋置低温处隔离培养。如杂菌发生严重，可将污染料灭菌后掺入新料中重新利用，也可将其深埋或烧毁，切忌到处乱扔或未经处理就脱袋摊晒。

(四)段木栽培黑木耳常见杂菌及其特征

黑木耳段木栽培过程中，有一部分高等真菌与黑木耳竞争养料，主要有炭团菌、朱红栓菌、褐轮韧革菌、绒毛栓菌、黄褐耙菌、野生革耳、裂褶菌、杂色云芝等。

1. 炭团菌

炭团菌俗称黑疔，主要有截形炭团菌和小孢博韦炭团菌两种，是危害壳斗科耳木的主要杂菌。炭团菌在高温、高湿条件下容易发生，繁殖力强。7~10 月，在当年接种的耳木表面的纵沟中和耳木的断面出现黄绿色的分生孢子层，翌年出现黑色子座，子座垫状至半球形，是形似绿豆或黄豆大小的黑色颗粒，表面粗糙，质地坚硬。严重时，黑色颗粒常连成片。耳木被其危害后，抑制了黑木耳菌丝的生长和蔓延，形成层变为灰黑色，成为“铁心”，吸不进水分，木耳菌丝不能生长发育，更不能结耳。

2. 绒毛栓菌

绒毛栓菌常发生于 5~8 月受阳光直射的耳木上，严重时子实体布满整个耳木表面，危害性大。菌盖无柄，半圆形至扇形，呈覆瓦状，往往左右两侧相连，木栓质，(2~3)cm×(2~7)cm，厚 2~5mm，近白色至淡黄色，有细绒毛和不明显环带；边缘薄而锐，常内卷；菌肉白色，厚 1~4mm。菌管白色，长 1~4mm；管口多角形，白色，常变灰色，每毫米 3~4 个，壁薄，常呈锯齿状。孢子无色，光滑，近圆柱形。菌丝厚壁，无横膈和锁状联合。

3. 朱红栓菌

俗名红菌子。5~9 月多发生在第二年的耳木上。菌丝生长速度快，生长温度 10~45℃，适温 35~40℃。子实体基部狭小无柄，菌盖半圆形，橙色至红色，后期褪色，无环带，无毛或有微细绒毛，有皱纹，(2~8)cm×(1.5~6)cm，厚 5~20mm。菌肉橙色，有明显的环纹，厚 2~16mm，遇氢氧化钾变黑色。菌管长 2~4mm；管口红色，每毫米 2~4 个。孢子圆柱形，光滑，无色或带黄色，2.7~5.5μm。此菌侧生在耳木上，可引起木材粉状腐朽。菌丝初为白色，不久即变为红色，分泌黑褐色色素。多发生在干燥的环境里。此菌繁殖迅速，分解木材组织的能力强，危害严重，受其危害的耳木，很难产生黑木耳子实体。

4. 褐轮韧革菌

俗名金边蛾。子实体革质，初期平伏紧贴耳木表面，后期边缘反卷，常相互连接呈覆瓦状。反卷部分(1.5~3.5)cm×(2~6)cm，厚 0.5~1.2mm。基部凸起，边缘完整。菌盖表面有绒毛，灰栗褐色，边缘色浅，呈灰褐色，有数圈同心环沟，外圈绒毛较长，老熟后渐变光滑，并褪至淡色。子实层胶质，黑褐色，有辐射状皱褶，在湿润条件下浅褐色，并呈脑髓状皱曲，可见晕纹数圈。担子棒状，(20~30)μm×(4~5)μm，担孢子近椭圆形，(4.5~6)μm×(2.5~3.5) μm，壁薄，无色。耳木上普遍发生的有害菌，严重时可使木耳绝收。该病与菌丝生长时多雨及木段含有较多水分有关，在潮湿或连续阴雨天容易发生。子实体的形成与阳光直射有极显著的关系。

防治措施：降低空气湿度和木段含水量，防止光线直射。

5. 黄褐耙菌

子实体平伏，呈肉桂色至深肉桂色。刺长 1~5mm，常扁平，顶尖齿状或毛状，基部相连。担子棒形，孢子无色，光滑。5~8 月在耳木上发生严重，危害性大。

6. 野生革耳

子实体丛生。菌盖宽 3~8cm，下凹或呈漏斗形，初期似菱角色，后变为茶色或深肉桂色至锈褐色，表面有粗毛，革质；柄近侧生或偏生，短，内实，长 5~15mm，直径 5~10mm，有粗毛，色与盖相似。菌褶浅粉红色，干后色同菌盖，窄、稠密、延生，边缘完整。囊状体无色，棒状。孢子椭圆形，光滑，无色，(4~6)μm×(2~3.5)μm。4~8 月在耳木上发生。

7. 裂褶菌

子实体散生或群生，有时呈覆瓦状。菌盖直径 1~3cm，韧革质，扇形，边缘内卷，白色至灰白色，上面有绒毛或粗毛。菌褶窄，从基部辐射而出，白色或淡肉色，有时带紫色，沿边缘纵裂而反卷。孢子无色，圆柱形，孢子印白色。子实体耐干燥，干后收缩，吸水后又可恢复原状。3~4 月受阳光直射的一年、二年段木上发生严重。

8. 杂色云芝

子实体无柄，革质，不易破碎，覆瓦状或平伏而反卷，半圆形至贝壳形，相互连接，(1~5)cm×(1~8)cm，厚 2mm 左右。菌盖表面有细长绒毛，颜色多种，有光滑狭窄的同心环带，边缘薄而完整。菌肉白色，厚 0.5~1mm。菌管长 1mm 左右，管口白色至灰色或淡黄色，每毫米 3~5 个。孢子圆筒形至腊肠形，(5~8) μm×(1.5~2.5)μm。此菌多发生于二年以上的耳木。

(五)段木栽培黑木耳常见杂菌污染的原因与防治措施

1. 杂菌感染的原因

杂菌、黑木耳、环境条件是黑木耳生产的主要关系，杂菌的发生与黑木耳、环境条件密切相关，由于段木栽培营养条件(耳木)是固定的，所以发生病害的条件主要是温、湿度。湿度和耳木原有水分及降水量(自然降水、人工喷水)有关，因耳场植被情况，地势地形、气象因子各异而构成不同的生态环境，由于生态环境不同各种杂菌适应能力也不同。杂菌的发生实质是杂菌对环境条件适应性竞争中淘汰黑木耳的结果。

在自然界中各种杂菌孢子随风飘逸或昆虫带菌传递，孢子落在耳木的表面，在有雨、雾、露等适宜条件下，孢子萌发成菌丝，菌丝侵入段木内，真菌孢子从耳木两端、树皮裂缝及伤口侵入，甚至从有完整的树皮处侵入，而细菌则只能通过自然孔口(皮孔、气孔)及伤口处侵入。

2. 主要防治措施

高温、高湿、光照不足、通风不良的环境，易造成段木栽培黑木耳杂菌的发生与危害。根据杂菌发生的原因，应采取综合防治措施。一是创造黑木耳生长良好环境。根据各种杂菌与黑木耳对生态环境的适应能力不同的特点，在生产管理过程中，创建有利于黑木耳生长，而不利于杂菌的环境，依此抑制杂菌生长。例如，红栓菌、云芝、裂褶菌、炭团菌等杂菌，多生于比较干燥的耳木上；另一些菌类，如桦褶菌、鳞皮扇耳则适合比较潮湿的耳木上。牛皮箍防治：耳木应避免阳光直射，耳堆注意通风换气，加强管理，做到勤翻杆、勤洒水、勤除草，剔除荫蔽过大的树枝、灌木，雨季要特别注意清沟排渍，严防耳场积水。感染严重的要及时剔除，送到耳场外焚烧和坑埋，以免杂菌孢子飞散、蔓延。二是保护耳木，防止孢子落在耳木表面后萌发成菌丝，菌丝侵入段木内。具体做好以下工作。

(1)选好耳场

耳场选择在背风向阳、水源方便、雨天不积水、旱天能灌溉的场地，严格加以清理，保持卫生，减少病源，平整清理后撒一层石灰，给黑木耳创造适宜的生活环境。

(2)大力提倡适时早接种，及时合理密植

早接种及合理密植使黑木耳菌丝体优先占据耳木，提高出耳率，减少杂菌污染，而晚接种的木耳，杂菌往往很严重。

(3)加强科学管理

调节好栽培环境的温度、湿度，注意通风、光照强度、保持栽培场所空气清新。要不断割除耳场的茅草，使杂菌不易繁殖。经常翻转晾晒耳木，利用阳光紫外线杀灭杂菌孢子，事先在耳木两端截面和树丫伤口处涂刷 1%~3%生石灰水液，也有防止杂菌侵入的作用。同时，还要及时采收成熟的黑木耳，以防成熟过度自溶分解引起病害蔓延。

(六)非生物病害的主要种类及预防

1. 菌丝细弱无力

菌丝细弱无力主要有下列原因引起。

(1)含水量小

培养基含水量在 55%左右，菌丝才能充分分解吸收基质内的营养，如果含水量低，基质内的养分不能被菌丝充分分解吸收，致使菌丝生长细弱无力。

(2)碱值偏高

碱值高可抑制培养基杂菌污染，但对黑木耳的菌丝生长也有抑制作用，拌料时应严格掌握石灰及硫酸钙的用量。用量多，碱值高，菌丝生长细弱无力。

(3)通风不良

菌袋内菌丝萌发后，生长速度不断加快，需要的氧气量不断增多。如果通风不良，袋内缺少氧气，二氧化碳浓度增加，致使菌丝生长细弱无力。

(4)养分不足

培养基内麦麸、黄豆粉添加量过少，造成氮素营养、维生素营养含量不够，满足不了菌丝生长对营养的需求，菌丝生长自然细弱无力。

2. 菌袋吐黄水

菌袋吐黄水的主要原因是袋内高温，超过 30℃时间较长，菌丝体处于高温环境，细胞膨大，细胞壁胀裂，细胞质流出，细胞质被杂菌污染，由白色转为黄色，称为吐黄水。黄水可导致菌袋的局部或整个菌袋的菌丝死亡。所以，即使菌袋划口也不易长出子实体。

3. 流耳

流耳是在高温、高湿条件下黑木耳子实体受细菌、线虫等生物的侵害而产生的流胶现象，因此，出耳场所想方设法降低温度是预防流耳的有效方法。

4. 拳耳

拳耳是在阴雨多湿季节晾晒不及时形成的，在翻晒时互相粘裹所致，因此要及时采收，及时晾晒。

5. 烂耳

表现为耳芽吸水过饱和烂耳与过熟烂耳等情况。水分过饱和烂耳发生的原因是浇水过多，而且昼夜湿度始终处于80%以上。严重时从耳芽到长至开片的子实体都发生溃烂。过熟烂耳发生的原因是种植技术的问题，一般耳片平展以后重量就不会增加，此时应当采收，如果此时不采收，遇连雨天就会发生烂耳。细菌类感染也是造成烂耳的重要原因，并可以传染。其发生的原因就是高温、高湿、通风不良的环境造成。

防治措施：浇水适量、适时采收、加强通风。

6. 红根

红根是在耳芽刚出和开片这段时间内，在高温时浇水而且浇水量非常大，内部菌丝营养积累的比较少，外部表现不生长，内部细胞处于膨胀状态，受到刺激菌丝分泌色素，基部发红停止生长。

防治措施：应立即停止喷水2~3d，使耳片完全干燥收缩，加大耳片底部的通风。

二、黑木耳常见虫害及其防控

(一)危害黑木耳生产的害虫种类

1. 眼菌蚊

眼菌蚊，又名菇蚊、菌蛆。

(1)形态特征

幼虫蛆状，乳白色，半透明，头部黑色发亮，成熟幼虫体长5~6mm，幼虫期一般为11~14d，经四五次蜕皮后化蛹；蛹初为白色，后渐成黑褐色，长2~2.5mm；成虫为黑褐色小蚊，体长1.8~3.3mm；卵为圆形或椭圆形，光滑，白色半透明。

(2)生活习性

成虫有趋光性，活动性强，寿命一般为3~5d；在13~20℃下能正常生活和繁殖，完成1代需21~22d，耳房内1年可发生多代。每只雌虫每次产卵250粒左右，卵产在培养料的表面、缝隙或子实体上，经3~5d即可孵化为幼虫。

(3)危害特点

幼虫蛀食培养料、菌丝体和子实体，造成菌丝萎缩，影响发菌，使耳蕾、幼耳枯萎死亡。幼虫在10℃以上开始取食活动，蛀食子实体的菌柄和菌盖，形成许多蛀孔，虫口密度大时，1个菌柄内可有200~300条幼虫，蛀食木耳后出现烂耳。成虫不直接危害子实体。

(4)防治方法

①搞好培养室内外环境卫生。安装纱门、纱窗，防止成虫飞入；及时清除废料，并做好肥料或饲料处理，以减少夏季虫源；培养室使用前要彻底消毒；②利用眼菌蚊成虫的趋光性和趋味性，在发病场所安装黑光灯或白炽灯，灯下置一盘糖醋液，诱集成虫并杀死；③化学防治。在发菌期和出耳间隔期，用耳净、氧氟

菊酯、甲氨基阿维菌素等低毒农药 500~1000 倍液，对整个耳场喷透、喷匀。

2. 蚤蝇

蚤蝇，又名菇蝇、粪蝇、菇蛆。

(1)形态特征

幼虫为白色半透明的小蛆，头尖，黑色，尾钝，在培养料深部化蛹；蛹初为白色，后变棕褐色；成虫小，体黑色或黑褐色，弓背形，触角短，头小，复眼大，足很发达。

(2)生活习性

成虫白天活动，行动迅速，不易捕捉。在 24℃时，完成生活史需要 14d，13~16℃，需 40~45d。

(3)危害特点

幼虫的危害同眼菌蚊。成虫不直接危害，但会携带大量的病原孢子、线虫和螨类，是病害的传播媒介。

(4)防治方法

参照眼菌蚊的防治。

3. 黑腹果蝇

(1)形态特征

成虫黄褐色，腹部末端有黑色环纹 5~7 节，体型小，体长在 5.0mm 以下，复眼大，触角芒状。幼虫蛆状，老熟幼虫体长 4.5~5.0mm，白色至乳白色。

(2)生活习性

成虫喜在烂果或发酵物上产孵繁殖，繁殖率高，每年可发生多代。成虫在 10~30℃范围内均能正常产卵与繁殖，以 20~25℃最为适宜，在此温度下，每代只需 12~15d。

(3)危害特点

主要危害代料栽培的黑木耳、毛木耳等，导致烂耳，严重影响产量和品质。以幼虫蛀食菌丝体、子实体和培养料，常使菌块发生水渍状腐烂，耳片被蛀食后常引起烂耳或萎缩，导致大量细菌感染继而腐烂。成虫还能携带杂菌和线虫，传播病虫害。

(4)防治方法

参照眼菌蚊的防治。在诱杀成虫时，可取些烂果或酒糟放在几个盘中，分放在四处诱杀；也可用酒:糖:醋:水按 1:2:3:4 的质量比配制进行诱杀。

4. 黑木耳果蝇

黑木耳果蝇，俗称黑木耳红虫。

(1)形态特征

成虫雌虫体黄褐色，长 2~3mm。头具不规则的鬃毛；复眼红色；触角柄节；翅透明。卵长 0.5~0.6mm，椭圆形，表面光滑。幼虫蛆状，13 节。初孵幼虫白色透明，长约 1mm，宽 0.2mm，随着虫体长大逐渐变成橘红色或浅红透明。初蛹乳白色。

(2)生活习性

当耳片雨后被泡涨、气温在 10℃以上时，雌虫产卵在耳片表面或通过导卵突起刺破耳肉，将卵产入耳肉中，两条卵丝露在外面。卵多为堆产，一处几粒或十几粒。成虫喜食烂瓜果及融化的木耳。幼虫钻入耳肉中取食，使耳片起泡。老熟幼虫不但能较快地爬行，而且以尾部突起作支点弓曲身体可跳跃，一跃可达 15~20cm 高、20~30cm 远。老熟幼虫在土壤或段木树皮下化蛹。

(3)发生规律

周年发生，在秦巴山区 10 月中旬之后，果蝇以幼虫、蛹、成虫越冬。4 月中旬气温上升至 10℃以上，越冬代成虫开始活动，5 月中旬因大量越冬代幼虫化蛹及蛹的羽化，数量增加，6 月上旬至 7 月上旬幼虫数逐渐增多，7 月中旬至 8 月出现大量成虫，直到 9 月下旬虫口数量开始减少，10 月中、下旬成虫停止活动。7~9 月为幼虫危害盛期。年发生代数与年降水量有关，雨水少的年份，发生代数少，雨水多的年份，代数就多。

(4)危害特点

危害木耳十分严重，危害率重者达 90%以上，轻者在 40%~50%。幼虫孵化后在耳肉中吸取营养，几头甚至十多头聚集在一起，随着虫体的长大，使耳片鼓起许多瘤状疱。凡受害的木耳均呈现肉薄、色淡、容易脱落或成流耳，严重影响木耳的产量和质量。

(5)防治措施

①选耳场时，必须远离垃圾堆或猪、牛圈。搞好环境卫生，耳场周围严禁堆放垃圾、腐烂瓜果等污物；②消灭干藏木耳中害虫，将干藏木耳放在 60~70℃的烘房中烧烤 2~4h，可杀死其中幼虫；③诱杀成虫，用酒:糖:醋:水按 1:2:3:4 的比例配成糖醋酒液，盛于盆中，每 2~4 耳架放 1~2 盆；④可利用果蝇成虫趋黄的习性，在鹅黄色的塑料板表面涂 1:5 的凡士林和机油混合体，粘杀成虫，每隔 2~3d 换油 1 次。

5. 食丝谷蛾

食丝谷蛾，俗称蛀枝虫。

(1)形态特征

成虫体长 5~7mm，翅展 14~20mm，体色灰白相间，停歇时前翅有 3 条明显横带。触角丝状，长达翅的 2/3。头顶有一丛浅白色的隆毛。卵长 0.6~0.8mm，乳白色、半透明，有光泽，表面盖有薄丝。初孵幼虫长 0.6~0.8mm，乳白色；老熟幼虫体长 18~23mm，青黄至淡绿色，头棕黑色，前胸背板棕色，中后胸背部米黄色，腹部白色，有黄色毛。蛹棕褐色。

(2)生活习性

成虫多在当年接种的段木接种穴周围产卵，主要危害段木栽培的黑木耳。初孵幼虫钻入接种穴内取食菌种，在长有黑木耳菌丝的部位取食菌丝，影响接种点定穴，故取名为蛀枝虫。不少幼虫还钻到耳杆形成层内和木质部食害菌丝，被害部位变深褐色，招到跳虫和螨类为害。幼虫排粪量大，粪便呈灰白色或浅黄色，颗粒状聚集在一起，排出的虫粪将招致杂菌发生。

(3)发生规律

在武汉等地 1 年发生 2 代，冬季老熟幼虫吐丝结成椭圆形茧，并在其中以幼虫休眠越冬，翌年 2~3 月，温度上升至 14℃时，幼虫咬穿茧封口出来取食，开始活动，取食危害。4 月下旬老熟幼虫开始化蛹。5 月中旬越冬代羽化为成虫。5 月下旬至 8 月上旬为第一代幼虫危害期。8 月上中旬，第一代成虫羽化，8 月中旬至 9 月下旬为第二代幼虫发生危害期，直至 12 月上旬越冬。该虫年发生两代的有 3 个发生危害期，除了受越冬代、第一代幼虫危害外，还受第二代幼虫的危害。

(4)防治措施

①冬春防治：冬春季彻底清除耳场中的废段木，并集中处理或烧毁，以消灭越冬幼虫，减少虫源基数；②化学防治：在成虫羽化期用普伐 500 倍液喷杀，杀灭成虫。幼虫危害期，用兽医用注射器，将耳净等药液注射于有新鲜虫粪的耳木被害穴，消灭幼虫，用量为每穴 5ml，3d 后药效可高达 100%；③隔离防治：耳杆接种菌种后，在排场时要远离老耳场，以免成虫到新耳杆上产卵。

6. 光伪步甲

光伪步甲，又名伪步行虫。成虫俗称“黑壳子虫”，幼虫俗称“鱼儿虫”，是段木栽培黑木耳的重要害虫。

(1)形态特征

成虫体长约 10mm，长椭圆形，初期为淡红色，渐变深红至黑色，有光泽，头小。黑褐色，复眼大，触角 11 节；小盾片近等腰三角形，前胸背板刻点大；鞘翅上有粗大刻点形成的 8 条平行纵沟。3 对足近等长，各腿节有小刻点，胫节和跗节密生褐色毛，胫节端节有两个棕黑色距。腹部可见 5 节，黑褐色。幼虫体长 14~16mm，体壁坚硬，体背和头部褐色，腹部浅褐色。

(2)生活习性

成虫避光，白天藏匿于栽培场所的枯枝落叶中，喜生活在阴湿条件下，夜间活动、取食；善爬行，有假死现象。

(3)危害特点

成虫爬行快，有假死现象，夜间取食木耳子实层的菌肉。被害后的耳片表面凸凹不平。主要以幼虫危害，数量多时危害严重。幼虫能钻进接种穴内，蛀食接种穴内的菌丝，以及耳基和耳片。幼虫甚至钻到树皮下面取食木耳菌丝，受害后的耳基往往不长耳，受害的耳片胶质溶解，引起流耳；幼虫还能随着采收进入储藏室继续危害，受害耳片上常有光伪步甲排泄出的黑褐色毡毛状虫粪，食量大，排粪多，粪便深棕褐色，如同一团头发丝与耳片混在一起，严重影响木耳的品质。

(4)防治方法

产耳阶段及采后晒耳时可进行人工捕杀。其余可参照眼菌蚊的防治。

7. 四斑丽甲

(l)形态特征

俗称花壳子虫。成虫黑色，体长 13mm 左右，后鞘翅上有四个黄斑点，胸足腹节(腿节)红色。幼虫褐色，体长 5~10mm，宽 2~4mm，体扁，边生 12 对肉刺(4 对黄色，8 对褐色)，肉刺上遍生细毛，形如蓑衣。

(2)生活习性

成虫多在栽培袋或耳杆的下方活动，有时钻入袋内或形成层。幼虫啃食木耳的菌丝体和耳片。成虫、幼虫触之会射出臭味的白浆。幼虫化蛹后 7d 羽化成虫。

(3)防治方法

首先搞好生产前的环境卫生，再用鱼藤精 500~800 倍液喷雾或巧圣 300~500 倍液喷洒地面驱赶成虫。

8. 蓟马

常见的有稻蓟马和烟蓟马。

(1)形态特征

成虫黑色，体长 1~1.3mm，细长而略扁，深褐至黑色。成虫头部近方形，复眼突出。前后翅均为狭长形，膜质，边缘着生长毛。若虫橘红色。卵长约 0.2mm、宽 0.1mm，肾脏形，微黄色，半透明。

(2)生活习性

成虫白天多隐藏在卷耳中，或耳穴里，早晨、黄昏、阴天多在耳片上活动取食，并靠气流吹送扩散。该虫产卵前期 1~3d，除两性生殖外，也营弧雌生殖，弧雌生殖的后代为雄虫。卵散产于耳片表皮下，呈现针尖白点。雌虫产卵有趋柔软耳片的习性。

(3)发生规律

世代发育周期春季、秋季需 15~18d，夏季仅为 10d 左右，冬季长达 40d。蓟马一年发生 15 代以上，世代重叠严重。以成虫为主及各种虫态在段木的隙缝、耳穴等处越冬，翌年 3~4 月虫口数量直线上升，5~6 月达最高峰，7~8 月因高温虫口数量急剧下降，9~10 月又回升。

蓟马发育繁殖适温为10~30℃，最适温15~25℃，因此冬春气候温暖，有利于蓟马的越冬与提早繁殖及危害。在高温干旱的条件下，成虫产卵少，孵化率低，初孵若虫死亡率高。

(4)危害特点

3月下旬成、若虫开始危害，以5月中旬危害最严重，主要危害木耳子实体。成虫和1龄、2龄若虫用口器锉破耳片表皮吸取汁液，使耳片扭曲不能展，缢缩曲卷，严重时造成流耳。湿度大的地方较多，成虫、若虫群集性很强，一根木段上可达上千头，危害率在5%~35%。被害耳片不久即萎缩，严重时则产生流耳。

(5)防治措施

①搞好耳场周围的环境卫生，彻底清除栽培场所的枯枝落叶、菌渣废料和附近的杂草、杂物，保持场地清洁，并在地面、墙角等处撒石灰粉，以减少虫源；②药球熏杀：在栽培场门窗上悬挂蘸有敌敌畏液棉球，定期更换；③化学防治：用菇净500~1000倍，在盛孵期施药，防效均在96%~100%；④气温高时，栽培瓶里经常发现，气温低时发生较少，这时可用阿维菌素杀虫剂1500~3000倍液喷雾防治。

9. 螨类

俗称菌虱，形似蜘蛛，最常见的有粉螨和蒲螨(图6-6)两种。

(1)形态特征

螨类个体很小，成螨的体长仅有0.3~0.8mm，分散时难发现，需在放大镜或显微镜下观察。蒲螨多在配养料上聚集成团，呈咖啡色。粉螨体积大，白色、发亮，不成团聚集，数量多时呈粉状。

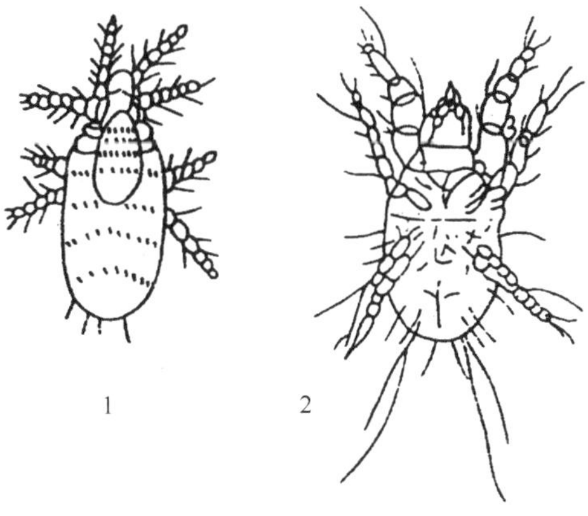

图6-6　蒲螨和粉螨

1. 蒲螨背面；2. 粉螨腹面

(2)生活习性

螨类主要来源于厩肥、饲料、粮食、培养料内，以霉菌和植物残体为食。鸡窝畜舍。谷物仓库或环境卫生差、腐殖质丰富的场所往往最多。螨类喜温暖湿润的环境，在18~30℃的栽培场所，湿度大时最容易引起螨类危害。螨类主要通过培养料、菌种或蚊蝇类害虫来传播。

(3)危害特点

螨类不但直接取食黑木耳菌丝和子实体，而且还取食和传播木霉、黑孢霉和镰刀菌等杂菌。对黑木耳生产和栽培带来极大的影响。

螨类蚕食黑木耳菌丝、幼芽、成耳及贮藏干耳，可以说，在黑木耳生产的各个阶段均可造成危害。

菌种发生螨害后，接种部位(瓶颈部)的菌种块不萌发或菌丝稀疏并逐渐萎缩消失，培养料松散。严重时培养料中的菌丝会被全部吃光，使菌种完全报废。耳床上感染螨害后，菌袋内的菌丝被咬食，被害的菌丝不能萌发，子实体久不出现，严重时菌丝也会被吃光死亡。造成栽培失败。

(4)防治方法

①搞好菌种培养场地的环境卫生。菌种室要与耳场和培养料贮藏仓库保持一定的距离，以杜绝螨虫入侵途径；②把好菌种质量关，不能用有螨害的菌种扩大繁殖，更不能用作栽培，以防害螨传播，危害菌袋；③菌种培养期间，可用保菇粉拍撒在菌种封口物上和堆放场地。每500g药粉可处理200瓶菌种或20 m^2培养场地，每25~30d处理一次；④轻微螨害的栽培种在使用前1~2d，可用蘸有少许50%敌敌畏的棉花球塞入种瓶内以熏杀害螨。螨虫较严重的菌种在报废的同时，及时用杀螨剂喷杀处理。也可用20%三氯杀螨砜稀释1000倍喷洒。

10. 蛞蝓

俗称鼻涕虫、水蜒蚰，是一种雌雄同体、异体受精的软体动物(图6-7)。属软体动物门腹足纲柄眼目蛞蝓科。危害黑木耳常见有下列3种：野蛞蝓、双线嗜黏液蛞蝓和黄蛞蝓。

(1)形态特征

野蛞蝓体长30~40mm，宽4~6mm，体柔软，暗灰色、黄白色或灰红色，少数有明显的暗带或斑点。触角两对，黑色。外套膜为体长的1/3，边缘卷起，内有一退化的贝壳。卵呈卵圆形，透明。双线嗜黏液蛞蝓体长35~37mm，宽6~7mm，体裸露柔软无外壳，外套膜覆盖全身。触角两对，蓝褐色。体前宽后狭长，尾部有一脊状突起。黄蛞蝓体长120mm、宽12mm，体型比前两种大。深橙色或黄褐色，有零星的淡黄色，中白色斑点，外套膜内有一石灰质的盾板。跖足为淡黄色，分泌的黏液淡黄色。虫体呈灰白色，头尾稍尖，成年虫体长5~8cm，爬时伸长10~16cm。

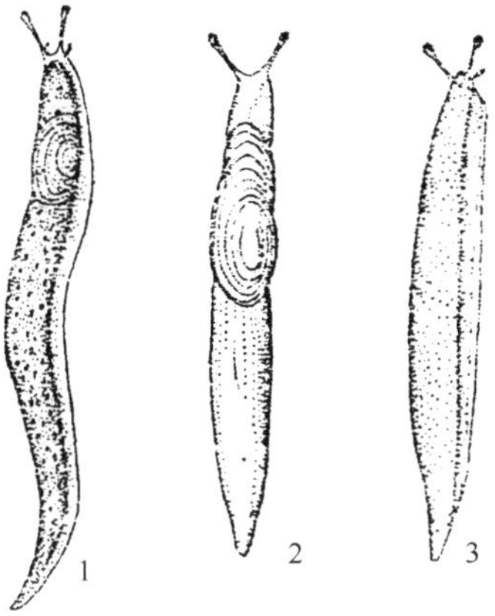

图6-7　蛞蝓

1. 黄蛞蝓；2. 野蛞蝓；3. 双线嗜黏液蛞蝓

(2)生活习性

蛞蝓是一种雌雄同体、异体受精的软体动物。凡是蛞蝓经过的地方，均能见到其分泌的黏液，爬行后黏液干燥，呈白色薄层液迹。三种蛞蝓均喜生活在阴暗潮湿的草丛、枯枝落叶、石块及砖瓦下，能取食危害黑木耳、毛木耳等多种食用菌，多在夜间、阴天或雨后成群爬出寻食。卵产于培养料里、段木的接种穴、木质部和形成层之间，也产于覆土缝隙，以及砖石、瓦块和树叶下。

(3)危害特点

危害耳片，吃成穿孔，直至啃完耳基。常生活在阴暗潮湿的地方，畏光怕热，白天躲在砖、石块下及土缝隙里，黄昏后陆续外出活动觅食，天亮前又躲藏到阴暗处，阴雨的白天也可以见其危害。

(4)防治方法

①搞好耳场环境卫生，铲除耳场周围的杂草，清除场内垃圾、枯枝落叶及砖瓦碎石，使蛞蝓无藏身之地；②人工捕杀：蛞蝓均有昼伏夜出的习性，可在黄昏、阴雨天进行人工捕捉；③阻隔防治：在蛞蝓经常出入处，用五氯酚钠 300~500 倍液喷洒地面；或用 5%煤酚皂溶液喷洒地面和墙壁；在蛞蝓经常活动的地方撒生石灰或食盐，每隔 3~4d 撒一次，沾上生石灰或食盐的蛞蝓即死；④发现虫害后，可用 1%茶籽饼溶液喷洒，或用 5%食盐溶液喷洒。

(二)综合防治措施

虫害一旦发生就很难防治，因此必须采取预防为主，防重于治，防与治相结合的综合防治措施。必须贯彻“预防为主，综合防治”的方针。

1. 搞好环境卫生，清除虫源

菌种生产的培养室必须清洁卫生，培养室周围没有垃圾堆、腐烂瓜果等物。培养室必须远离畜禽饲养场所，清除培养室及培养室周围的所有废物，防止虫螨在废物上越冬。

2. 安装纱门、纱窗，防止成虫迁入

用0.22mm的尼龙纱或双层纱布安装在培养室的通气口、门、窗上，并在纱网上定期喷药阻隔和杀灭迁入的成虫，并注意消灭培养室中陆续羽化的成虫。

3. 药物防治

食用菌的菌种一旦发生虫害，就必须处理掉，坚决不能再作为菌种使用。并必须对发生虫害的培养室进行药物防治，以免传染给其他的菌种。培养室用药必须用高效低毒、低残留、无公害的农药，用药期宜早不宜迟，以杀死初次迁入的虫原。药物一般采用50%或80%敌敌畏乳油300~500倍液；80%敌百虫可湿性粉剂或50%敌百虫乳油500~1000倍液；75%辛硫磷乳剂500~1000倍液；73%克螨特乳油或30%克螨特可湿性粉剂1000~2000倍液；20%杀灭菊酯乳油800~1000倍液喷雾。

三、病虫害的综合防控

(一)农业防控

1. 稻耳轮作(水旱轮作)

5~10月种水稻，11至翌年4月栽培食用菌，轮作可消除菇蚊、线虫、螨虫和鞘翅目和多种害虫。

2. 强化培养基高温处理

基质内滋生着大量的病虫源，如经严格高温处理，可进一步熟化基质，加快发菌速度，减少发菌期间的病虫危害，为高产优质打好基础。

(二)物理防控

1. 保持生产环境清洁

排水沟通畅、空气清新、水源干净，用清洁的水浇耳，防止水中携带线虫等虫源。

2. 安全发菌、防止病虫侵入菌袋

发菌室应具备恒温条件，盖好瓶盖扎紧袋口，防止菇蚊、螨虫入侵污染。

3. 出耳棚外罩防虫网

可防止菇蚊成虫、夜蛾等害虫入侵，利用防虫网的屏障作为药剂载体防治停留在网上的成虫，并起到了药物熏蒸的作用。

4. 诱虫灯

对于菇蚊发生量大的品种在栽培期间，可在耳棚中挂上诱虫灯进行诱杀；或用诱虫板进行诱杀。

(三)药剂防控

1. 培养料药剂处理

对于发菌期长、较易感染杂菌的品种及栽培环境可控性差的场所，可在培养料中拌入低剂量的抑菌剂，如咪鲜胺等，有效降低发菌期的竞争性杂菌。

2. 开袋前的消毒处理

在高温季节病虫活动期内，可用除虫脲 3000 倍和菇净 1000 倍施于耳床上，能有效地杀灭病虫的幼虫和杂菌。

3. 抓住出耳间歇期防治

在耳体上不宜用药，防止耳体药害和药剂残留超标，选择高效低毒的药剂喷施于耳袋或耳床上，让菌丝体和料面吸收药剂后达到药效。可选用芽孢杆菌及生产的结晶毒素水剂(BT)、布氏白僵菌等生物性农药进行喷雾防控。

第七章　黑木耳相关标准

一、黑木耳标准

中华人民共和国国家标准

黑木耳

GB 6192–86

1. 范围

本标准适用于黑木耳[*Auricularia auricula*(Hook)underw]干制品。

2. 说明

黑木耳是属于担子菌纲，有隔担子菌亚纲木耳目的胶质真菌。主要是栽培在栓皮栎(*Quercus raiailis*)、麻栎(*Quercus acutissima*)、柞栎(*Quercus dentata*)等壳斗科树木的段木上，干时黑色，革质。

2.1　段木

是树木砍倒后，截断成一定长度的木棒，这里专指用来栽培黑木耳的长80~120cm、直径8~12cm的阔叶树木棒。

2.2　色泽

指黑木耳经干制后的自然颜色与光泽，由于黑木耳生长环境不同，采收季节不同，加工后略有深浅之别。

2.3　拳耳

主要指在阴雨多湿季节，因晾晒不及时，在翻晒时，互相粘裹而形成的拳头状耳。

2.4　流耳

主要指在高温、高湿的条件下，采收不及时而形成的色泽较浅的薄片状耳。

2.5　流失耳

高温、高湿导致木耳胶质溢出、肉质破坏、失去商品价值的木耳。

2.6　虫蛀耳

被害虫蛀食而形成残缺不全的木耳。

2.7　霉烂耳

主要是干制木耳因保管不善被潮气侵蚀形成结块发霉变质的木耳。

2.8　干湿比

指木耳与浸泡吸水并滤去水后的湿木耳重量之比。

2.9　杂质

主要指黑木耳在生长中和采收晾晒过程中附着的沙土、小石粒、树皮、树叶等。

3. 质量标准

3.1　感官指标　见表 7-1。

表7-1　黑木耳感官指标

指标名称＼等级	一级	二级	三级
耳片色泽	耳面黑褐色，有光亮感，背暗灰色	耳背黑褐色，背暗灰色	多为黑褐色至浅棕色
拳耳	不允许	不允许	不允许
流耳	不允许	不允许	不允许
流失耳 虫蛀耳 霉烂耳	不允许		

3.2　物理指标　见表 7-2。

表7-2　黑木耳物理指标

指标名称＼等级	一级	二级	三级
朵片大小	朵片完整，不能通过直径 2cm 的筛眼	朵片基本完整，不能通过直径 1cm 的筛眼	朵小或呈碎片不能通过直径 0.4cm 的筛眼
含水量	不超过 14%	不超过 14%	不超过 14%
干湿比	1∶15 以上	1∶14 以上	1∶12 以上
耳片厚度	1mm 以上	0.7mm 以上	—
杂质	不超过 0.3%	不超过 0.5%	不超过 1%

3.3　化学指标　见表 7-3。

表7-3　黑木耳化学指标

指标名称＼等级	一级	二级	三级
粗蛋白质/%	不低于 7.00		
总糖/%(以转化糖计)	不低于 22.00		
粗型纤维/%	3.00~6.00		
灰分/%	3.00~6.00		
脂肪/%	不低于 0.40		

3.4 卫生指标

按 GB 2707–63-81《食品卫生标准》一系列食品卫生的国家标准规定执行。对产品的检疫，按照国家植物检疫有关规定执行。

4. 检验方法

4.1 感官检验

4.1.1 眼看

观察朵片大小，完整程度，看色泽深浅，光亮情况。注意流耳、拳耳是否符合等级要求，看有无霉烂耳、虫蛀耳、流失耳。

4.1.2 鼻闻、嘴尝

不允许有异味。

4.1.3 手握耳听

握之声脆，扎手，具有弹性，耳片不碎为含水量适当；握之咯吱声响，扎手易碎，为干燥过度；握之无声，不扎手，手感柔软为含水量过多。

4.2 物理检验

4.2.1 朵片大小

将被检木耳分别用三种不同网孔直径的网筛，看是否符合等级规定，并算出不符合等级的比例。

4.2.2 含水量测定

4.2.2.1 烘干减重法

在感量为 0.01~0.001g 的天平上称取黑木耳试样 5g，置于已知恒重的金属样品盒中，放入 100~150℃烘箱内烘 2h，取出后放在干燥冷却至室温、称重。再烘干 30min，复称重，直至恒重。

计算：$水分=\frac{G}{M}\times 100\%$

式中，G 为样品干燥后失重，g；W 为样品干燥前重，g。

4.2.2.2 水分快速测量仪测定法

称样 10g，置于水分测量仪测重盒中，调好仪表，校正指针能从最大回到零位，上好手柄，打开测量开关，用手压柄，视指针偏转指数即为水分百分含量。

4.2.3 干湿比

精确称样 10g，按下式求得干重。

计算：$干重=W+W(S_1-S_2)$

式中：W 为称取样重，g；S_1 为标准含水量 14%；S_2 为实际含水量百分数。

将求得干重的样耳放入水中在 18~20℃室内浸泡 10h，取出后用漏水容器滤尽滴水，称重为湿重。

4.2.4　耳片厚度

检验干湿比称湿重后的木耳，用卡尺测量耳片中间厚度，即为耳片厚度。

4.2.5　杂质

称取试样 500g，用直径 0.4cm 的筛网筛落灰土等杂物，检出筛上杂物，一并收集称重。

计算：杂质= $\frac{M}{W}\times100\%$

式中：M 为杂质样重，g；W 为试样重，g。

4.3　化学检验

4.3.1　粗蛋白质的测定(凯氏定氮法)

4.3.1.1　原理

利用硫酸和样品一同加热，破坏有机质、分解出氨，用硼酸吸收，用盐酸档准溶液滴定，从而算出总氮量。分析时只限于测定总氮量，再换算为粗蛋白质量。

4.3.1.2　试剂

4%硼酸吸收液、甲基红-溴甲酚绿混合指示剂、50%氢氧化钠溶液、浓硫酸(化学纯)、硫酸铜(化学纯)、锌粒(化学纯)、0.1N 盐酸标准溶液。

4.3.1.3　试剂配制

4%硼酸吸收液：20g 硼酸(化学纯)溶解于 500ml 热水中，加入 10ml 混合指示剂。

甲基红-溴甲酚绿混合指示剂：5 份 0.2%溴甲酚绿 95%酒精溶液与 1 份 0.2%甲基红酒精溶液混合。

4.3.1.4　测定方法

精确称取 5.000g 样品于杯形滤纸中，将样品的滤纸移入 500ml 凯氏烧瓶内，加 10g 结晶硫酸钾，1g 硫酸铜，并小心加入浓硫酸 25ml。斜放烧瓶，温和地加热。待泡沫消失后，适当加大火力，消化至液体清亮后继续加热 1h。使冷却，将 500ml 凯氏烧瓶连接到蒸馏系统，其馏液出口管插入盛有 25ml 硼酸吸收液的锥形瓶中。用少量无氨水稀释消化液，加入防暴沸粒状物，再加入 1.5g 锌粒，并加入 80ml 50%氢化钠溶液。蒸馏 1~1.5h(整个蒸馏过程中的馏出液必须保持冷却)。馏出液用 0.1N 标准盐酸溶液滴定，滴定至溶液呈中灰色，过量 1 滴(约 0.02ml)溶液呈粉红色。同时作一试剂空白(除不加试样外，其他操作均与上述相同)。

总氮计算：总氮=$N(V_1-V)\times0.014\div W\times100\%$

式中，N 为盐酸标准溶液的当量浓度；V_1 为样液滴定消耗的盐酸标准溶液的量，ml；V 为空白滴定消耗的盐酸标准溶液的量，ml：W 为样品重量，g；0.014 为氮的 mg 当量。

粗蛋白质换算：粗蛋白质=总氮×K
式中，K 为换算系数，等于 4.38。

4.3.2　总糖的测定

4.3.2.1　原理

样品中原有的和水解后产生的转化糖有还原性，在碱性溶液中能将铁氰化钾还原。根据铁氰化钾的样液滴定量可计算出含糖量。

4.3.2.2　试剂

浓盐酸(分析纯)、1%葡萄糖溶液、10%和 40%氢氧化钠溶液、亚甲基蓝指示剂。

4.3.2.3　测定方法

准确称取样品 0.5000g，移入 50ml 容量瓶，加入 3ml 蒸馏水使润湿，再加入 10ml 用氯化氢饱和过的盐酸溶液浸泡，盖上塞子静置 72h，再加入 5ml 浓盐酸和 10ml 蒸馏水。置于电热浴锅上，在 60~62℃温度下，加热 24ml，水解完后，过滤进 200ml 容量瓶中，用 50ml 蒸馏水洗涤水解瓶数次，洗后倒入漏斗。加入 10ml 氢氧化钠溶液。摇匀，冷却后加入蒸馏水至刻度，静置备用。

用移液管在 100ml 锥形瓶中加入 10ml1%铁氰化钾溶液和 2.5ml10%氢氧化钠溶液，并加入 5ml 蒸馏水。再用移液管吸取 5ml 待测样液进去。加上一滴亚甲基蓝指示剂。置于电炉上加热至沸后 2min，用 1%的标准葡萄糖溶液进行滴定。滴至蓝色退去，变为淡黄色即为终点。记录滴定 ml 数，同时作一不加样液的空白滴定。

总糖计算：总糖(以转化糖计)=$(V_0-V_1)0.001\div(W\times5\div200)\times100\%$
式中，V_0 为空白滴定时葡萄糖溶液消耗量，ml；V_1 为滴定样液时消耗葡萄糖溶液量，ml；0.001 为标准葡萄糖溶液浓度；W 为样品重，g；5÷200 为取样体积与总体积之比。

4.3.3　粗纤维的测定(重量法)

4.3.3.1　原理

在硫酸的作用下，使糖、淀粉、半纤维素水解而除去，再用氧化钾溶解蛋白质而除去了剩下的基本上是较稳定的组成即粗纤维素。

4.3.3.2　试剂

1.25%硫酸溶液，1.25%氢氧化钾溶液。

4.3.3.3　测定方法

准确称取经干燥粉碎的样品 0.5000g 于 100ml 烧杯中，加入 85ml1.25%煮沸的硫酸溶液，置于石棉板上加热煮沸，保持体积恒定，维持 30min。取不加入热蒸馏水至体积为 90ml，静置待固体物沉淀后，倾泻去溶液，再加入热蒸馏水至上述体积，固体物沉淀后，倾泻去溶液。如此反复至倾泻出液体不再呈酸性。用甲基红作指未剂检查。再加入约 85ml 1.25%氢氧化钠溶液，在石棉网上加热煮沸 30min，取下加入热蒸馏水至体积为 90ml，静置待固体物沉淀后，倾泻掉溶液。如此反复操作，至倾泻液不呈碱性，用酚酞作指未剂。

在漏斗坩埚中加入 25ml 精的石棉悬浮液，待水分滤去后，将上述洗涤过的沉淀物倒入坩埚中，滤去水分。用温度为 50~60℃的热酒精 25ml 分三次洗涤滤渣。再用 25ml 乙醚分三次洗涤，晾干。在 110℃电热烘箱中烘至恒重，再放入 600℃电阻炉内灼烧 1h，取出稍冷后放入干燥器中冷却 1h，称重，直至恒重。

粗纤维素计算：粗纤维素=$(G_1-G_2)\div W\times 100\ \%$

式中，G_1 为残余物重量，g； G_2 为灼炊事后终残物重量，g；W 为样品重量，g。

4.3.4　灰分的测定

将用稀盐酸烧煮过 1~2h 的瓷坩埚洗净，置高温炉中，升温至 550~600℃，维持 30min，稍冷后，取出置于燥器内冷却，精密称重。

在坩埚内精确称取粉碎样品 5.000g，在电炉上烧至无烟后，移入 500~600℃，维持高温炉中灰化至白灰为止。如灰化不完全，可取出冷却后，加入数滴硝酸，过氧化氢等强氧化剂，蒸干后再移入高温炉中灰化至白灰为止。灰化后，取出冷却，称重。再灰化 1~2h，取出冷却，称重，至前后相差不超过 0.0002g 为止。

灰分计算：灰分=$S\div W\times 100\%$

式中，S 为灰分的重量，g；W 为样品的重量，g。

4.3.5　脂肪的测定(索氏提取法)

准确称取粉碎样品 5.000g，于 100~105℃烘箱中烘干 3h，置于滤纸筒中，移入脂肪抽提器内，连接冷凝管及已知重量的抽提瓶。

加入乙醚量为抽提瓶的三分之一容积，置于水浴上加热，在 60~65℃水浴上，每 5~6min 回流一次。4~6h 后，用滤纸或毛玻璃试验脂肪是否抽提完全(滴在滤纸和毛玻璃上的乙醚液挥发后无油迹)。取出滤纸筒，继续回流一次。利用抽提器回收乙醚。将瓶取下揩干，在 100~105℃烘箱中干燥 1h，冷却称重至恒重。

脂肪计算：脂肪=$G\div W\times 100\%$

式中，G 为乙醚抽提物重，g；W 为样品的重量，g。

5. 检验规则

5.1　同等级、同时交售、调运、销售的黑木耳作为一个试验批次，报验单中填写的项目应与货物相符，凡货、单不符，等级混淆，包装破损者，由交货单位整理后再进行检验。

5.2　抽样

5.2.1　抽样数量：抽样件数由下式求得：

$$S=\sqrt{N}\ /2$$

式中，N 为被检黑木耳批次的件数；S 为抽样的件数。

如果在检验中发生争议，重新检验，以两次检验结果的平均数来确定。

5.3 产地分散交售的黑木耳，可以在收购时按交售量随机取样，按规定的等级规格分级验收。

5.4 黑木耳的检验以感官检验为主，物理、化学、卫生指标为对照分析黑木耳的内在质量。但物理指标中的朵片大小，含水量和杂质，应作为收购、调运中的一个重要质量内容。

5.5 等级检验：把用四分法取出的样耳，用感官检验和物理检验按标准规定评级。

5.5.1 朵片大小、耳片色泽、厚度、杂质含量不符合该等级单项或几项累计超过 10%的降一级，超过 30%的降二级。

5.5.2 水分超过本标准规定的，在 18%以下的按超过比例扣除重量，在 18%以上的，应干燥到规定含水量，才能验收。

5.6 经检验不合货标等级质量的黑木耳，可按实际品质定级验收。如交售单位不同意变更等级时，可由交售单位加工整理后再进行抽样检验，以重验的结果为准。

6. 包装、运输、贮存

6.1 包装要求

黑木耳用白色棉布袋外套国标麻袋包装。盛装黑木耳的包装袋，必须编织紧密、洁净、干燥，无破洞、无异味、无毒性。凡装过农药、化肥、化学制品和其他有毒物质的包装袋，不能用于包装黑木耳。

包装袋外应缝上布标，内放标签，标明品名、重量(毛重、净重)，写上产地，封装验收人员姓名或代号，并印有防潮标记。

注：出口黑木耳如合同另有规定的，照合同条款加工包装。

6.2 运输

黑木耳在运输过程中要注意防曝晒，防潮湿，防雨淋。用敞篷车船运载黑木耳要加盖防雨布。严禁与有毒物品混装，严禁用含残毒、有污染的运输工具运载黑木耳。

6.3 贮存

贮存黑木耳的库房，库内地面要具备防潮设施，防止底部受潮，黑木耳的装卸和堆垛时不得踩踏包件或在耳包上坐卧。严禁与有毒有害、有异味和易于传播虫害的物品混合存放。入库后要防止害虫、鼠类危害。

注：本决定自 1986 年 8 月 1 日在全国实施。本决定经国家标准局批准(GB 6192-86)，商业部公布。

二、食用菌菌种生产标准

食用菌菌种生产技术规程

NY/T 528—2010

前　言

本标准的附录A、附录B均为规范性附录。

本标准由农业部种植业管理司提出。

本标准起草单位：中国微生物菌种保藏管理委员会农业微生物中心、中国农业科学院土壤肥料研究所、农业部食用菌产品质量监督检验测试中心(上海)。

本标准主要起草人：张金霞、贾身茂、王南、左雪梅、申进文。

引　言

食用菌菌种生产技术是否规范直接影响菌种的质量，从而影响食用菌产品的质量。我国食用菌菌种生产采用母种、原种、栽培种的三级繁育程序。为了实现食用菌菌种生产技术规范化，确保菌种质量，维护菌种生产者、经营者和使用者的合法权益，特制定本标准。

1. 范围

本标准规定了各种食用菌各级菌种生产的生产场地、厂房设置和布局、设备设施、使用品种、生产工艺流程、技术要求和贮存运输要求。

本标准适用于各种各级食用菌菌种生产。

2. 规范性引用文件

下列文件中的条款通过本标准的引用而成为本标准的条款。凡是注日期的引用文件，其随后所有的修改单(不包括勘误的内容)或修订版均不适用于木标准，然而，鼓励根据本标准达成协议的各方研究是否可使用这些文件的最新版本。凡是不注日期的引用文件，其最新版本适用于本标准。

GB 4789.28—2003《食品卫生微生物学检验染色法、培养基和试剂》

GB 9387—1988《食品包装用聚乙烯成型品卫生标准》

GB 9688—1988《食品包装用聚丙烯成型品卫生标准》

3. 术语和定义

下列术语和定义适用于本标准。

3.1　品种 strain

经各种方法分离、诱变、杂交、筛选而选育出来具特异性、均一(一致)性和稳定性的具有同一个祖先的群体。也常称作菌株或品系。

3.2 菌种 pure culture

经人工培养并可供进一步繁殖或栽培使用的食用菌菌丝纯培养物，包括母种、原种和栽培种。

3.3 母种 stock culture

经各种方法选育得到的具有结实性的菌丝体纯培养物及其继代培养物，以玻璃试管为培养容器和单位，也称一级种、试管种。

3.4 原种 pre-culture spawn

由母种移植、扩大培养而成的菌丝体纯培养物。常以玻璃菌种瓶或塑料菌种瓶或 15cm×28cm 聚丙烯塑料袋为容器。

3.5 栽培种 spawn

由原种移植、扩大培养而成的菌丝体纯培养物。常以玻璃瓶、塑料瓶或塑料袋为容器。栽培种只能用于栽培，不可再次扩大繁殖菌种。

3.6 种木 wood-pieces

木塞种用的具一定形状和大小的木质颗粒，也称种粒。

3.7 固体培养基 solid medium

以富含木质纤维素或淀粉类天然碳源物质为主要原料，添加适量的有机氮源和无机盐类，具一定水分含量的培养基。常用的主要原料有木屑、棉籽壳、秸秆、麦粒、谷粒、玉米粒等，常用的有机氮源有麦麸、米糠等，常用的无机盐类有硫酸钙、硫酸镁、磷酸二氢钾等。固体培养基包括以阔叶树木屑为主要原料的木屑培养基、以草本植物为主要原料的草料培养基、以禾谷类种子为主要原料的谷粒培养基、以腐熟料为原料的粪草培养基，以种木为主要原料的木塞培养基。

3.8 种性 characters of strain

食用菌的品种特性，是鉴别食用菌菌种或品种优劣的重要标准之一。一般包括对温度、湿度、酸碱度、光线和氧气的要求，抗逆性、丰产性、出耳迟早、出耳潮数、栽培周期、商品质量及栽培习性等农艺性状。

4. 技术要求

4.1 技术人员 菌种厂应有与菌种生产所需的相应专业技术人员。

4.2 场地选择

4.2.1 基本要求 地势高燥，通风良好。排水畅通，交通便利。

4.2.2 环境卫生要求

至少 300m 之内无禽畜舍，无垃圾(粪便)场，无污水和其他污染源(如大量扬尘的水泥厂、砖瓦厂、石灰厂、木材加工厂等)。

4.3　厂房设置和布局

4.3.1　厂房设置和建造

有各自隔离的摊晒场、原材料库、配料分装室(场)、灭菌室、冷却室、接种室、培养室、贮存室、菌种检验室等。厂房建造从结构和功能上满足食用菌菌种生产的基本需要。

4.3.1.1　摊晒场

要求平坦高燥、通风良好，光照充足、空旷宽阔、远离火源。

4.3.1.2　原材料库

要求高燥、通风良好，防雨、远离火源。

4.3.1.3　配料分装室(场)

要求水电方便，空间充足。如安排在室外，应有天棚，防雨防晒。

4.3.1.4　灭菌室

要求水电安全方便，通风良好，空间充足，散热畅通。

4.3.1.5　冷却室　洁净、防尘、易散热。

4.3.1.6　接种室

要设缓冲间，防尘换气性能良好，内壁和屋顶光滑，经常清洗和消毒。做到空气洁净。

4.3.1.7　培养室和贮存室

内壁和屋顶光滑，便于清洗和消毒。培养室和贮存室墙壁要加厚，利于控温。

4.3.1.8　菌种检验室　水电方便，利于装备相应的检验设备和仪器。

4.3.2　布局　应按菌种生产工艺流程合理安排布局。

4.4　设备设施

4.4.1　基本设备　磅秤、天平、高压灭菌锅或常压灭菌锅、净化工作台、接种箱、调温设备、除湿机、培养架、恒温箱、冰箱、显微镜等及常规用具，产量大的菌种厂还应配备搅拌机、装瓶装袋机。高压灭菌锅应使用经有关部门检验的安全合格产品。

4.4.2　基本设施

配料、分装、灭菌、冷却、接种、培养等各环节的设施规模要配套。冷却室、接种室、培养室和贮存室都要有调温设施。

4.5　使用品种

4.5.1　品种

应使用经省级以上农作物品种审定委员会登记的品种，并且清楚种性。不应使用来源和种性不清的菌种和生产性状未经系统试验验证的组织分离物作种源生产菌种。并从具相应技术资质的供种单位引种。

4.5.2　移植扩大

母种仅用于移植扩大原种，一支母种移植扩大原种不应超过 6 瓶(袋)；一瓶原种移植扩大栽培种不应超过 50 瓶(袋)。

4.6　生产工艺流程

培养基配制→分装→灭菌→冷却→接种→培养(检查)→成品

4.7　生产过程中的技术要求

4.7.1　容器

4.7.1.1　母种

使用玻璃试管和棉塞，试管 18mm×180mm 或 20mm×200mm，棉塞要使用梳棉，不应使用脱脂棉。

4.7.1.2　原种

使用 650~750ml，耐 126℃高温的无色或近无色的玻璃菌种瓶，或 850ml 耐 126℃高温白色半透明符合 GB 9687 卫生规定的塑料菌种瓶，或 15cm×28cm 耐 126℃高温符合 GB 9688 卫生规定的聚丙烯塑料袋。各类容器部应使用棉塞，棉塞应符合规定；也可用能满足滤菌和透气要求的无棉塑料盖代替棉塞。

4.7.1.3　栽培种

使用符合4.7.1. 2规定的容器，也可使用≤17cm×35cm耐126℃高温符合GB 9688卫生规定的聚丙烯塑料袋。各类容器都应使用棉塞或无棉塑料盖，并符合 4.7.1.2 规定。

4.7.2　培养原料

4.7.2.1　化学试剂类

这类原料如硫酸镁、磷酸二氢钾等，要使用化学纯级试剂。

4.7.2.2　生物制剂和天然材料类

生物制剂如酵母粉和蛋白胨，天然材料如木屑、棉籽壳、麦麸等，要求新鲜、无虫、无螨、无霉、洁净干燥。

4.7.3 培养基配方

4.7.3.1　母种培养基　一般使用附录 A 中第 A.1 章规定的马铃薯葡萄糖琼脂培养基(PDA)或第 A.2 章规定的综合马铃薯葡萄糖琼脂培养基(CPDA)，特殊种类需加入其生长所需特殊物质，如酵母粉、蛋白胨、麦芽汁、麦芽糖等，但不应过富。严格掌握 PH。

4.7.3.2　原种和栽培种培养基

根据当地原料资源和所生产品种的要求，使用适宜的培养基配方(见附录 B)，严格掌握含水量和 pH。

4.7.4　分装

母种培养基的分装量掌握在试管长度的四分之一至五分之一，灭菌后摆放成的斜面顶端距试管口不少于50mm，原种和栽培种培养基装至距瓶(袋)口不少于60mm，灭菌后不少于45 mm。棉塞大小松紧要适度。原种和栽培种培养基的松紧度要一致。

4.7.5　灭菌

母种的培养基配制分装后应立即灭菌；原种和栽培种培养基配制后应在4h内进锅灭菌。母种培养基灭菌0.11~0.12MPa，30min，木屑培养基和草料培养基灭菌0.12MPa，1.5h或0.14~0.15MPa，1h，谷粒培养基、粪草培养基和木塞培养基灭菌0.14~0.15MPa，2.5h。装容量较大时，灭菌时间要适当延长。灭菌完毕后，应自然降压，不应强制降压。常压灭菌时，在2h之内使灭菌室温度达到100℃，保持100℃达8~10h。母种培养基、原种培养基、谷粒培养基、粪草培养基和木塞培养基，应高压灭菌，不应常压灭菌。灭菌时应防止棉塞被冷凝水打湿。

4.7.6　灭菌效果的检查

母种培养基置于28℃恒温培养，原种和栽培种培养基经无菌操作接种于GB 4789.28—1994中4.8规定的营养肉汤培养基中，于28℃恒温培养，48h后检查，无微生物长出的为灭菌合格。

4.7.7　冷却

冷却室使用前要进行清洁和除尘处理。地面铺消毒过的塑料薄膜后，将灭菌后的原种瓶(袋)或栽培种瓶(袋)放置在冷却室中冷却到料温降至适宜温度。

4.7.8　接种

4.7.8.1　接种室(箱)的基本处理程序

清洁→搬入接种物和被接种物→接种室(箱)的消毒处理。

4.7.8.2　接种室(箱)的消毒方法

用药物消毒并用紫外灯照射。

4.7.8.3　净化工作台的消毒处理方法

先用75%酒精或新洁尔灭溶液进行表面擦拭消毒，然后预净20min。

4.7.8.4　接种操作

在无菌室(箱)或净化工作台上严格按无菌操作接种。接种完成后及时贴好标签。

4.7.8.5　接种室(箱)后处理

接种室每次使用后，要及时清理清洁，排除废气，清除废物，台面要用75%酒精或新洁尔灭溶液擦拭消毒。

4.7.9　培养室处理

在使用培养室的前两天，采用药物消毒。

4.7.10　培养条件

根据培养物的不同生长要求，给予其适宜的培养温度(多在22~28℃)，保持空气相对湿度在 75%以下，通风，避光。

4.7.11　培养期的检查

各级菌种培养期间应定期检查，及时拣出不合格菌种。

4.7.12　入库　完成培养的菌种要及时登记入库。

4.7.13　记录　生产各环节应详细记录。

4.7.14　留样

各级菌种都应留样备查，留样的数量应以每个批号母种 3~5 支，原种和栽培种 5~7 瓶(袋)，于 4~6℃下贮存，贮存至使用者在正常生产条件下该批菌种出第一潮耳(耳)。

附录 A

(规范性附录)

母种常用培养基及其配方

A.1　PDA 培养基(马铃薯葡萄糖琼脂培养基)

马铃薯 200g(用浸出汁)，葡萄糖 20g，琼脂 20g，水 1000ml，pH 自然。

A.2　CPDA 培养基(综合马铃薯葡萄糖琼脂培养基)

马铃薯 200g(用浸出汁)，葡萄糖 20g，磷酸二氢钾 2g，硫酸镁 0.5g，琼脂 20g，水 1000 ml，pH 自然。

附录 B

(规范性附录)

原种和栽培种常用培养基配方及其适用种类

B.1　以木屑为主料的培养基配方

见 B.1.1、B.1.2、B.1.3，适用于香菇、黑木耳、毛木耳、平菇、金针菇、滑菇、鸡腿菇、真姬菇等多数木腐菌类。

B.1.1　阔叶树木屑 78%，麸皮 20%，糖 1%，石膏 1%，含水量(58±2) %。

B.1.2　阔叶树木屑 63%，棉籽壳 15%，麸皮 20%，糖 1%，石膏 1%，含水量(58±2) %。

B.1.3　阔叶树木屑 63%，玉米芯粉 15%，麸皮 20%，糖 1%，石膏 1%，含水量(58±2) %。

B.2　以棉籽壳为主料的培养基

见 B.2.1、B.2.2、B.2.3、B.2.4，适用于黑木耳、毛木耳、金针菇、滑菇、真姬菇、杨树菇、鸡腿菇、侧耳属等多数木腐菌类。

B.2.1　棉籽壳 99%，石膏 1%，含水量(60±2)%。

B.2.2　棉籽壳 84%~89%，麦麸 10%~15%，石膏 1%，含水量(60±2)%。

B.2.3　棉籽壳 54%~69%，玉米芯 20%~30%，麦麸 10%~15%，石膏 1%，含水量(60±2) %。

B.2.4　棉籽壳 54%~69%，阔叶树木屑 20%~30%，麦麸 10%~15%，石膏 1%，

含水量(60±2)%。

B.3　以棉籽壳或稻草为主的培养基

见 B3.1、B3.2、B.3.3 适用于草菇。

B.3.1　棉籽壳 99%，石灰 1%，含水量(68±2) %。

B.3.2　棉籽壳 84%~89%，麦麸 10%~15%，石灰 1%，含水量(68±2) %。

B.3.3　棉籽壳 44%，碎稻草 40%，麦麸 15%，石灰 1%，含水量(68±2) %。

B.4　腐熟料培养基

适用于双孢蘑菇、大肥菇、姬松茸等蘑菇属的种类。

B.4.1　腐熟麦秸或稻草(干)77%，腐熟牛粪粉(干)20%，石膏粉 1%，碳酸钙 2%，含水量(62±1) %，pH7.5。

B.4.2　腐熟棉籽壳(干)97%，石膏粉 1%，碳酸钙 2%，含水量(55±1) %，pH7.5。

B.5　谷粒培养基

小麦、谷子、玉米或高粱 97%~98%，石膏 2%~3%，含水量(50±1) %，适用于双孢蘑菇、大肥菇、姬松茸等蘑菇属的种类，也可用于侧耳属各种和金针菇的原种。

B.6　以种木为主料的培养基

阔叶木种木 70%~75%，附录 B.1.1 配方的培养基 25%~30%。

三、黑木耳菌种标准

中华人民共和国国家标准
黑木耳菌种
GB 19169—2003

前　　言

本标准的附录 A、附录 B 均为规范性附录。

本标准由中华人民共和国农业部提出并归口。

本标准起草单位：华中农业大学。

本标准主要起草人：吕作舟、陈立国、王卓仁。

引　　言

栽培黑木耳使用的菌种是人工培育的纯菌丝体及其培养基的混合体。我国采用三级扩大繁育程序(即母种、原种、栽培种)培育木耳菌种。

为了规范我国木耳菌种生产、经销和使用，确保我国黑木耳生产持续健康发展，特制定本标准。

1. 范围

本标准规定了黑木耳(*Auricularia auricula*)菌种的术语和定义、质量要求、试验方法、检验规则及标签、标志、包装、贮运等。

本标准适用于黑木耳菌种(*Pure Culture of Auricularia auricular*)的生产、流通和使用。

2. 规范性引用文件

下列文件中的条款通过本标准的引用而成为本标准的条款。凡是注日期的引用文件，其随后所有的修改单(不包括勘误的内容)或修订版均不适用于本标准，然而，鼓励根据本标准达成协议的各方研究　是否可使用这些文件的最新版本。凡是不注日期的引用文件，其最新版本适用于本标准。

GB/T 191《包装储运图示标志》(GB/T 191—2000，eqv ISO 780：1997)

GB/T 4789.28《食品卫生微生物学检验 染色法、培养基和试剂》

GB/T 12728—1991《食用菌术语》

GB 19172—2003《平菇菌种》

NY/T 528—2002《食用菌菌种生产技术规程》

3. 术语和定义

下列术语和定义适用于本标准。

3.1　母种 stock culture

经各种方法选育得到的具有结实性的菌丝体纯培养物及其继代培养物，以玻璃试管为培养容器和使用单位，也称一级种、试管种。

[NY/T 528—2002，定义 3.3]

3.2　原种 pre-culture spawn

由母种移植、扩大培养而成的菌丝体纯培养物。常以玻璃菌种瓶或塑料菌种瓶或 15cm×28cm 聚丙烯塑料袋为容器。

[NY/T 528—2002，定义 3.4]

3.3　栽培种 spawn

由原种移植、扩大培养而成的菌丝体纯培养物。常以玻璃瓶或塑料袋为容器。栽培种只能用于栽培，不可再次扩大繁殖菌种。

[NY/T 528—2002，定义 3.5]

3.4　颉颃现象 antagonism

具有不同遗传基因的菌落间产生不生长区带或形成不同形式线行边缘的现象。

[GB 19172—2003，定义 3.4]

3.5 角变 sector

因菌丝体局部变异或感染病毒而导致菌丝变细、生长缓慢、菌丝体表面特征成角状异常的现象。

[GB 19172—2003，定义 3.5]

3.6 高温抑制线 high temperaturde line

食用菌菌种在生产过程中受高温的不良影响，培养物出现的圈状发黄、发暗或菌丝变稀弱的现象。

[GB 19172—2003，定义 3.6]

3.7 耳芽(原基)promordium

黑木耳子实体的幼小阶段，形成于培养基的表面，呈淡黄色或褐色半透明的胶质体。

3.8 生的学效率 biological efficiency

单位数量培养料的干物质与所培养产生出的子实体或菌丝体干重之间的比率。

[GB/T 12728—1991，定义 2.1.20]

3.9 种性 characters of variety

食用菌的品种特性是鉴别食用菌菌种或品种优劣的重要标准之一。一般包括对温度、湿度、酸碱度、光线和氧气的要求，抗逆性、丰产性、出耳迟早、出耳潮数、栽培周期、商品质量和栽培习性等农艺性状。

[NY/T 528—2002，定义 3.8]

4. 质量要求

4.1 母种

4.1.1 容器规格应符合 NY/T 528—2002 中 4.7.1.1 规定。

4.1.2 感官要求应符合表 7-4 规定。

表7-4 母种感官要求

项目	要求
容器	完整、无破损、无裂纹
棉塞或无棉塑料盖	干燥、洁净，松紧适度，能满足透气和滤菌要求
培养基灌入量	为试管总容积的四分之一至五分之一
斜面长度	顶端距棉塞 40~50mm
菌丝生长量	长满斜面
接种量(接种块大小)	(3~5)mm×(3~5)mm
菌种正面外观	洁白、纤细、平贴培养基生长、均匀、平整、无角变，菌落边缘整齐，无杂菌菌落
斜面背面外观	培养基不干缩，有菌丝体分泌的黄褐色色素于培养基中
气味	有黑木耳菌种特有的清香味，无酸、臭、霉等异味

4.1.3　微生物学要求应符合表 7-5 规定。

表7-5　母种微生物学要求

项目	要求
菌丝形态	粗细不匀，常出现根状分枝，有锁状联合
杂菌	无

4.1.4　菌丝生长速度：在 PDA 培养基(见附录 A)上，在适温(26±2)℃下，菌丝 10~15d 长满斜面。

4.1.5　母种栽培性状：供种单位所供母种需经栽培试验确证种性中农艺性状合格后，方可用于扩大繁殖或出售。

4.2　原种

4.2.1　容器规格应符合 NY/T 528—2002 中 4.7.1.2 规定。

4.2.2　感官要求应符合表 7-6 规定。

表7-6　原种感官要求

项目	要求
容器	完整、无破损、无裂纹
棉塞或无棉塑料盖	干燥、洁净，松紧适度，能满足透气和滤菌要求
培养基上表面距瓶(袋)口的距离	（50±5）mm
接种量(每支母种接原种数，接种物大小)	(4~6)瓶(袋)，≥12mm×15mm
菌丝生长量	长满容器
菌丝体特征	白色至米黄色，细羊毛状，生长旺健，菌落边缘整齐
培养基及菌丝体	培养基变色均匀，菌种紧贴瓶壁，无干缩
菌丝分泌物	允许有少量无色至棕黄色水珠
杂菌菌落	无
颉颃现象及角变	无
耳芽(子实体原基)	允许有少量胶质、琥珀色颗粒状耳芽
气味	有黑木耳菌种特有的清香味，无酸、臭、霉等异味

4.2.3　微生物学要求应符合表 7-5 规定。

4.2.4　菌丝生长速度：在适宜培养基上，在适温(26±2)℃下，菌丝 40~45d 长满容器。

4.3　栽培种

4.3.1　容器规格应符合 NY/T 528—2002 中 4.7.1.3 规定。

4.3.2　感官要求应符合表 7-7 规定。

4.3.3　微生物学指标应符合表 7-5 规定。

4.3.4　菌丝生长速度：在适宜培养基上，在适温(26±2)℃下，一般 35~40d 长满容器。

表7-7 栽培种感官要求

项目	要求
容器	完整、无破损、无裂纹
棉塞或无棉塑料盖	干燥、洁净，松紧适度，能满足透气和滤菌要求
培养基上表面距瓶(袋)口的距离	(50±5)mm
接种量(每瓶原种接栽培种数)	40~50 瓶(袋)
菌丝生长量	长满容器
菌丝体特征	白色至米黄色，细羊毛状，生长旺健，菌落边缘整齐
培养基及菌丝体	培养基变色均匀，菌种紧贴瓶(袋)壁或略有干缩
菌丝分泌物	允许有少量无色至棕黄色水珠
杂菌菌落	无
颉颃现象及角变	无
耳芽(子实体原基)	允许有少量浅褐色至黑褐色菊花状或不规则胶质耳芽
气味	有黑木耳菌种特有的清香味，无酸、臭、霉等异味

5. 抽样

5.1 质检部门的抽样应具有代表性。

5.2 母种按品种、培养条件、接种时间分批编号，原种、栽培种按菌种来源、制种方法和接种时间分批编号。按批随机抽取被检样品。

5.3 母种、原种、栽培种的抽样量分别为该批菌种量的 10%、5%、1%。但每批抽样数量不得少于 10 支(瓶、袋)；超过 100 支(瓶、袋)的，可进行两级抽样。

6. 试验方法

6.1 感官检验 按表 7-8 逐项进行。

表7-8 感官检验方法

<table>
<tr><th>检验项目</th><th>检验方法</th><th colspan="2">检验项目</th><th>检验方法</th></tr>
<tr><td rowspan="2">容器</td><td rowspan="2">肉眼观察</td><td rowspan="2">接种量</td><td>母种、原种</td><td>肉眼观察、测量</td></tr>
<tr><td>栽培种</td><td>检查生产记录</td></tr>
<tr><td>棉塞、无棉塑料盖</td><td>肉眼观察</td><td colspan="2">培养基上表面距瓶(袋)口的距离</td><td>肉眼观察</td></tr>
<tr><td>母种培养基灌入量</td><td>肉眼观察</td><td colspan="2">菌丝体特征</td><td>肉眼观察</td></tr>
<tr><td rowspan="2">母种斜面长度</td><td rowspan="2">肉眼观察</td><td colspan="2">培养基及菌丝体</td><td>肉眼观察</td></tr>
<tr><td colspan="2">分泌物</td><td>肉眼观察</td></tr>
<tr><td>菌种生长量</td><td>肉眼观察</td><td colspan="2">杂菌菌落</td><td>肉眼观察，必要时用 5×放大镜观察</td></tr>
<tr><td>母种菌种外观</td><td>肉眼观察</td><td colspan="2">耳芽(子实体原基)</td><td>肉眼观察</td></tr>
<tr><td rowspan="2">母种斜面背面外观</td><td rowspan="2">肉眼观察</td><td colspan="2">颉颃现象及角变</td><td>肉眼观察</td></tr>
<tr><td colspan="2">气味</td><td>鼻嗅</td></tr>
</table>

6.2 微生物学检验 表 7-5 中各项用放大倍数不低于 10×40 的光学显微镜对培养物的水封片进行观察，每一检样应观察不少于 50 个视野。

6.2.1 霉菌检验：取少量疑有霉菌污染的培养物，按无菌操作接种于 PDA 培养基(见第 A. 1 章)斜面或平板上，(26±2)℃培养 5~7d，菌落出现白色以外的杂色者，或有异味者为霉菌污染物，必要时进行水封片镜检。

6.2.2 细菌检验：取少量疑有细菌污染的培养物，按无菌操作接入 GB/T 4789.28 中 4.8 规定的营养肉汤培养液中，25~28℃振荡培养 1~2d，观察培养液是否混浊。培养液混浊，为有细菌污染；培养液澄清，为无细菌污染。

6.3 菌丝生长速度

6.3.1 母种：PDA 培养基(见第 A.1 章)，(26±2)℃培养，记录长满斜面所需天数。

6.3.2 原种和栽培种：采用第 B.1 章、第 B.2 章、第 B.3 章规定的配方之一，在(26±2)℃培养，记录长满培养基所需天数。

6.4 母种农艺性状

将被检母种制成原种。采用第 B.1 章、第 B.2 章、第 B.3 章规定的配方之一，含水量提高至(62±2)%，制作菌袋 45 个。接种后，分三组进行常规管理，根据表 7-9 所列项目，做好栽培记录，统计检验结果。同时将该母种的出发菌株设为对照，亦做同样处理。对比二者的检验结果，以时间计的检验项目中，被检母种的任何一项时间较对照菌株推迟 5d 以上(含 5d)者，为不合格；产量显著低于对照菌株者，为合格；子实体外观、耳片剖面形态与对照明显不同或畸形者，为不合格。

表7-9 母种栽培中农艺性状检验记录

项目	试验结果	项目	试验结果
母种长满管所需天数		总产/g	
原种长满瓶所需天数		单产/g	
母种接种至萌发所需天数		单朵耳质量/g	
原种接种至萌发所需天数		生物学效率/(%)	
栽培种接种至定植所需天数		耳片朵型、色泽	
栽培种接种至产生耳芽所需天数		耳片直径、厚度/mm	
接种至收第一茬耳所需天数		耳片剖面髓层	

6.5 留样

各级菌种都应留样备查，留样的数量应每个批号菌种 3~5 支(瓶、袋)，于 4~6℃下贮存，母种和原种 6 个月，栽培种 4 个月。

7. 检验规则

按质量要求进行检验。检验项目全部符合质量要求者，为合格菌种；其中任何一项不符合要求者，均为不合格菌种。

8. 标签、标志、包装、运输、贮存

8.1　标签、标志

8.1.1　产品标签

每支、瓶(袋)菌种需贴有清晰注明以下要素的标签：

a)产品名称(如：黑木耳母种)；

b)品种名称(如：冀诱1号)；

c)生产单位(如：××菌种厂)；

d)接种日期(如：2001.××.××)；

e)执行标准。

8.1.2　包装标签

每箱菌种需贴有清晰注明以下要素的包装标签：

a)产品名称、品种名称；

b)厂名、厂址、联系电话；

c)出厂日期；

d)保藏期、贮存条件；

e)数量；

f)执行标准。

8.1.3　包装储运图示标志

按GB/T 191规定，应有以下图示标志：

a)小心轻放标志；

b)防水、防潮、防冻标志；

c)防晒、防高温标志；

d)防止倒置标志；

e)防止重压标志。

8.2　包装

8.2.1　母种外包装采用木盒或有足够强度的瓦楞纸箱，内部用棉花、碎纸等具有缓冲作用的轻质材料填满。

8.2.2　原种、栽培种外包装采用足够强度的瓦楞纸箱，每箱20瓶，内部用碎纸、报纸等具有缓冲作用的轻质材料填满。纸箱上部和底部用8cm宽的胶带封口，并用打包带捆扎两道，箱内附产品合格证书和使用说明(包括菌种种性、培养基配方及适用范围)。

8.3 运输

8.3.1 不得与有毒物品混装。

8.3.2 气温达30℃以上时，需用0~20℃的冷藏车(船)运输。

8.3.3 运输中必须有防震、防晒、防雨淋、防冻、防杂菌污染的措施。

8.4 贮存

8.4.1 母种一般在4~6℃冰箱中贮存，贮存期不超过三个月。

8.4.2 原种一般在0~10℃以下冷库中贮存，贮存期不超过40d。

8.4.3 栽培种应尽快使用，14d内可在温度不超过26℃、清洁、通风、干燥(相对湿度50%~70%)、避光的室内松散存放。

附录A

(规范性附录)

母种常用培养基及其配方

A.1 PDA培养基(马铃薯葡萄糖琼脂培养基)

马铃薯200g(用浸出汁)，葡萄糖20g，琼脂20g，水1000ml，pH自然。

A.2 CPDA培养基(综合马铃薯葡萄糖琼脂培养基)

马铃薯200g(用浸出汁)，葡萄糖20g，磷酸二氢钾2g，硫酸镁0.5g，水1000ml，pH自然。

A.3 木屑浸出汁马铃薯葡萄糖培养基

马铃薯200g(用浸出汁)，阔叶树木屑50g(用浸出汁)，葡萄糖20g，琼脂20g，水1000ml。

附录B

(规范性附录)

原种和栽培种常用培养基及其配方

B.1 木屑培养基

阔叶树木屑78%，麸皮20%，糖1%，石膏1%，含水量(58±2)%。

B.2 木屑棉籽壳培养基

阔叶树木屑63%，棉籽壳15%，麸皮20%，糖1%，石膏1%，含水量(58±2)%。

B.3 棉籽壳培养基

棉籽壳79%，麦麸20%，石膏1%，含水量(58±2)%。

四、黑木耳全光露地间歇喷雾栽培良好操作规程

黑木耳属于担子菌纲，有隔担子菌亚纲木耳目，生于栎、榆、桑、槐等阔叶树种的枯木或段木上。黑木耳作为我国著名的食用菌，也是我国传统的出口商品

之一，在创汇农业中前景广阔。

1. 主要内容

本操作规程明确规定了黑木耳的菌种厂设置和技术条件、菌种制作方法、代料栽培方法和黑木耳全光露地间歇喷雾栽培技术。

本规程使用食用菌名词注释参照 GB/T 12728—2006《食用菌术语》。

2. 适用范围

本规程编制以东北地区黑木耳栽培技术为基础，适合露地黑木耳代料栽培，但不适于工厂化栽培模式。

3. 引用标准

GB/T 12728—2006《食用菌术语》

GB 5749—2006《生活饮用水卫生标准》

GB 3095—l996《大气环境质量标准》

GB 15618—1995《土壤环境质量标准二级标准》

NY 5099—2002《无公害食品　食用菌栽培基质安全技术要求》

GB 7096—2003《食用菌卫生标准》

NY/T 528—2002《食用菌菌种生产技术规程》

GB 9687—1988《食品包装用聚乙烯成型品卫生标准》

GB 9688—1988《食品包装用聚丙烯成型品卫生标准》

NY/T 658—2002《绿色食品　包装通用准则》

GB 7718—2004《食品标签通用标准》

GB/T 12530—1990《食用菌取样方法》

4. 要求

关键控制点和要求见表 7-10。

表7-10　黑木耳全光露地间歇喷雾栽培关键控制点和要求

生产环节	控制点	要求
菌种厂的设置	菌种培育所在位置	栽培场所要求通风良好，控制杂菌，有利于排水
	污染源控制	距离禽畜场、代用料栽培场、堆肥厂、垃圾场、生产污染物的各类工厂 300m 以上
	环境的空气、水	栽培场所的空气，应符合 GB 3095—1996《环境空气质量标准》；水，应符合 GB 5794—2006《生活饮用水卫生标准》；并每年进行检测，建立档案
菌种选择	购买的菌种应有国家认可的植物检疫证明	有符合法规或行业组织规定的植物检疫证明

续表

生产环节	控制点	要求
菌种选择	应有菌种质量保证文件，应包括菌种纯度、名称、批号和供种单位等内容	有菌种质量、名称、批号和供种单位“经营许可证”。自繁的菌种应有菌种繁殖记录
	购买的菌种应有质量保证书或生产合格保证书	有证实菌种满足预期目标的记录，如菌种的种性、质量保证书。进境的菌种应遵照相关的法律法规执行
	购买的菌种应进行留样保藏	对购买的菌种进行留样，在 4~6℃冰箱内保藏，直到第一批耳片生长出来为止
菌种选用	选用菌性纯正，生活力旺盛，无病虫害感染的适龄菌种	斜面正面外观：菌丝浓白、粗壮，生长有力，不呈菌索状，不结菌皮，不吐黄水，没有明显的病虫害感染特征 斜面背面外观：无细菌、酵母菌等菌落，原接种体周围有米黄色或茶色褐色色素
菌种繁殖	母种繁殖	应使用玻璃试管装培养基，经高压灭菌后，制作成斜面培养基，接上菌种，在适宜的环境条件下培养，建立记录系统。对培养基配方、灭菌方法、菌种扩大繁殖时间、培养的环境条件等进行记录
	原种繁殖	应使用玻璃瓶装培养基，经高压灭菌，接上菌种后，在适宜的环境条件下培养，建立记录系统。对培养基配方、灭菌方法、菌种扩大繁殖时间、培养的环境条件等进行记录
	栽培种繁殖	应使用玻璃瓶装培养基，经高压或常压灭菌后，接上菌种，在适宜的环境条件下培养，建立记录系统。对培养基配方、灭菌方法、菌种扩大繁殖时间、培养的环境条件等进行记录
	菌种质量检测	在培养期间，对菌种进行逐支(瓶、袋)进行检测，包括菌种菌丝生长状况、有无病虫害等，清除不合格菌种，对合格菌种进行标识，对菌种的生长状况进行记录。菌种的质量符合 NY/T 528—2002《食用菌菌种生产技术规程》，建立记录系统
菌种保藏	菌种应进行有效保藏，保证菌种的质量和可持续利用	对菌种进行保藏，定期进行菌种质量评价和记录，建立菌种保藏档案
栽培厂设置	菌种培育所在位置	栽培场所要求通风良好，控制杂菌病有利于排水
	污染源控制	距离禽畜场、代用料栽培场、堆肥厂、垃圾场、生产污染物的各类工厂 300m 以上
	环境的空气、水	栽培场所的空气，应符合 GB 3095—1996《环境空气质量标准》；水，应符合 GB5794—2006《生活饮用水卫生标准》；并每年进行检测，建立档案
培养基配制	培养基配制场地	保持清洁无异物，对小动物、昆虫等定期检查与防治
	原材料的质量	符合 NY 5099—2002 要求
	重金属等有害残留	对每批原料进行取样检测并建立档案
	杀菌剂、农药、添加剂等使用	符合 NY 5099—2002 要求
	栽培用塑料制品的卫生	栽培用塑料袋、塑料瓶的质量应符合 GB 9687《食品包装用聚乙烯成型品卫生标准》和 GB 9688《食品包装用聚丙烯成型品卫生标准》

续表

生产环节	控制点	要求
培养基配制	塑料制品质量控制	对每一批样进行取样检测大小、厚度、破裂等进行检测，建立质量档案
	培养基配方	栽培培养基配方应符合黑木耳生长的要求，制定出培养基配方中各种原材料的比例，建立档案
	配制标准	记录各种原材料和水的用量，培养基的含水量、均匀程度、感官标准
	培养基的质量要求	记录培养基的质量指标
装袋	装袋要求	装袋时培养料上、下粗细要一致，做到上紧下松，外紧内松。培养料要紧贴袋壁，不可留缝隙；装袋后要尽快灭菌，不宜停放过夜
灭菌	人员培训与岗位管理	灭菌操作应专人负责，须参加培训，并取得上岗证
	灭菌的温度，时间控制	通过控制灭菌温度和时间来使培养料达到无菌要求，但不可时间过长
	灭菌质量	对灭菌处理的料袋或料瓶应进行灭菌质量检测，按微生物学的检测方法检测培养基的质量，并记录
	制定灭菌操作技术规程	员工应须知灭菌操作技术规程
冷却	冷却场所与降温控制	冷却场所应在室内，利用自然降温 18h 以上，或利用制冷设备降温
	冷却质量标准	料袋的内部温度应降到 30℃以下
	操作人员与搬运	冷却的料袋，转运时，应使用消毒处理过的设备，人员须换上消毒的鞋、服装，避免杂菌污染
接种	接种场所	保持清洁无异物，定期消毒，对小动物、昆虫等定期检查与防治，并在接种前后严格消毒
	接种工具	保持清洁，在接种前后严格消毒
	接种人员	有专人负责，主要技术人员应经县以上菌种管理部门认可。接种人员应穿着用于接种并经消毒的专门服装、鞋、口罩，用消毒液洗手
	接种操作	接种前用清水或消毒剂对接种环境进行降尘处理。接种中一切操作在酒精灯火焰 2cm 范围内迅速完成。接人的菌种应覆盖培养基，用无菌纸或无棉盖封口。记录接种时间、数量、操作人员
发菌管理	培养场所	保持清洁无异物，定期消毒，对小动物、昆虫等定期检查与防治并记录。可控制温度、湿度、光照和通风换气，并配备调温设备
	菌架搭建	菌架选用不易受潮、耐压、无毒材质，安装时应避免与取暖设备相互覆盖，架与架间注意连接
	培养场所消毒	发菌场所在使用之前，应进行消毒和杀虫，通风干燥，记录使用的消毒剂和浓度
	培养管理	培养前期温度在 25~26℃，培养后期温度在 16~18℃，保持菌丝生长温度在 22~24℃。空气相对湿度 60%~80%，培养过程中注意闭光、通风。对培养温度、湿度、光照等进行记录

续表

生产环节	控制点	要求
发菌管理	菌袋的质量	培养5d后，检查菌种生长状况，剔除出杂菌感染的菌袋，菌袋的菌丝生长浓密、整齐，记录菌种生长情况和杂菌感染数量
出耳管理	出耳场位置	地势平缓，排水良好，靠近水源
	污染源控制	距离禽畜场、代用料栽培场、堆肥厂、垃圾场、生产污染物的各类工厂300m以上
	环境的空气、水	出耳场所的空气，应符合GB 3095—1996《环境空气质量标准》；水，应符合GB 5794—1985《生活饮用水卫生标准》；并每年进行检测，建立档案
	菌床处理	做高10cm、宽1.3~1.5m的畦床，将床面土块打碎压实，并浇重水，使床面吃透水分，再在床面撒一层石灰。为便于采收可在床面铺一层塑料薄膜
	菌袋破袋	选择经40~50d培养后的菌丝健壮无杂菌菌袋，经消毒后选择晴天进行破袋处理
	操作人员	有专人负责，主要技术人员应经县以上菌种管理部门认可。操作人员应穿着用于接种并经消毒的专门服装、鞋、口罩，用消毒液洗手
	破袋工具	保持清洁，在使用前后严格消毒
	诱发原基	将床面和草帘浇透水，把菌袋以2cm间隔集中摆放在耳床上，上覆塑料薄膜和草帘。温度在15~25℃，湿度80%
	排场出耳	耳基出现后，按袋距8~10cm摆放在耳床上
	喷水装置	根据菌床长度每床设打上密孔的塑料输水管一根，管内水流达到一定压力后可从密孔处呈雾状喷出。也可在各菌床间铺设塑料材质的输水主管道并安装喷头，在一定压力下呈雾状扇形喷出。上述两种设备需配加压泵使用
	喷水方法	采用“干湿交替”的原则，雨天少喷，晴天、干燥天多喷，或者耳片呈革状多喷，呈水泡状少喷或不喷
采收	采收时间	耳片充分伸展，耳根收缩，色泽转淡，肉质肥软
	采收方法	采收前停水1~2d，加强通风，沿袋壁耳基处整朵取下
	采后处理	子实体符合GB 7096—2003《食用菌卫生标准》。耳基、木屑等杂物，阳光下晾晒1~2d，或脱水机烘干10~14h；按GB 6192-86进行等级筛选。保持选别、包装设备清洁应符合GB 7096—1996《食用菌卫生标准》；对小动物、昆虫等定期进行检查与防治
包装	包装袋、箱的卫生要求	外包装应坚固、洁净、干燥、无破损、无异味、无毒性。纸箱无受潮、离层现象；塑料箱应符合NY/T 658—2002的要求，内包装材料卫生指标应符合GB 9687—1988或GB 9688—1988规定
	产品包装规格、重量	每批黑木耳产品的包装规格、单位净含量应一致。包装内放标签，标明品名、等级、重量，写明产地，封装验收人员姓名、代号，并印有防潮标记

续表

生产环节	控制点	要求
运输	运输过程	注意防暴晒、防潮湿、防雨淋。严禁用含毒、有污染的运输工具
贮藏	场地要求	阴凉、通风，相对湿度不超过 70%，窟内温度 25℃左右
	贮藏要求	使用专用仓库，不能与有异味化学活性强、有毒、易氧化、易返潮的商品混合贮藏。符合 GB 7096—2003《食用菌卫生标准》。并记录贮藏产品名称、时间、干燥产品质量标准
	码放	按照不同产地和不同等级分类堆叠，合理布局。小心搬动，防止挤压

参 考 文 献

陈青. 2012. 食用菌循环生产实例剖析. 北京：中国农业出版社.

方金山，周贵香，方婷，等. 2013. 食用菌林下高效栽培新技术. 北京：金盾出版社.

冯景刚. 2013. 黑木耳栽培实用技术彩色图解. 辽宁：辽宁科学技术出版社.

高丽红. 2010. 设施园艺. 北京：中国农业出版社.

黄来年. 1988. 中国食用菌百科. 北京：农业出版社.

贾身茂，冯文芸. 1998. 北方香菇栽培技术. 北京：科学出版社.

姜坤. 2012. 北方五大食用菌最新栽培技术. 北京：金盾出版社.

姜坤，王雅珍. 2012. 黑木耳高产栽培技术. 北京：金盾出版社.

李晓. 2007. 黑木耳标准化生产技术. 北京：金盾出版社.

李玉. 2001. 中国黑木耳. 长春：吉林科技出版社.

万佳宁. 2009. 小孔出耳法对黑木耳品质影响效应及机制的研究. 长春：吉林农业大学.

王世东. 2005. 无公害农产品高效生产技术丛书——食用菌. 北京：中国农业大学出版社.

徐洪海，庄桂仁，李德志. 2007. 夏季林地套种黑木耳高产栽培技术. 现代农业科技，13：44-45.

徐仙娥. 2011. 食用菌菌种开发及生产技术. 北京：中国农业科学技术出版社.

姚方杰，边银丙. 2010. 图说黑木耳栽培关键技术. 北京：中国农业出版社.

张介驰. 2010. 黑木耳栽培实用技术. 北京：中国农业出版社.

张智，符群. 2011. 食用菌栽培与加工技术. 北京：中国林业出版社.

周学政. 2007. 精选食用菌栽培新技术 250 问. 北京：中国农业出版社.

附　　录

一、名词解释

子实体　是食用真菌产生孢子的果实体。它产生繁衍后代的有性孢子。由已分化的菌丝体组成。在子囊菌中子实体又称子囊果或子囊盘；在担子菌中，子实体又称担子果。木耳的子实体呈菊花状耳形，是人们食用的部分。

孢子　食用菌的繁殖单位，功能如植物的种子。多数为单细胞，个体很小，肉眼看不到，分有性孢子与无性孢子两种。

菌丝体　由菌丝交织而成的集体。菌丝由孢子萌发生长产生。菌丝体有下列功能：①吸收营养和水分；②代谢物质的运输；③代谢物质的贮藏；④繁殖，如子实层中的生殖菌丝体。黑木耳的纯菌种就是纯粹培养的菌丝体。

物种、品种及品系　物种是生物分类学上的一个基本单位。它在自然界存在，种与种之间有明显的差别。如黑木耳与草菇是不同的两个物种。

品种是人们根据自己的需要培育的某种食用菌的一个群体。它在一定的栽培条件下，各个体间的性状表现基本一致，并能稳定遗传，品种是人类劳动的产物，具有一定经济价值的生产资料，是栽培食用菌的特有类型。

品系是指在育种过程中已经成功或性状基本稳定，但还没有推广定名的类型，一般品系有代号。

菌株　微生物上专用术语。指单一菌体的后代。由共同祖先如同一种、同一品种、同一子实体分离出来的纯培养物。如黑木耳‘N56’即是一个菌株。

菌种　一般指人工培育的纯菌丝体、培养基及其培养容器的混合体，也就是食用菌菌丝体及其生长基质组成的繁殖材料。

原木　在林业中的含义，是指将切除枝丫及直径小于 6cm 梢头的树木。在食用菌原木栽培中的原木，指砍倒的、适宜栽培用的树干。用作栽培食用菌的原木，胸径在 20cm 以上，树龄需 30 余年。由于原木栽培浪费木材，出耳期长，目前除深山老林地区外，已停止使用。

段木　截成段的树干。树龄 8~10 年，胸径 6~10cm，长 1~1.5m。是作栽培黑木耳、银耳等食用菌时的基质和营养源。

耳木　接种后的段木或原木称耳(菇)木。耳(菇)木内有黑木耳(香菇)菌丝在生长或已长满，或已在耳(菇)木上长出黑木耳(香菇)。

培养料　培养料是生长食用菌的基质，也是供给食用菌生长所需营养的来源。如栽培黑木耳需要木屑，木屑即是培养料的一种。

碳氮比　食用菌正常生长和发育所需要的碳源和氮源的比例，称为碳氮比(C/N)。一般认为食用菌营养生长阶段所需的C/N较小，以20∶1为好；而生殖生长阶段所需的C/N较大，以30∶1~40∶1为宜。

料袋　用木屑等栽培黑木耳时，将木屑为主料的原料配制好后，装入适当大小的塑料袋中，此袋供栽培黑慕容用，称为料袋。料袋是供黑木耳菌丝生长的基质和营养源。

菌袋　料袋经灭菌后，接入黑木耳菌丝后称菌袋。菌袋内的培养料上已长满菌丝，或正在生长菌丝。

菌丝柱　菌袋内的培养料上长满菌丝后，联结成一体。这种长满菌丝的培养料，由塑料袋固定成圆柱体，称菌丝柱。

代料　是指代替段木栽培木腐性食用菌的各种有机物。如锯木屑、玉米芯、棉籽壳、农作物秸秆、甜菜渣、麸皮、米糠等，都可以作为替代段木而生产黑木耳的原料。

无菌　材料和工具不含活菌的状态。无菌水就是经过灭菌了的水；无菌操作，就是防止杂菌污染的操作。

消毒　是在指用物理或化学方法杀死物体上微生物营养体的方法，但不一定杀死细菌的芽孢。如接种前的皮肤用酒精棉涂抹即为消毒。消毒不能代替灭菌。

灭菌　是指用物理或化学方法杀灭物体表面(或空气中)和内部所有微生物(包括细菌芽孢)的方法，使之达到无菌状态。如对金属工具常用灼烧法灭菌；对培养料用高压蒸汽灭菌法(121℃)或常压灭菌法(100℃)灭菌。对接种室空气用甲醛蒸汽或紫外线照射灭菌等。灭菌可包括消毒。

污染　微生物或食用菌的纯培养和已灭菌的器具及物品等，被某些杂菌或有害的微生物混入或沾染的现象。如黑木耳菌丝中混入了绿霉即叫污染。

郁闭度　是指单位面积上树冠投影面积与单位面积之比。作为断定森林疏密度的标志，这个比值越大，说明枝叶量越大，在一定范围内只有较高的郁闭度，才能获取较高的叶子产量。林地栽培黑木耳、香菇等食用菌，对套做的森林郁闭度有一定的要求。

二场制　黑木耳袋料栽培的制袋和出耳工艺流程采用在不同的场地进行，即以黑木耳养菌为主要节点的营养生长场地，与子实体生殖生长为主要节点出耳管理场地，实行分开进行。

搔菌　是用搔菌机(或手工)剔除接种的老菌块和菌皮，并松动培养基表面老化菌丝，促进新生菌丝生长和子实体从培养基表面整齐发生，这是促使菌丝发生原基的重要措施。

食用菌袋从接种到长满的发菌过程中，由于菌丝生长造成呼吸热使水分蒸发，上层菌丝老化，甚至形成菌皮菌膜，阻碍空气相对湿度与内部菌丝接触，对新鲜空气接触不畅，延长出耳(菇)时间，即使出耳(菇)也不整齐。搔菌后，松动料面已老化的菌丝，新生菌丝生活力旺盛，接触新鲜空气、空间相对湿度，从而达到耳(菇)齐苗壮。

困菌　食用菌生产术语，就是使其达到有效积温，也就是我们常说的后熟，也叫促熟。当栽培袋内菌丝体全部发满后，根据品种不同，需在中、低温的条件下，避光保存 15~30d，促进其生理成熟，贮存足够的营养，以提高出菇、出耳阶段的抗杂性和子实体分化的速度。

拮抗线　在木材上或木屑培养料上，有两种以上不同的木腐菌同时或先后生长时，经过一段时间，在不同种的菌丝生长范围之间形成不规则的分界线，称拮抗线，拮抗线往往呈褐、黑、黄褐等不同的颜色。拮抗线也叫抑制线或带线。

pH　pH 是表示溶液的酸碱度数值。溶液中的酸碱度是由氢离子浓度(或氢氧离子浓度)决定的。pH 就是表示氢离子浓度的代号。当氢离子浓度等于氢氧离子浓度时，溶液是中性，此时 pH 为 7；氢离子浓度小于氢氧离子浓度时为碱性，pH 大于 7；氢离子浓度大于氢氧离子浓度时为酸性，pH 小于 7。酸性愈强，pH 愈小；碱性愈强，pH 愈大。食用菌培养基的 pH，对食用菌生长发育影响很大，因此，必须调节到需要的 pH。测定 pH 的简便方法，可到医药公司购买试纸。

琼脂　又叫洋菜、胨粉。是由石花菜、江篱或紫菜等海藻加酸提炼干制后得到的一种半乳糖的硫酸酯。这种物质微生物不能利用，并不起营养作用。琼脂水溶液呈胶性，在 96℃以上呈液体状态，45℃以下凝结成固体状态。它是一种凝固剂。培养基中加入一定比例的琼脂，就能形成固体透明状态，便于观察菌丝生长情况和识别杂菌。琼脂可在各地医药器材商店或副食品商店购得。

二、农作物秸秆营养成分含量

名称	水分/%	粗蛋白质/%	粗脂肪/%	粗纤维/%	可溶性碳水化合物/%	粗灰分/%
杂锯末	23.35	0.39	4.50	42.70	28.60	0.56
玉米芯	3.21	11.00	0.06	31.80	51.80	1.30
稻草	13.09	4.10	1.30	28.90	36.90	15.30
玉米秸	10.90	3.50	0.08	33.40	42.70	8.40
大豆秸	11.73	13.80	2.40	28.70	34.00	7.60
谷糠	13.40	7.20	2.80	23.70	40.60	12.30

三、木材、稻草的纤维素、木质素、半纤维素含量

材别	纤维素/%	木质素/%	半纤维素/%
硬木材类	40~55	18~25	24~40
软木材类	45~50	25~35	25~35
稻草	32	17	—

四、几种常用辅料添加量

名称	数量/%	说明
麸皮	20	维生素 B_1 含量 7.9ppm，含 16 种氨基酸，其中谷氨酸占 40%
米糠	20	由果皮、种皮、外胚乳和糊粉层组成
蔗糖	1.0~2.5	碳源的补充成分(速效碳源)
尿素	0.1~0.2	氮源的补充成分
过磷酸钙	1	提供磷源
石膏	1	提供钙、硫源
硫酸镁	0.03~0.05	提供镁、硫源

五、常用化学消毒剂

名称	成分和性能	用法和用途	注意事项
气雾消毒剂	二氯疫情尿酸钠	空间消毒，按产品说明使用	视产品说明
甲醛(福尔马林)	含甲醛37%~40%的水溶液	①喷洒：用浓度 5%、用量为 2.5~0.5 kg/m^3 液体喷洒；②空间熏蒸消毒：用量2ml/m^3，放瓷碗内加热，或 5g 高锰酸钾+10ml 甲醛/m^3 防治细菌、真菌、线虫	①尔马林有白色沉淀时可加几滴硫酸溶解；②甲醛对眼睛刺激性强，应注意防护
高锰酸钾	紫色针状结晶，是一种强的氧化剂	①熏蒸消毒；②0.1%溶液用于表面消毒：如洗刷器皿、床架、薄膜等，防治细菌、真菌、害虫	随配随用
酚(石炭酸)	白色结晶或油状溶液(粉红色)	3%~5%无菌室、接种箱喷雾或器皿消毒防治细菌、真菌、昆虫、虫卵	对皮肤有很强腐蚀作用
酒精(乙醇)	无色透明溶液	①70%~75%酒精用于皮肤、器皿的消毒；②接种针等可蘸酒精灼烧灭菌。	—
新洁尔灭	含 5%季胺盐，冻胶状固体	0.25%用于皮肤和器具消毒或材料表面灭菌	—
来苏儿(煤酚皂溶液)	含 50%煤酚皂溶液，消毒作用比酚强 4 倍	①1%~2%溶液用于手消毒(浸 2min)或室内喷雾灭菌；②3%用于器皿消毒(浸 1h)防治细菌和真菌	—

续表

名称	成分和性能	用法和用途	注意事项
漂白粉(含氯石灰)	有氯气味灰白色粉末，在水中分解成次亚氯酸，具强杀菌作用	①2%~5%水溶液作表面消毒，如洗刷床架和浸泡材料等；②0.5%~1%喷雾，防治细菌、线虫、“死菌丝”	随配随用
硫黄	粉末通过燃烧产生 $S0_2$ 杀菌	空间熏蒸消毒，用量 15g/ m^3。用法：按需要量将硫黄加入瓷碗内，然后用纸片引火点燃，即产生大量烟雾至熄灭	①熏蒸前喷洒水雾可增加杀菌效果；②注意防止金属器皿生锈腐蚀
氯化碳	—	3%水溶液喷雾灭细菌	—
硫酸铜	蓝色结晶	0.5%~1%水溶液喷雾灭真菌	—
五氯酚钠	—	5%水溶液喷雾灭真菌、虫卵	—
二氧化氯	—	1%~7%水溶液进行器械表面和空间消毒	—

六、常用药品的配制及其用途

名称	配制方法	用途
1mol/L 氢氧化钠	氢氧化钠(NaOH)4g，蒸馏水 100ml	调节母种培养基酸碱度
1mol/L 盐酸	将 18.4ml 比重为 1.19 的浓 HCl 稀释到 916ml	调节母种培养基酸碱度
5%甲醛液	甲醛原液(35%~40%)100ml，水 700ml	制作菌种时，子实体消毒用
5%石炭酸液	石炭酸 50g，水 950ml	
0.1%L 汞	升汞 0.1g，浓盐酸 0.2ml，水　100ml	
2%来苏儿液	50%来苏儿 40ml，水 960ml	
75%酒精	95%酒精 750ml，水 200ml	
0.25%新洁尔灭	5%新洁尔灭 50ml，水 950ml	
漂白粉液	漂白粉 10g，水 140ml	

七、黑木耳农药使用指南

防治对象	通用名	使用方法	使用时期
虫类	80%敌敌畏	熏蒸(培养室及排场田块)	在培菌阶段与菌棒排场前使用
	4.3%高效氟氯氰·甲阿维乳油	500~1000 倍液喷洒	在虫害发生时使用
真菌类、霉菌类、病毒类	30%百·二氯异氰可湿性粉剂	每 100kg 拌料用量 30~50g	在菌棒制作阶段使用
	40%二氯异氰尿酸钠可溶性粉剂	每 100kg 拌料用量 40~80g	
	高锰酸钾	0.1%水溶液洗涤消毒，熏蒸，表面消毒	
	40%咪鲜胺	500~1000 倍液喷雾或涂抹防治	在病害发生时使用
	30%百·福可湿性粉剂	500~1000 倍液喷雾防治	
	50g/L 噻菌灵悬浮剂	500 倍喷雾防治	
	氨水	熏蒸耳房或加 50 倍水喷洒	
	氧化钙	涂刷或喷洒	在菌棒制作前场地消毒及病害发生时使用

八、黑木耳病虫害防治中禁止(停止)使用的农药

中国禁用的农药	六六六(HCH)，滴滴涕(DDT)，毒杀芬(Camphechlor)，二溴氯丙烷(Dibromochloropane)，杀虫脒(Chlordimeform)，二溴乙烷(EDB)，除草醚(Nitrofen)，艾氏剂(Aldrin)，狄氏剂(Dieldrin)，汞制剂(Mercurycompounds)，砷(Arsena)、铅(Acetate)类，敌枯双，氟乙酰胺(Fluoroacetamide)，甘氟(Gliftor)，毒鼠强(Tetramine)，氟乙酸钠(Sodiumfluoroacetate)，毒鼠硅(Silatrane)、甲胺磷(Methamidophos)，甲基对硫磷(Parathion-Methyl)，对硫磷(Parathion)，久效磷(Monocrotophos)，磷胺(Phosphamidon)，甲拌磷(Phorate)，甲基异柳磷(Isofenphos-Methyl)，特丁硫磷(Terbufos)，甲基硫环磷(Phosfolan-Methyl)，治螟磷(Sulfotep)，内吸磷(Demeton)，克百威(Carbofuran)，涕灭威(Aldicarb)，灭线磷(Ethoprophos)，硫环磷(Phosfolan)，蝇毒磷(Coumaphos)，地虫硫磷(Fonofos)，氯唑磷(Isazofos)，苯线磷(Fenamiphos)等